KB173539

MAGNUM

마그눔 오푸스 2.0

가상의 신화에서 가능의 과학으로

박상철 지음

OPUS 2.0

우듬지

여는 글

신화가 현실이 되다

성경에서는 아담 930세, 무드셀라 969세, 노아 950세로 인간의 수명이 1,000년 가까웠으나 노아의 대홍수 이후로는 100년 정도로 축소되었다고 했다.

중국의 신화에서는 팽조가 1,000년을 살았고 동방삭은 삼천갑자를 살았다고 했다. 그러나 구체적으로 인간의 수명한계를 서술하면서 성경에는 120년으로, 중국의 고전 『황제내경』에는 100년으로 정해져 있다고 명시했다.

이후 학계에서도 인간은 대략 100년 정도 살 수 있다는 수명결정설이 주류를 이루어 왔다. 더러는 100년을 훨씬 넘어 영국의 올드파처럼 150세를 살았다는 초장수인이 보고되어 놀라움을 안겨주기도 했지만 객관적 근거에 대해서는 의문이 남아 있었다. 이에 따라 학계는 장수인 인정을 위한 객관적 평가원칙을 세워 난립하는 장수 관련 보도를 제한했다. 반드시 출생 기록이 입증되는 사람에 한해서만 초장수인으로 인정하기로 한 것이다. 실제로 122년을 산 프랑스 잔느 칼망 할머니의 연령이 최고수명으로 인정되어 인간 수명 120세설 또는 125세 한계설이 신뢰도를 가지게 되었다.

이후 장수 지역이나 개인에 대한 그럴듯한 이야기들이 정리되어 분명한 자료만 인정하는 체계가 이루어졌다. 한동안 기자들의 발굴로 매스컴을 통해 전 세계적으로 회자되었던 장수인도 출생 기록 부재 또는 미비로 학계에서 공인을 받지 못하게 되었다.

인간의 수명한계를 논의할 때는 세 가지 측면을 고려해야 한다. 전체적인 측면에서의 평균수명(average life span) 또는 기대수명(expected life span)과 최대수명(maximal life span) 그리고 최빈사망연령(modal length of life span)이다.

평균수명은 주민들이 사회적 변동요인에 따라 변화될 수 있는 가변적 수명의 총체적 평균이고, 최대수명은 개체가 생명체로서 누릴 수 있는 수명의 극대치를 말한다. 최빈사망연령은 주민들이 가장 많이 사망하는 연령으로, 실제로 그 지역의 고령화를 지적하는 연령이며, 일반적으로 평균수명보다 10년 정도 더 높다.

수명한계에 대한 논의는 일반인의 관심도 대단하지만 학계에서도 중요한 연구주제가 아닐 수 없다. 최근에는 연령 개념에 건강상태의 유지라는 현실적 중요성을 감안해 질병에 걸리지 않고 스스로 일상생활을 자유롭게 할 수 있는 연령을 가리키는 건강수명(health life span)이 세계보건기구(WHO)를 통해 부각되고 있다.

연령에 대한 논쟁으로 학계에서 벌어진 한두 가지 흥미로운 사례를 들어보자. 평균수명의 한계에 대한 학술적 논의가 1999년 오스트레일리아 아들레이드에서 개최된 국제노화학회에서 이루어졌다. 평균수명은 영유아부터 노인까지 모든 사람의 수명을 평균한 것이기 때문에 사회적·환경적 변인이 크게 영향을 미칠 수 있다. 따라서 평균수명의 증가는 상당한 제약과 한계가 있을 수밖에 없다.

인간의 평균수명 한계를 논의하는 과정에 학자들이 동의한 결론은 그만 난센스가 되고 말았다. 평균수명이 85세를 돌파한다는 것은 사회적·환경적 제한에 의해 거의 불가능할 것으로 잠정 합의했는데 그 예상치가 5년도 못 되어 깨져버렸다. 2004년 일본 여성의 평균수명이 85세를 넘었기 때문이다. 노화연구를 전문으로 하는 세계적 석학들이 불과 5년 후의 미래도 예측하지 못했다는 것은 부끄러운 일이었으나 그만큼 인간 수명의 증가속도가 빠르다는 사실을 적나라하게 보여주는 사례다.

2001년 영국 케임브리지대학에서 개최된 국제노화학회에서 인간 최대수명에 대한 논쟁이 있었다. 학자들의 의견은 두 갈래로 나뉘었다. 오스태드(Steven N. Austad) 박사를 비롯한 진화생명과학자들은 125세를 넘어설 수 있다고 주장했고, 올샨스키 교수(S. Jay Olshansky)를 중심으로 한 인구학자들은 절대 그럴 수 없다고 했다. 최대수명의 증가는 불가능하며 단지 평균수명만 증가할 수 있을 뿐이라는 논지였다. 그래서 그 자리에서 바로 무드셀라 프라이즈(Methuselah Prize)가 내걸렸다. 내용은 2150년에 150세가 넘는 인간이 등장하느냐, 않느냐 하는 내기였다. 등장하면 오스태드 박사 측이, 그렇지 못하면 올샨스키 박사 팀이 당시 예치한 돈의 150년 뒤 누적된 복리이자 수익금을 원금과 함께 모두 독차지하기로 한 내기였다. 호사가들이 벌인 일종의 코믹한 사건이지만, 학계에서도 그만큼 인간 수명에 대한 의견이 갈려 있음을 보여주는 사례라 하겠다.

평균수명의 증가는 지난 20세기의 성과가 대변하고 있다. 19세기 말까지 평균수명이 50세에도 이르지 못했는데, 20세기 말에는 대부분의 선진사회에서 80세에 이르렀다. 인류 역사상 단 100년 만에 평균수명이 30세나 증가한 사실은 유례가 없는 놀라운 일이 아닐 수 없다.

그렇다면 '이러한 추세가 앞으로도 계속되어 인간의 최대수명 또한 크게 늘어날 수 있을까?'라는 질문이 제기된다. 학계가 이러한 질문에 답을 내놓지 못하고 망설이는 중에 엉뚱한 일들이 벌어졌다. 바로 IT 전문가들을 중심으로 수명연장과 인간의 영생 가능성에 대한 파격적 주장이 거론된 것이다. 노화에 따라 생성되는 미세한 변화를 바로 차단해 버리면 얼마든지 수명을 연장할 수 있다는 오브리드 그레이 박사의 SENS(Strategy for Engineering Negligible Senescence) 프로젝트가 제안되었고, 레이 커즈와일 박사는 인간수명 극대화가 생활습관 개선, 식이보조와 모든 장기의 인공 대체로 얼마든지 가능하다고 주장해 큰 파문이 일었다.

인간수명의 한계에 대해서 보수적인 경향을 보여 온 생명과학계도 굴레를 벗어나 보다 진보적인 분위기로 바뀌고 있다. 지금까지는 일부 특별한 사람들만이 장수했으나 이제는 누구나 보편적으로 장수하는 시대가 분명하다. 그래서 백세시대를 넘어 천세를 바라보는 망천수(望千壽)의 시대도 멀지 않은 것 같다.

이 책은 인문학과 자연과학을 동원해 노화의 제반 문제와 장수의 의미에 대해 새롭게 이해하고 미래를 대비하려는 의도와 목적으로 쓰기 시작했다. 인간 장수시대에 대비해 인문학·사회학·자연과학을 망라한 융합적 해결방안을 강구하고자 한 것이다.

인류는 지구상에 출현한 이래 선사시대와 역사시대를 거쳐 오늘날까지 발전해 오면서 오로지 보다 더 오래, 건강하게 잘살기를 염원했다. 인류의 역사는 한 마디로 불로장생 추구의 역사라고 정의할 수 있다. 과거로부터 오늘에 이르기까지 인류의 불로장생을 위한 노력의 과정을 5부로 나누어 살펴보았다.

제1부에서 5부까지 '인류의 출현과 더불어 불로장생의 신화가 어떻게 이루어졌는가?' '불로장생을 추구하는 인간의 초기 노력들이 어떻게 추진되었는가?' '인간에게 시간과 공간의 의미가 절대성에서 상대성으로 바뀐 과정은 무엇인가?' '현대판 불로장생술은 어떻게 발전하고 있는가?' '미래 생명사회는 어떻게 달라질 것인가?'의 순서로 나누어 서술했다.

구체적으로는 다음과 같다.

제1부에서는 인류가 불로장생 추구를 위해 선사시대부터 어떤 노력을 했고, 신화 속에 나타난 불로장생의 모습과 신화가 과학으로 발전하는 과정, 인간에게 탄생과 죽음은 어떤 의미를 가지는지를 고찰했다.

제2부에서는 초기 불로장생술인 연단술과 연금술의 발전과정을 살펴보고 인간이 시간의 한계를 극복하고 공간의 한계에서 벗어나기 위해 처절하게 노력해 온 과정을 역사적으로 살펴보았다.

제3부에서는 노화와 장수의 본질인 시간에 대해 절대적 사고와 상대적 개념이 어떻게 상호작용하는지, 특히 물리적 시간 개념과 생물학적 시간이 조화를 이룰 수 있는지 살펴보았다. 더불어 백가쟁명의 현대 노화 이론들이 통일될 가능성을 분석해 보았다.

제4부에서는 현대판 연금술로 마그눔 오푸스 2.0(Magnum Opus 2.0)의 개념을 제안하면서 과학적 측면에서 추구되고 있는 불로초로서의 식이, 불로장생술의 신체적 단련, 생물학적 대응, 불로촌 개념의

공간대응을 검토해 보았다.

이 책에서 사용하는 'Magnum Opus 2.0'이라는 용어는 저자가 새롭게 명명한 것이다. 중세시대의 연금술을 프란체스코 수도회의 로저 베이컨(Roger Bacon)이 'Magnum Opus(Great Work)'라고 명명한 것에 대하여 새로운 생명연장을 위한 현대의 모든 노력을 신연금술, 즉 Magnum Opus 2.0으로 새롭게 작명해 보았다.

과거의 Magnum Opus 1.0은 귀금속화, 수명연장, 만병통치, 완벽한 인간을 창출하려는 인간의 욕구가 앞선 반면, 현재의 Magnum Opus 2.0은 과학적 논리와 증거적 결과를 바탕으로 하여 비록 목적은 같아도 실현성과 구체성이 분명하다.

제5부에서는 미래 생명사회에서 인류의 삶이 어떻게 변모할 수 있을지에 대해 살펴보았다. 또한 인류 생명 개조의 가능성과 후생인류의 등장에 대한 과학기술적 문제점을 검토했다. 마지막으로 미래사회의 총체적 변화에 대한 사회적·문화적 대응과 인간의 가치와 존엄성 보존에 대해 고찰했다.

과거로부터 현재까지 이어져 오는 인류의 수명연장에 대한 염원과 과정, 미래사회에 전개될 인류의 모습을 이 책에 담아내며 모쪼록 인간이 오래 잘 살아가는 세상이 되기를 간절히 기도한다.

무등산(無等山)과 비슬산(琵瑟山)을 거닐며

관정(觀亭) 박상철

제1부 인류와 불로장생 신화

제1장 신화와 과학

제2장 불로장생 신화의 시작

제3장 인간의 출현과 죽음 거부

제2부 Magnum Opus 1.0

제3부 시간과 노화

제7장 시간 개념의 혁명: 절대성을 벗어나 상대성으로

제8장 노화학설의 백가쟁명

제9장 장수유전자 논란

제10장 노화 통일장 이론

제4부 Magnum Opus 2.0

제11장 현대판 불로초

제12장 불로장생술의 발전

제13장 생명개조: 바이오 혁명

제14장 불로촌의 구현

제5부 미래 생명사회

제15장 인간의 미래

제16장 미래사회의 행복

MAGNUM OPUS 2.0

—

제1부

—

인류와 불로장생 신화

제1장 신화와 과학

제2장 불로장생 신화의 시작

제3장 인간의 출현과 죽음 거부

제1장 신화와 과학

초침이 시계의 문자판을 한 바퀴 도는 것을 보고 있노라면
단 1분조차 그렇게 길게 느껴질 수 없다
— G. J. 휘트로

1. 신화가 사라지고

어릴 적 여름날, 뜨거웠던 태양이 기울고 어두워지기 시작하면 저녁을 먹고 으레 마당에 놓인 대나무 평상에서 할머니 무릎을 베고 누워 밤하늘에 나타나는 별을 세기 시작했다. “별 하나 나 하나, 별 둘 나 둘……” 그러다가 할머니에게 이야기를 졸랐다.

할머니는 쑥대를 태워 모깃불을 만들고 부채를 부쳐주면서 “아이고, 내 새끼야. 이야기 좋아하면 가난해진단다.” 그러면서도 이런저런 이야기를 들려주셨다. 옛날 옛적 하늘에 북두칠성이 생긴 이야기, 자미성(紫微星) 이야기, 천랑성(天狼星) 이야기, 견우 직녀와 오작교 이야기, 서왕모와 달나라 항아(姮娥)님 이야기, 해님 달님 이야기, 동방삭 이야기, 산신과 호랑이 이야기, 일곱째 딸 바리공주 이야기. 그러다가 측간 귀신 이야기를 듣다 보면 무서워 할머니 품에 안겨 잠이 들곤 했던 것이 벌써 한 갑자, 60년도 훨씬 지난 일이다.

끝없이 이어지는 할머니의 이야기들은 반드시 자식의 효도와 부모의 장수가 결론으로, 항상 "……모두 오래오래 잘 살았단다."로 끝을 맺으셨다.

내가 살던 고향은 광주였다. 집 가까이 원불교 법당이 있었는데, 법당 종루에 걸린 대종이 매일 새벽 5시와 밤 10시에 뎅뎅 울렸다.

어느 날, 무심코 종소리를 세어보니 아침 저녁이 달랐다. 다음날 다시 세어보아도 마찬가지였다. 한참 후에야 종이 울리는 횟수가 다른 이유를 알았다. 밤에는 28번, 새벽에는 33번을 쳤는데, 각각의 의미가 있었다. 밤에는 별자리 숫자 28수(二十八宿)를, 새벽에는 33단계 하늘(三十三天)을 일깨우는 것이었다. 그래서 종로의 보신각종도 도성의 문을 닫는 인정(人定)에는 28번, 성문을 여는 파루(罷漏)에는 33번 울린다는 것도 알게 되었다. 이와 같이 신화는 우리 삶에 고스란히 녹아들어 있었다.

어린 시절 할머니에게서 들은 그 많은 전설, 그리고 수많은 별들의 이야기는 학교를 다니기 시작하면서 모두 흐려져 갔다. 별자리의 이름은 오리온자리, 카시오페이아자리, 페가수스자리 등 서양 전설이 얽힌 이름으로 바뀌어 매우 혼란스럽기까지 했다. 밤하늘의 별은 똑같은데 이야기는 왜 다른지 궁금했다.

세월이 흘러 아름다운 이야기의 주제였던 별과 달은 신화와 동떨어진 물리학과 천문학의 연구 대상으로 바뀌었고, 로켓을 타고 사람이 찾아가야 할 곳이 되었다. 그리고 요즈음에는 옛날이야기를 들려주는 할머니도 없고, 신화를 살갑게 말해주는 사람들도 없다 보니 세상이 더욱 각박해진 것 같다.

신화란 무엇인가?

오랫동안 곰삭아 할머니에게서 손주로 푸근하게 이어져 내려온 신화와 전설은 세상이 과학과 물질 만능 시대로 변하면서 우리 주변에서 멀어져 가고 있다. 터무니없는 엉뚱한 이야기로 여기는 경향이 있는가 하면, 이야기를 가르치고 들려주는 것마저 시간 낭비처럼 되었다. 나 자신도 첨단의학과 생명과학을 전공하는 입장이 되면서 한동안 신화를 호사가의 이야기 정도로 여겼다.

그러나 인간의 장수와 수명한계를 고심하면서부터 옛사람들은 어떤 생각을 했을지 궁금해져 신화의 세계를 들여다보다 놀라운 사실들을 알게 되었다. 바로 현대과학 첨단 연구의 근원이 고대 신화 속에서 잉태했음을 깨달았기 때문이다.

신화(myths)는 '속삭이다'라는 그리스어 미토스(mythos)에서 유래했다. 속삭속삭 귀에서 귀로 전해 내려온 이야기라는 의미다. 인류 초기 수렵채집 시대부터 문자가 없던 시절에도 대대로 이어져 내려왔다. 역사적 사실을 확대 과장하거나 자연현상을 풍유해 신격화하거나, 물체를 의인화하면서 사람들의 공감대를 형성해 온 이야기들이다. 하지만 종교적 억압이 강했던 시기에는 한동안 미신이나 질서를 파괴하는 이야기로 여기기도 했다.

신화의 재해석

신화가 근대에 이르러 새롭게 각광을 받은 이유는 신화와 과학의 관계가 결코 생뚱맞지 않으며 상당히 의미상통하는 부분이 부각되면서부터다. 스위스의 정신의학자이자 심리학자인 융(Carl Gustav Jung)이 인간은 무의식적인 고유의 심리적 힘을 받고 있으며 이를 '원형

(archetypes)'이라 했고, 그 근원이 신화에 있음을 지적했다. 이후 신화의 실질적 효과에 주목해 창조신화(creative mythology)라는 개념이 생성되기도 했다.

구조주의 인류학자인 레비스트로스(Claude Lévi-Strauss)는 신화가 의식 속의 패턴을 반영하고 있으며 무의식적 감정이 아닌 선과 악, 관심과 무관심 등의 대립된 정신구조로 인식하도록 도와주는 기능을 한다고 했다. 역사는 정확한 사실인 반면 신화는 허무맹랑한 이야기라는 논지를 버리고 신화를 사회의 목표, 문화, 열망을 표현하는 방법으로 이해해야 한다고 보았다. 이런 관점에서 신화를 재검토하고 그 속에 깃든 문화적 전통의 의미를 되새겨 보면 고대부터 지금까지 인간의 꿈과 소망이 변화되어 온 모습을 보게 된다.

신화는 한편으로는 과학의 바탕이 되고, 한편으로는 종교와 철학의 근간을 이루었다. 과학과 종교의 본질이 각각 나름대로의 근거와 신뢰라는 공통성이 있지만 결국 받아들이는 사람의 자세와 인식논리가 달라서 갈라지게 되었다. 서양에서는 신화가 재현 가능 중심의 과학으로 연계되고, 동양에서는 관념 중심의 철학으로 발전했다. 원시사회부터 신화 속에 숨겨진 인간의 욕망과 꿈이 어떻게 과학적 발견으로 연계되어 논리를 이루는가, 또는 보편지향의 심오한 철학적 원리를 이루었는가를 살펴볼 필요가 있다. 이러한 노력은 미래를 위한 선험적 해법을 찾는 데도 크게 도움이 될 것으로 기대된다.

2. 신화는 미스터리가 되어 과학으로

신화는 선사시대부터 인간의 꿈과 소망 그리고 자긍심이 담긴 공동체 사람들의 이야기다. 세상이 어떻게 만들어졌을까 하는 창세에 관한 신화, 지역 공동체나 국가의 건립에 관한 신화, 가슴 뭉클한 가족애, 따스한 동료애 등이 신화의 중요한 주제가 되어 왔다. 천재지변과 영웅이 등장하고, 인간의 상상을 뛰어넘는 강력한 신들이 등장해 불가능해 보이던 문제들을 해결함으로써 대리 만족을 안겨주는 이야기들이 대부분이다. 이러한 신화는 어느 지역에나 존재해 왔고, 권선징악적 역할뿐 아니라 공동체 사람들을 결속하고 자긍심을 가지게 하는 구심점 역할을 해왔다.

다양한 신화 중에서도 핵심은 바로 '불로장생 신화'다. 사람이 태어나서 오래도록 건강하게 살기를 바라는 절실한 소망은 인류 시초부터 있어 왔다. 인류가 남긴 최초의 문자 기록인 메소포타미아의 점토판에도 설형문자로 불로장생을 추구한 영웅의 이야기가 새겨져 있다. 생로병사는 생명체의 기본 이치요, 누구도 부정할 수 없는 진리임에도 이를 거부하고 불로장생을 추구하는 인간의 소망은 다양한 지역에서 여러 형태의 신화로 표현되어 왔다.

불로장생 신화에는 인간의 강렬한 희망과 치열한 노력, 어쩔 수 없는 좌절이 혼재되어 왔다. 대부분 단순한 전설로 여겨 왔지만, 때로는 인간에게 구체적으로 추구해야 하는 도전의 계기를 제공하기도 했다.

신화는 선사시대부터 어느날 갑자기 하늘에서 던져져 우리에게 주어진 것이 아니다. 오랜 시간에 걸쳐 사람들에 의해 지어진 이야기라고 보면 그때나 지금이나 인간의 머릿속에 그려지는 기본 이치는 비슷할 수밖에 없다. 수천 년 전 사람들이 가졌던 삶과 생명에 대한 소망과 갈망이 지금 사람들이 갖는 그것과 큰 차이가 없기 때문이다. 따라서 불로장생에 대한 염원도 예나 지금이나 다를 이유가 없으며 앞으로도 변함이 없을 것이다.

생명체의 가장 중요한 사명은 살아남고 번창하는 것이다. 불로장생은 이러한 생명체의 삶에 가장 이상적인 염원이 되어 왔다. 불로장생의 염원이 담긴 신화에 깔린 논리의 변화과정을 살피고 앞으로 어떤 신화가 쓰일 수 있을지 생각해 보는 것도 흥미로울 것이다. 불로장생 신화의 과거와 현재를 비교할 때 가장 큰 변수는 과학기술이다. 과학기술이 없거나 미비했던 시절에 형성된 신화와 달리 과학기술이 발전한 상황에서 신화가 새로운 형태로 변질되는 것은 당연하다.

과거에는 거의 불가능했던 일들이 과학기술의 발전에 따라 엄청난 변화를 가져오면서 생로병사에 대한 개념이 바뀌고 있다. 불로장생의 염원이 새로운 차원에서 해석되고 구체적 실천 가능성이 제기되는 상황에 이르렀다. 대격변의 사회를 이끌어가는 IT 산업의 구루(Guru)들이 공공연하게 인간 수명한계의 종언을 거론하고 있다. 아울러 생명체의 복잡한 기능을 대체 보완할 수 있는 다양한 인공물의 출현은 이러한 추세가 현실화되고 있음을 알린다.

선사시대부터 내려온 불로장생에 대한 인간의 염원과 이를 달성하기 위한 인간의 노력이 어떠한 발전과정을 거쳐 왔는지 시대적으로 크게 3단계로 나누어 볼 수 있다.

제1단계는 신화(myth)의 시대다. 불로장생은 신들의 몫이며 인간에게는 꿈과 같은 주제였던 시절이다. 메소포타미아, 이집트, 그리스, 로마, 중국, 인도, 마야 등지에서 신들의 이야기와 불로장생을 추구하면서 겪게 되는 인간들의 고난과 아쉬움이 판타지로 소개되고, 불로장생을 추구하는 인간의 간절한 염원이 그려지던 시대다. 이러한 시기의 기록들이 바로 신화가 되었고, 그중 상당 부분은 여러 지역에서 발생한 종교의 기본 이념으로 발전되기도 했다.

제2단계는 미스터리(mystery)의 시대다. 불로장생을 전설이나 신화로만 두지 않고, 인간의 노력에 의해 추구할 수 있다는 가능성에 무모함을 무릅쓰고 도전해 나갔던 시기다. 불로장생을 단순한 판타지로 여기지 않고 인간의 노력에 의해 쟁취할 수 있다는 신념으로 자연계의 불로초를 찾는 작업을 비롯해 인간이 직접 불로초를 만들겠다는 연단술 개발이 이 시기의 역점사항이었다. 이러한 추구는 이후 2,000여 년간 지속되었다. 극적 전환점은 근대과학의 등장이다. '근대과학의 아버지'로 불리는 뉴턴(Isaac Newton)은 현대 물리학의 기초를 다지고 인류의 사고방식에 대변혁을 가져온 석학이었지만 연금술사이기도 했다. 그러나 그는 자신의 연금술 결과를 공표하지 않았으며, 당시 만연하던 연금술의 연구 흐름에 종지부를 찍는 데 기여했다.

제3단계는 과학적 검증에 의한 메커니즘(mechanism)의 시대다. 불로장생을 단순한 구전 신화나 신비적 술법이나 단약으로 이해하지 않고, 논리적이며 이성적인 판단에 의한 검증으로 신뢰할 수 있는 과학적 해석이 주도해야 함이 강조된 시기다.

불로장생의 과학화가 언제 시작되었는지는 단정하기 어렵다. 불로장생이라는 인간의 오랜 염원이 모든 철학과 과학의 밑바탕에 깔려 있었기 때문이다. 그래서 생명체의 수명한계 개념을 반복 가능한 실험을 통해 과학적으로 설명한 헤이플릭(Leonard Hayflick)의 세포 수명한계의 발견 시점을 중요한 전환점이라고 볼 수 있다. 그전까지는 생체 유래 세포를 실험실에서 배양할 때 무한대로 계대할 수 있다고 믿었다. 만일 그렇지 못한 결과가 나오면 그것은 실험기법이 잘못된 탓이라고 비판 받았다.

헤이플릭은 무한대로 자라는 것은 암에서 유래된 세포들이며 정상조직에서 유래된 세포는 대개 50회 정도의 계대 후 늙어 죽는다는 현상을 구체적으로 입증했다. 생명체의 수명한계 메커니즘을 개체 구성성분의 핵심 단위체인 세포의 수준에서 밝힌 것은 학계에 커다란 반향을 일으켰고 이를 '헤이플릭 한계(Hayflick's Limit)'라고 불렀다. 이후 이러한 한계를 돌파할 수 있는 방안의 개발이 중요한 연구주제로 등장했다. 따라서 이후 시기를 메커니즘 중심의 제3단계로 정의할 수 있다.

이와 같이 인류의 불로장생 염원이 신화의 시대에서 미스터리의 시대 그리고 메커니즘의 시대로 발전하는 패턴은 바로 콩트(Auguste Comte)의 인간 지식 및 정신발전 단계의 3상태의 법칙(Law of Three Stages)에서 언급한 신학적·가공적 상태, 형이상학적·추상적 상태 그리고 과학적·실증적 상태로 발전하는 과정에 크게 부합한다.

제2장 불로장생 신화의 시작

진리는 단순하게 말할 수 있다

— 세네카

1. 불로장생 추구의 허무

메소포타미아 우룩에서 발견된 점토판에 새겨진 설형문자 문장의 해석은 인류 문화사 연구에 엄청난 기여를 했다. 인류 최초의 문자 기록이자 5,000년 전 고대사의 현장을 추정할 수 있는 자료를 제공해 주었기 때문이다. 흥미로운 사실은 당시에 이미 상업적 거래가 있었고 이에 대해 상세히 기록해 두었다는 점이다. 사회적 필요에 의해 기록 방법을 고안해낸 결과가 바로 설형문자의 효시였다. 이런 기록들을 해독하는 과정에서 놀랍게도 인간의 불로장생의 소망이 담긴 신화가 발견되었다. 영웅 길가메시(Gilgamesh)에 대한 이야기다.

길가메시는 자신의 적이었지만 나중에 절대적인 우정을 나누는 친구가 된 엔키두(Enkidu)가 죽게 되자, 그를 살리려고 최고의 현자인 우트나피쉬팀

길가메시

(Utnapishitim)을 찾아가 죽은 사람을 환생시킬 수 있는 불로초 찾는 법을 부탁했다. 심해에 있는 불로초를 구하는 데 성공했으나 너무 지쳐 바닷가에서 잠깐 조는 사이 뱀이 그 약초를 먹어버려 대성통곡했다는 내용이다. 실망해서 찾아온 길가메시에게 우트나피쉬팀은 다음과 같은 경고를 했다.

"인간에게 주어진 운명을 거역하고 이에 맞서 싸우는 것은 허망할 뿐이며, 오로지 인간에게서 삶의 기쁨을 빼앗아 버리는 행위에 불과하다."

인류 최초의 기록에 불로장생 추구에 관한 내용이 거론되었다는 것도 놀라운데, 이러한 행위의 무모함과 이에 대한 엄중한 경고까지 남겼다. 인류는 이미 불로장생 추구에 강한 한계의식을 가지고 있었음을 보여주는 이야기다.

그리스 신화에 보면 인간의 수명은 운명의 세 여신 모에라이(Moerai)에 의해 결정된다. 첫째 여신 클로토(Clotho)는 개개인을 위한 수명의 실을 잣고, 두 번째 여신 라케시스(Lachesis)는 수명실의 길이를 결정하고, 세 번째 여신 아트로포스(Atropos)는 수명실을 가차없이 잘라낸다. 인간의 수명은 이들 세 여신에 의해 결정되는 것이기 때문에 사람의 노력으로는 어쩔 수 없음을 강조했다.

소도마 <운명의 세 여신>

수명에 대한 인간 도전의 한계를 적나라하게 보여준 다른 사례로는 시시포스 신화를 들 수 있다. 인간으로서 가장 현명하다고 알려진 시시포스(Sisyphos)는 자신을 찾아온 죽음의 신 타나토스(Thanatos)마저 꾀를 내 족쇄를 채워 지상의 죽음을 멈추게 했다.

그러나 결국 지옥에 끌려가 코린토스산 정상으로 큰 돌을 밀어 올리는 벌을 받았다. 돌이 꼭대기에 이르면 굴러 떨어져 다시 밀어 올려야 하는 영겁의 벌이었다. 아무리 인간의 꾀로 수명을 연장한다고 해도 결국 신의 노여움을 사 엄청난 징계를 받게 된다는 내용이다. 이러한 신화는 결국 인간의 수명에 대한 도전이 불가능하고 허무하다는 결정론적 사고가 인간의 뇌리 깊숙이 자리하고 있음을 보여준다.

또한 그리스 신화에서는 정해진 수명을 가진 인간이 불로장생을 추구함에 대해 이분법적 갈등 개념을 흥미롭게 표현하고 있다. 새벽의 여신 에오스(Eos)는 인간 티토노스(Tithonos)를 사랑해 자신과 영원히 함께 살도록 제우스에게 부탁해 영생을 얻게 해주었다. 그 덕분에 티토노스는 죽지 않았으나 나이가 들면서 점점 온몸이 늙고 말라 비틀어져 결국 매미가 되고 말았다. 또 다른 신화에서는 아폴론(Apollon)이 인간 시빌레(Sibylle)를 사랑한다. 시빌레는 아폴론에게 모래를 한 주먹 쥐고, 그 안의 모래알 수만큼 오래 살 수 있게 해달라고 부탁해 허락을 받았다. 시빌레는 1,000년 이상 살았지만 결국 형체는 사라지고 목소리만 남아 세상을 헤매는 존재가 되고 말았다.

이들 신화는 인간이 오래 살고 싶은 염원을 신에게 청탁해 가능하게 될지는 몰라도, 오래 살겠다는 양적인 욕심의 허망함과 무모함을 지적하고 있다. 어떻게 오래 살아야 하는지 질적인 삶에 대해서는 미처 생각지 못하는 인간의 한계를 고스란히 보여준다.

그리스 신화에서는 오래 산다는 장생(長生)과 늙지 않는다는 불로(不老)가 서로 다른 현상이며 이를 제어하는 일도 서로 다를 수밖에 없는 이분법적 개념임을 극명하게 보여준다. 인간이 특정 목적만 집요하게 추구하다 보면 그 과정에서 부작용이 발생한다는 사실에 대한 엄중한 경고이기도 하다. 영생을 추구하다 보면 심각하게 부각될 수밖에 없는 노화의 문제점을 이미 신화시대부터 지적하고 있었다.

2. 불로장생의 염원과 갈등

성경에는 아담은 930세, 무드셀라는 969세, 노아는 950세까지 살게 했는데 대홍수 이후부터는 수명이 크게 줄어들어 아브라함은 175세, 다윗에 이르러서는 70세만 살게 되었다고 기록했다. 성경의 기록이기 때문에 굳이 이를 논리적 또는 증거적으로 규명할 필요는 없다. 다만, 대홍수라는 천재지변을 축으로 인간의 수명에 미치는 환경의 영향을 최초로 시사한 사례라고도 볼 수 있다.

그러나 성경에는 이런 수명 기록과는 별개로 인간의 수명한계는 특정하게 정해져 있다고 명시한 구절이 있다.

> 주님께서 말씀하셨다. "생명을 주는 나의 영이 사람 속에 영원히 머물지는 않을 것이다. 사람은 살과 피를 지닌 육체요, 그들의 날은 일백이십 년이다."(창세기 6:3)

이와 같이 성경에는 인간의 수명이 120년으로 기록되어 있다. 그래서 인간의 수명에 대한 논의를 할 때 120년이 기준이 되었다. 실제로도 출생과 사망 연월일 기록이 확실해 학계가 인정하고 있는 세계 최고령자인 프랑스의 잔느 칼망(Jeanne Caelment)이 122년하고도 반년을 더 살았다는 사실은 성경 기록에 대한 신뢰도를 높이는 계기가 되었다. 동양의학의 고전인 『황제내경』에서도 황제와 의사인 기백이 인간의 수명에 대한 논의를 하면서 100세를 인간의 몸과 정신이 다 마무리되는 최후의 한계연령임을 지적했다(百歲 五臟皆虛 神氣皆去 形骸獨居而終矣: 黃帝內經 靈樞). 이와 같이 동서양 모두 인간의 수명한계가 100세 정도임을 공인해 왔다.

그런데 제2차 세계대전 이후인 1950년대부터 공산권을 중심으로 회자되기 시작한 초장수인에 관한 믿기 어려운 이야기들에 대해 학계가 진위 문제를 검정하게 되었다. 그 결과 초장수인에 대한 조사연구를 발표할 때는 반드시 출생·사망 기록이 분명하게 인정된 사람에 한해서만 학계가 공인하고 논의하기로 결정했다. 그동안 사망 기록은 있지만 출생 기록이 명확하지 않은 과거의 모든 수명 기록들은 단지 참고만 하기로 했다. 그 결과 세계적 장수촌으로 거론되었던 에콰도르의 빌카밤바, 파키스탄의 훈자, 구소련 조지아(그루지야)의 압하지야 초장수인들의 출생 기록이 분명치 않아 공식적 장수촌 리스트에서 배제되었다.

한편, 중세 이후 유럽 문명에 가장 큰 영향을 미친 성경 속 대홍수 이전 초인들의 수명보다 크게 줄어든 이유에 대해 새로운 해석을 제기하기도 했다. 연령의 개념이 대홍수 이전에는 태음력을 바탕으로 1개월을 1년으로 계산했을 수도 있었을 거라는 주장도 없지는 않지만 이런 기록은 과학적 논의에서 배제하기로 했다.

메소포타미아 길가메시 이야기에서도 언급된 바와 같이 인간의 노력에 의해 영생을 추구함은 현실적으로 불가능한 일이라는 것이 이미 5,000년 전부터 지적되었다.

그리스 신화에서 제기된 또 다른 문제점은 오랜 생명 유지에는 젊음의 지속이라는 중요한 변수가 있기 때문에 인간에게는 불로장생이 허망한 일이라는 것이었다. 인간 수명한계의 결정론적 개념은 그리스 로마를 통해 기독교 세계로 그대로 승계되었다. 이와 같이 신화를 통해서도, 신앙적 가르침을 통해서도 인간의 불로장생 염원에 대해 주의를 주고 있다는 사실을 유념하면서 신화와 과학을 생각할 필요가 있다.

불로장생의 도전과 좌절

불로장생의 염원을 신(神)을 통해 대리 만족할 수밖에 없던 인류에게 엄청난 일이 벌어졌다. 인간 스스로 불로장생을 달성할 수 있다는 가능성을 추구한 것이다. 이러한 역사적 사건의 주인공은 바로 중국의 진시황(始皇帝)이다. 약관의 나이에 왕위에 올라 마흔 무렵에 중국을 최초로 통일한 그는 전설상의 삼황오제(三皇五帝)를 합친 개념인 황제라는 자리에 올랐다. 그가 특별한 이유는 역사상 어느 누구도 엄두를 못 냈던 불로장생을 쟁취하겠다는 욕망으로 직접적이고 인위적인 시도를 했다는 점에 있다. 막강한 권력과 군사력으로 천하통일을 이룬 무소불위의 그에게 남은 것은 수명 영생화에 대한 도전이었다. 인간 욕망의 궁극이 불로장생임을 보여주는 대표적 사례다. 그는 도교의 방사(方士)인 서복(徐福)에게 동남동녀(童男童女)로 구성된 선단을 조직해 불로초를 찾아오도록 명했다. 그러나 이 노력은 결국 실패로 끝나고, 진시황은 50세도 채우지 못한 채 세상을 하직했다.

진시황의 도전은 국가 차원에서 조직적으로 대규모의 불로초 탐구를 시도한 최초의 역사적 사건이라는 점에서 특별한 의미를 갖는다. 인간의 불로장생 추구가 단순한 염원에 그친 게 아니라 본격적이고 구체적으로 시도한 역사적 전기가 되었다. 하지만 대규모 선단을 동원한 불로초 탐구는 막대한 재정에 비해 실효가 없다는 점을 식자층을 중심으로 차차 깨닫게 되었다. 이후 불로장생을 위한 탐구의 중심은 미지의 험한 곳을 찾아 불로초를 확보하기보다 불로장생의 약물을 직접 조제하자는 연단술(鉛丹術) 개발에 역점을 두는 방향으로 전환되었다.

진시황을 미혹하게 해 선단을 구성해 떠난 서복은 역사상 희대의 사기꾼이라고 볼 수 있다. 그의 발자취는 아직까지도 우리나라와 일본 오키나와, 심지어 대만에 이르기까지 여러 곳에 전설로 남아 있다. 우리나라 한라산은 당시 삼신산(三神山) 중의 영취산(靈鷲山)으로 알려져 서복이 방문했으며 서귀포라는 지명도 그와 관련이 있고 특히 정방폭포 옆 바위에는 '서불이 이곳을 지나갔다(徐市過此)'라는 암각문이 새겨져 있다. 구례 지리산 역시 삼신산 중 하나인 방장산(方丈山)으로 알려져 서복이 왔었다는 전설이 있으며, 읍내를 흐르는 내를 서시천이라 부른다. 일본에는 서복을 모시는 신사도 있을 뿐 아니라 서복이 바로 자신들의 조상이라고 주장하는 가문도 있다. 비록 성공은 못했지만 서복이 남긴 흔적은 중국과 일본, 우리나라에 큰 영향을 끼쳤으며 그 후 불로장생이라는 염원을 중심으로 서복신앙(徐福信仰)이란 민간신앙의 장르가 구성되고, 인간 수명 확대에 보다 적극적인 도전을 하게 하는 계기가 되었다.

진시황의 꿈 부활: 새로운 도전

진시황제

진시황이 가졌던 불로장생에 대한 도전은 역사적으로 엄청난 파장을 일으켰다. 하지만 이후 전개된 불로초 탐구나 불로장생술 개발은 신비주의적 경향이나 밀교적 형태로 흘러 특수층만을 대상으로 보급되고 시술되어 왔다. 그러나 수많은 시도들이 공인될 수 있는 객관적인 효과를 보여주지 못했을 뿐 아니라 오히려 많은 부작용을 초래했다. 논리의 비약과 술법의 허구성이 차차 밝혀지면서 대부분의 불로장생 수단은 부정되고 파기되었다. 수천 년간 이어진 연금술사들의 비밀주의에 의한 술법들은 결국 세상에서 인정받지 못했고, 인간의 불로장생의 꿈은 허무하게 마무리되는 듯했다.

그러나 최근 '인간의 불로장생'이라는 주제에 객관적 설득을 가능케 하는 혁신적 방법의 개발로 새로운 전환이 이루어지고 있다. 생명과학기술의 발전과 전자공학을 바탕으로 한 IT 산업의 눈부신 기술은 융합을 통해 미증유의 생명의 세계가 펼쳐질 수 있음을 기대하게 한다. 새로운 흐름을 주도하는 그룹은 생명과학자들보다는 오히려 공학자들이 더 적극적이다. 의생명과학도들은 보수적이고 안전 위주의 철학을 기본 신념으로 생명현상 제어에 신중을 기한다. 반면, 공학도들은 도전과 창조 철학을 바탕으로 생명현상 제어에 대해서도 새로운 국면으로의 전환에 망설임이 없다.

《타임》지가 2013년 9월호에 낸 특집 제목이 '죽음을 정복할 수 있는가?'였다. 구글(Google)이 새로 설립한 벤처기업 칼리코(Calico)사의 목표가 바로 불로장생임을 공개하면서 언급한 내용이 흥미롭다.

"구글이 벌인 일이 아니라면 말도 안 되는 일이지만 구글이 벌이기 때문에 불로장생이 현실화될 수 있을 것이다."

《타임》지가 언급한 내용은 사실상 학계에서는 금기시되어 온 표현이었다. 왜냐하면 노화현상의 본질도 제대로 규명되지 않은 상황이었기 때문이다. 인간의 불로장생을 논의하는 것은 연금술시대의 사기적 행위의 연장이며 과장된 표현을 하는 사이비 학자라고 여겼다.

이러한 상황에서 구글의 설립자인 세르게이 브린(Sergey Brin)이나 오라클 재단의 래리 엘리슨(Larry Ellison), 페이팔의 피터 틸(Peter Thiel) 등 IT 혁명을 주도하는 세계적 지도자들이 한결같이 큰 관심을 표명하고, 적극적으로 참여하고 있는 분야가 바로 인간의 불로장생이다. 이들의 공통점은 모두 IT 기업의 최고 경영자로서 세계시장을 석권하고 있다는 점이다. 또한 컴퓨터나 모바일폰 등의 제조자가 아니라 이를 활용해 인간 간의 네트워크를 형성하고 이를 확대 발전시켜 인간과 환경까지 연결시키려는 네트워크의 천재적 전문가들이라는 점이다. 이들의 다차원적 사고방식은 진시황이 달성하지 못한 염원을 2,000년이 지난 지금 승계해 달성할 수 있으리라 본다. 이에 대한 본격적인 연구개발을 기초에서부터 응용에 이르기까지 동시적이고 총력적으로 추진하려는 시도를 지원했다.

브뤼겔 <이카로스의 추락>

이미 인간은 신화시대

부터 꿈으로만 여겼던 달에도 다녀왔고, 그리스 신화의 이카로스(Icaros)나 다이달로스(Daedalos)가 시도했던 것처럼 하늘도 날아다니고 있다. 공간이동을 할 때도 각종 이동수단을 마음대로 활용해 바다와 땅을 누비고, 수만 리 떨어져 있는 가족과 얼굴을 보면서 대화를 나눌 수 있게 되었다. 시간과 공간의 동시화와 공유가 모두 가능해진 것이다.

3. 동서양의 인식 차이

종교란 이승보다 저승, 현세보다 내세, 여기(此岸)보다 저기(彼岸)가 고통이 없고 더 편안한 곳이며 그곳에서 삶을 이어나가기를 바라는 인간의 믿음에서 비롯되었다. 그런데 흥미로운 일은 신화시대부터 가져온 불로장생에 대한 인류의 염원이 동서양 간에 매우 다른 입장을 보인다는 점이다. 왜 서양에서는 기독교가, 동양에서는 불교, 유교, 도교가 성행하고 동서양 중간지대에서는 이슬람교가 발달했을까? 똑같은 염원인데도 서양에서는 신과 인간의 괴리를 받아들이고 불로장생을 인간으로서는 어쩔 수 없는 불가능의 영역이라고 믿었다. 반면, 동양에서는 인간을 신과 동격으로 보고 일찍이 불로장생을 달성하고자 적극적인 도전과 노력을 기울였다.

신과 인간의 차별화

그리스 철학을 바탕으로 구축된 서양 문화의 생명에 대한 개념은 로마를 거쳐 기독교 문화권으로 승계되고 확대 발전했다. 그리스 철학은 신화가 바탕을 이룬다. 그리스 로마 신화에서는 인간과 신의 생명을 분명하게 구별 짓고 있다. 신은 영생하는 불로불사의 존재이나 인간은 유한한 존재로, 불로장생이 불가능한 일임을 강조해 왔다. 신과 인간을 분명하게 차별화한 것이다. 더러는 인간이 신에게 탄원해 수명이 연장되는 경우도 있었지만 결과는 처참했다.

예를 들면, 죽지 않고 1,000년 넘게 살았지만 몸은 사라지고 목소리만 남은 시빌레의 비극이나, 오래 살았지만 결국 몸이 말라 비틀어져 매미로 변해 버린 티토노스의 경우다. 인간 최고의 영웅 헤라클레스의 경우는 더욱 안타깝고 참혹하다. 아버지 제우스로부터 신성을 받아 신에 버금가는 반신반인(半神半人)의 역량을 갖추었지만 비극적인 최후를 맞이해야 했다. 인간인 이상 영웅 또한 죽음을 피할 수 없는 것이 엄정한 숙명이었다. 이와 같이 신화는 아무리 강한 인간일지라도 죽음 앞에 굴복할 수밖에 없음을 보여주고 있다.

신과 인간의 이러한 이분법적 구분은 신을 절대적 숭배의 대상으로 삼게 만들었다. 이런 전통의 연계상에서 기독교는 신(하나님)과 피조물(인간) 사이에는 생명의 유한성에 차이가 있지만, 인간은 예수 그리스도를 통해 부활해 천국에서 영생을 누릴 수 있다고 가르친다. 인간에게 불가능한 영생이 그리스도를 통한 구원에 의해 이루어질 수 있음을 계시한다. 이러한 사상과 신앙적 바탕 위에 서양에서는 첫 번째 밀레니엄 시기에는 불로장생에 대한 구체적이고 능동적인 추구가 이루어질 수 없는 것이 당연했다.

그러나 중국에서 비롯된 불로장생의 연금술이 실크로드를 거쳐 아랍권으로 전해지고, 이어 유럽으로 전파된 덕분에 두 번째 밀레니엄 시기부터는 서양에서도 불로장생을 위한 인간의 노력이 구체화되기 시작했다. 21세기에 이르러 서양의 불로장생 추구의 도전은 다차원적으로 전개되고 있다.

신과 인간의 동격화

동양에서의 불로장생에 대한 인식은 서양과 사뭇 달랐다. 진시황에서 비롯된 국가 차원 제도권에서의 불로장생 탐구 지원은 다양한 불로장생술을 낳게 했다.

반면, 제자백가의 많은 이론들이 우후죽순처럼 등장한 중국에서는 신과 인간과의 구별을 거부하는 경향이 고조되어 있었다. 오히려 인간의 능력을 극대화하려는 달생(達生, maximization of life)과 모든 소양을 풍요롭게 하려는 양생(養生, nourishment of life)의 노력을 통해 인간이 최고의 경지인 지인(至人)이나 달인(達人)에 이를 수 있으며, 신과 다름없는 선인(仙人)이 될 수 있다고 믿었다.

신인(神人)이라는 개념도 거부감 없이 받아들였다. 이러한 경지에 이르면 자신의 수명을 조절하고 체력도 극대화할 수 있다고 여겼으며 그 가능성을 향한 도전을 망설이지 않았다. 이러한 사상은 도교를 중심으로 파급되었지만 유교나 불교에도 스며들어 민중에게 널리 알려졌다. 공자는 인간도 최선을 다해 하늘의 이치를 추구해야 함을 강조했다.

"하늘의 이치는 참된 것이고 인간의 이치는 참되려고 노력하는 것이다(誠者 天之道也 誠之者 人之道也)."

인간수명의 한계에 대해서도 아무리 나이가 들어도 자신의 노력, 즉 수련의 정도에 따라 얼마든지 수명을 늘리고 생체기능을 증진하는 일이 가능하다고 보았다. 이러한 이론을 배경으로 중국을 비롯한 동양에서는 일찍부터 불로장생을 향한 인간의 도전이 다양하게 이루어졌다.

생명의 윤회성

중국문화권의 불로장생에 대한 인식과 전혀 다른 철학이 인도문화권에서 시작되었다. 생명은 일회성이 아니라 지속적으로 순환되는 체계의 일부라는 생명 근원에 대한 발상의 전환이 이루어졌다. 바로 윤회(輪廻)사상이다. 이생에서의 인간이 저승에서는 개미, 개, 소, 뱀 등으로, 다음 생에서는 다시 인간으로 윤회할 수 있다는 개념은 유럽이나 중국문화권의 생명에 대한 철학과는 전혀 달랐다. 이승에 사는 동안 행한 업(業)에 따라 다음 생에서의 존재 형태를 결정짓는 법(法)에 의한 윤회사상의 등장이다.

생명의 무한성을 제안한 윤회사상의 등장은 생명은 유한하다고 믿어 온 세상에 충격을 주었다. 그러나 인도 철학에서는 생명의 영속성이 오히려 문제가 됨을 지적하고, 무한한 윤회의 고리를 끊어내는 노력을 높이 평가했다. 윤회의 굴레에서 벗어나기 위해서는 이승에서 부단한 노력을 통해 빚지거나 죄짓는 일, 다치게 하거나 아프게 하는 일들을 해서는 안 되고, 과욕 과식하거나 사치를 해서는 안 된다고 가르쳤다. 금욕과 절제를 통해 세상에서 업으로 맺게 되는 인연의 굴레로부터 해탈의 경지에 이르면 윤회의 고리를 끊을 수 있다고 보았다. 인간의 노력에 따라 운명이 결정된다는 인도 철학식 인본주의적 책임의식은 이후 서양의 실존철학에도 큰 영향을 미쳤다.

생명의 일회성과 무한성

본디 생명은 일회적이고 한정적이라고 보는 경우, 이를 연장하는 것만이 지상의 목표였다. 연장의 방법으로 신에게 부탁하는 길을 택한 서양적 사고와 인간의 노력으로 쟁취하려는 동양적 사고에는 큰 차이가 있다. 삶에 대한 태도, 삶의 가치 등을 바라보는 시각이 전혀 다르기 때문이다. 이러한 사고를 바탕으로 고대 동서양의 문화에 차이가 생겨난 것으로 보인다.

생명의 일회성을 당연시해 온 인류에게 생명이 순환하고 윤회한다는 지적은 놀랄 만한 일이 아닐 수 없었다. 막연한 영생이 아니라 구체적으로 생명이 돌고 돌아 이어져 간다는 생각은 무한대라는 숫자의 개념을 창안하게 했다. 막연히 영생을 염원해 온 것과 달리 생명의 지속성에 대한 문제를 제기하고, 오히려 윤회의 고리를 끊어내는 일이 강조되었다. 윤회의 고리를 끊어 모든 인연의 굴레에서 벗어난다는 것은 생명에의 집착을 털어내는 일이다. 생명 한계의 결정 요인이 주어진 운명인지, 아니면 인간의 노력에 따라 결정되는지에 대한 인식의 차이는 인간의 사고와 행동에 엄청난 파급효과를 가져왔다. 아울러 철학, 종교, 예술, 과학 등의 발전에도 크게 영향을 미쳤다. 생명을 바라보는 차별화된 생각은 불로장생을 염원하는 사람들에게 다양한 개념에 대한 개방적 사고의 필요성을 강조하고 있다.

4. 생활 속의 불로장생 염원

불로장생의 염원은 인류가 인지능을 가진 이래 자연스럽게 체득되어 왔다. 인간은 조상과 가족의 매장을 통해 이승이 아닌 저승의 개념을 얻게 되었고, 사후 세계에 대한 염원이 생겨났다. 신화는 인간에게 이러한 염원에 대한 대리 만족을 주었다. 동서양의 신화는 인간의 불로장생 염원에 대해 풍부한 자료를 제공하고 일상생활에도 깊은 영향을 미쳤다.

동양에서는 인간의 다섯 가지 복(五福)을 강조해 왔다. 『서경(書經)』 홍범편(洪範篇)에서는 수, 부, 강녕, 유호덕, 고종명(壽, 富, 康寧, 攸好德, 考終命)을 제시했고 통속편(通俗編)에서는 곽자의(郭子儀)의 생애를 동경해 수, 부, 귀, 강녕, 자손중다(壽, 富, 貴, 康寧, 子孫衆多)로 표시했다. 잘 죽는 일과 자손을 많이 가지는 일은 상통하는 점이 있다.

반면, 인간의 여섯 가지 금기(六極)로는 단명, 질병, 근심, 가난, 죄악, 쇠약(短命, 疾病, 憂, 貧, 罪, 衰弱)을 열거했다. 맹자도 인간으로서 대접을 받을 수 있는 존귀한 세 가지 삼달존(三達尊)으로 관작, 연령, 덕(官爵, 年齡, 德)을 거론했다. 공통적으로 인간에게 행복과 보람의 요건으로 장수가 첫 번째임을 분명하게 밝히는 가르침이다. 불행의 첫 번째도 단명이고 행복의 첫 번째도 장수임을 대비해 강조했다.

경복궁 자경전 십장생 굴뚝

전통적으로 일상생활에 사용하는 생활도구들, 예를 들면 수저, 밥그릇, 밥상, 상보, 베개, 이불, 촛대, 장롱 등에 수(壽)와 복(福)자 문양 장식을 했으며, 집집마다 십장생 병풍을 두었다. 십장생(十長生)은 자연물인 태양, 산, 물, 돌, 구름 다섯 가지와 생명체인 소나무, 불로초, 거북, 학, 사슴 등 다섯 가지(日, 山, 水, 石, 雲, 松, 不老草, 龜, 鶴, 鹿)로 구성된 장수의 상징물들이다. 그래서 관습적으로 상대방을 축원할 때 아프지 않고 오래 살기(無病長壽), 오래도록 건강하기(萬壽無疆), 건강하고 복 받고 오래 살기(壽福康寧), 해와 달처럼 오래 살고 복 받기(壽福日月), 한없이 오래 살기(長生無極), 나이 더 먹어 가며 살기(延年益壽), 학과 거북처럼 오래 살기(鶴壽龜年), 남산처럼 오래 살기(壽比南山) 등의 표현으로 장수를 우선 내세우는 것이 상례였다. 사마천의 『사기(史記)』에 따르면, 고대 중국에서는 하늘의 별자리 28수(宿) 중에서도 최고의 별자리로 수명을 관장하는 남극노인성(南極老人星, 老人星, 壽星, 南極仙翁)을 지목했다. 제왕들은 수성단(壽星檀)을 쌓아 행복과 장수, 천하태평을 기원했고 대표적인 불로장생 추구의 당사자인 진시황은 수성사(壽星祠)를 지어 기원했다.

서왕모와 마고의 신화

동양의 불로장생 신화에 서왕모 신화가 있다. 여러 가지 이설이 있으나 널리 알려진 이야기에 따르면, 서왕모(西王母)는 옥황상제의 부인이다. 곤륜산(崑崙山) 군옥산의 궁전에 기거하며, 궁전 왼편에는 요지(瑤池)라 불리는 연못이 있고, 불로장생을 가져다준다는 신비한 복숭아 반도(蟠桃, 仙桃)가 열리는 반도원이라는 과수원이 있다. 이곳에는 복숭아나무 3,600그루가 있는데 처음 1,200그루는 꽃이 작고 과

일도 작지만 3,000년마다 익으며 사람이 먹으면 도를 이루고 신선이 되며 신체가 가볍고 건강해진다고 한다. 중간 1,200그루는 겹꽃에 단 열매가 맺는데 6,000년마다 익으며 사람이 먹으면 가볍게 날며 장생불사한다고 한다. 뒤편에 있는 1,200그루는 자주색 무늬의 담황색 복숭아로 9,000년에 한 번 익는데 이를 먹는 사람은 천지와 같이 수명을 누리고 해와 달과 같이 영원히 산다고 했다.

서왕모는 불로불사를 관장하는 여신으로서 불로장생을 꿈꾸는 이들과 신선도 수행자들에게 숭배를 받아왔다. 3월 3일 서왕모 생일이 되면 요지에서 가장 아름다운 누각에서 반도승회(蟠桃勝會)가 거행되었다. 이 잔치는 수많은 신선들과 각지의 선관, 신관들이 선도복숭아를 맛보며 서왕모의 생일을 축하하는 선계(仙界)의 성대한 행사였다.

한편, 마고(麻姑)는 우리나라에서 마고 신앙으로 깊이 자리 잡혔다. 집집마다 가족의 건강과 행복을 위해 정화수를 떠놓고 빌었던 대상인 삼신할멈이 바로 마고할미이며 제주도에는 설문대할망으로 전해져 온다. 지리산의 노고단(老姑壇)은 마고할미를 모시는 산이며, 우리나라 시골 여기저기에는 홀어머니 산성을 비롯해 마고할미의 전설이 많이 남

지리산 노고단

아 있다. 더러 서왕모와 혼동하기도 하지만 우리에게는 거녀(巨女) 설화로 보다 친근하게 민중에 파고들었다. 서왕모와 마고 신화는 여전히 우리 일상 깊숙이 남아 건강과 장수 그리고 행복을 기원하는 대상이 되고 있다.

우리나라의 불로장생 신화: 칠복신, 칠성각, 바리공주

도교에서 시작된 칠복신(七福神) 신앙은 특히 일본에서 발달해 민중에 널리 보급되어 있다. 칠복신 중 첫 번째인 수노인(壽老人)을 특별히 배려하는데 수노인은 두상이 길고 애주가이며, 신선장(神仙丈)을 짚고, 불로초인 영지와 반도를 가지고, 사슴을 데리고 다닌다고 한다. 수노인의 형상은 그림과 조각으로 만들어져서 장수와 복을 기원하는 공간에는 반드시 두었다. 대표적으로 청나라 말기의 실력자 서태후가 노닐던 베이징의 이화원(頤和園, 이허위안) 마당 한가운데에서도 장수 노인을 닮아 '장수석'이라고도 불리는 수성석을 볼 수 있다.

이화원 장수석

우리나라의 민속신앙은 토속신앙과 도교가 상호작용했으며 여기에 불교가 첨가된 독특한 체계다. 그래서 삼존불과 칠여

우리나라 절의 칠성각

래와 칠성신을 함께 모신다. 불교와 칠성신앙이 접목한 것은 중국에서 시작되었으나 불교 사찰 내에 별도로 칠성각(七星閣)을 지어 칠성신을 모시는 나라는 우리나라밖에 없다. 그만큼 칠성신앙이 우리나라에 깊숙이 토착화했음을 보여준다.

우리 민속 신화에서는 북두칠성의 근원이 일곱 형제를 키운 홀어머니에 대한 자식들의 지극한 효성에 있다. 우리의 토속신앙에서 자식의 효도와 부모의 장수는 불가분의 관계였다. 그래서 조상들이 들려주는 모든 전설이나 옛이야기들은 "……아버지 어머니 모시고 모두 오래오래 행복하게 잘 살았단다."로 결말이 났다. 칠성을 신격화해 일월화수목금토 별에 이르고, 이를 인간의 수명과 부귀 및 강우 등을 관장하는 신으로 모시게 되었다. 그래서 일반인들도 장독대나 부엌 등에 칠성신을 가신으로 모셔 자손의 건강과 행복, 출세 및 무병장수를 빌었다.

칠성신앙의 정점에는 우리나라 무속신앙의 원조로 거론되는 바리공주의 전설이 있다.

옛날, 어느 나라 왕이 딸만 계속 일곱을 낳자 일곱 번째로 태어난 딸을 내다 버렸다. 버림받은 딸은 천우신조로 살아나 자랐다.

한편, 왕은 나이가 들어 몹쓸 병이 들었는데 병을 고치기 위해서는 저승의 환생약이 필요했다. 만조백관과 여섯 딸 어느 누구도 약을 구할 엄두를 내지 못할 때, 버려진 막내딸이 험한 저승까지 찾아가 천신만고 끝에 환생약을 얻어서 돌아왔다. 그 약으로 죽어가는 아버지를 살려냈다는 바리공주 이야기는 개인적으로는 효녀로, 사회적으로는 영웅으로 추앙받는 내용이다. 사람의 죽음을 관장하는 숭앙의 대상이 된 바리공주는 우리나라 무당의 원조이자 효와 장수, 태평천하, 기복신앙의 핵심이 되었다.

중국에서 유래한 도교, 인도에서 비롯된 불교, 그리고 우리나라에서 발생한 민속신앙이 인간의 장수라는 주제 아래 통합된 점은 우리나라에서만 볼 수 있는 독특한 체계다. 특히 인간이 장수하려면 자식의 효도 봉양이 절대적인 가족 중심적 생활이 고유의 전통문화였음을 보여준다. 동양의 신화에서는 반드시 인격화한 신에만 의존하지 않고 자연계의 생물, 무생물, 별과 달에까지 대상을 확장해 불로장생을 기원했다. 그중에서도 우리나라에서는 장수와 효를 불가분의 연계 개념으로 생각해 왔다는 특징이 있다.

5. 인간의 욕망과 신화

인간이 다른 동물이나 식물과 차별되는 특별한 위상을 가지는 이유 중의 하나는 바로 꿈이 있다는 것이다. 장차 이루고자 하는 꿈을 가질 수 있다는 것은 인간만의 큰 특징이자 장점이다. 꿈은 인간을 보다 더 나은 세상으로 나아가게 하는 원동력이자 발전과 도약을 가능케 하는 근원이기 때문이다.

선사시대부터 인간에게는 특별한 꿈이 있었다. 산과 들을 누비는 짐승과 하늘을 날아다니는 새, 바다를 헤엄쳐 다니는 물고기들을 보면서 그들과 같은 능력을 갖고 싶어 했다. 그 결과 인간이 연상 능력으로 창조해낸 존재가 바로 반인반수(半人半獸)의 새로운 생명체들이다. 반인반수는 신화시대 대표적인 인간 변형의 존재로 인간과 동물의 형태와 능력을 병합한 하이브리드(hybrid)였다. 반인반마(半人半馬)인 켄타우로스, 반인반우(半人半牛)인 미노타우로스, 반인반호(半人半狐)인 구미호, 반인반어(半人半魚)인 인어, 반인반조(半人半鳥)인 세이렌, 반인반사(半人半獅)인 스핑크스 등이다. 인간의 능력의 한계를 인정하고 대자연을 자유자재로 누비며 향유하는 동물들과 병합한 개체

이집트 피라미드 앞 스핑크스

를 이루고자 하는 것에는 신체적 능력의 확대뿐 아니라 인성의 한계까지 넘고자 하는 바람이 담겨 있었다.

흥미로운 것은 동양에서는 서양과 달리 반인반수의 존재를 인간과 동격으로 수용했다는 점이다. 예를 들면, 태호 복희는 사람과 뱀의 하이브리드이고, 염제 신농은 사람과 소의 하이브리드이며, 황제는 용과 사람의 하이브리드라 했고, 인도 신화에서도 코끼리 얼굴에 인간의 몸을 한 가네샤가 지혜를 담당하는 하이브리드임을 인정하고 인간사회에 공존하는 존재로 받아들였다.

그러나 서양에서는 이러한 반인반수의 존재를 대부분 괴물이나 악마로 규정하고 인간사회에서 배제해 온 점이 구별된다. 이와 같이 인류는 특별한 하이브리드 존재를 상상하며 인성(人性)에 수성(獸性)까지 포함해 인간 욕망을 구현하기 위한 꿈을 가질 수 있었다.

인간의 욕망을 충족하기 위한 꿈의 형태가 더욱 발전한 것이 바로 반인반신(半人半神)의 존재다. 신은 영생의 존재이자 대자연의 모든 것을 알고 무엇이든 할 수 있는 초능력의 존재였다. 그래서 신과 인간의 결합으로 태어난 존재를 상상하고 그 존재에 영웅성을 부여해 숭배했다. 인류 최초의 문자 기록에 나타나는 메소포타미아의 길가메시, 그리스 신화의 헤라클레스, 아킬레스, 디오니소스 등이다. 우리나라 건국신화의 단군(檀君)도 신인 환웅과 인간이 된 웅녀와의 사이에서 태어난 반인반신의 존재다. 신화 속의 신과 인간의 결합으로 낳은 반인반신들은 결국 신(神, God)은 되지 못하고 반신(半神, Demigod)에 그쳤다. 반신은 신과 같은 능력은 갖추었으되 영생은 얻지 못했다. 신화 속에서조차 아무리 신과 같은 능력이 있더라도 인성이 공존하는 한 영생은 불가능한 것으로 간주되었다. 상상의 세계에서도 수명연장은 인간으로서 어쩔 수 없는 한계임을 수용한 것이다.

사람과 짐승, 사람과 신의 육체가 서로 결합될 수 있다는 개념은 지금까지 남아 각종 하이브리드 생명체의 출현을 가능하게 했고 병체결합(竝體結合)의 새로운 생명유지 방안을 개발하는 계기가 되었다. 이러한 개념의 확대를 통해 인간과 동물뿐 아니라 인간과 기계와의 하이브리드인 반인반기(半人半機)가 등장했다. 인간의 몸에 기계를 장착해 신체 능력을 확대한 트랜스휴먼(Transhuman)이나 인간의 지능마저 대체하고자 하는 후생인류(Posthuman, 포스트휴먼) 등 새로운 인류의 출현도 가능하게 하고 있다.

신화 속 최초 수명연장 방안

인간의 수명은 불가항력임을 인정했던 시절에도 이를 극복하려는 노력이 결실을 맺은 사례가 그리스 신화에 등장한다. 바로 이아손(Iason)이다. 아르고 원정대를 조직해 헤라클레스를 포함한 영웅들을 이끌고 나선 그리스 신화 최고 무용담의 주인공이다. 국가의 보물인 황금 양털(Golden fleece)을 찾아 돌아온 영웅이며, 유명한 반쪽 신발 전설의 당사자이기도 하다. 그의 부친 아에손(Aeson)은 테살리아의 왕이었지만 사촌 펠리아스에게 나라를 빼앗겼고 집안은 풍비박산이 났다. 그런 와중에도 이아손은 몰래 켄타우로스로서 최고의 현자인 카이론(Chiron)에게 보내져 교육을 받았다.

성인이 되어 펠리아스에게 자신의 위치 회복을 주장하자 펠리아스는 국가의 보물인 황금 양털을 찾아 와야 한다는 조건을 내세웠다. 이에 그는 영웅들을 이끌고 우여곡절 끝에 마법사인 메데아(Medea)의 도움을 받아 황금 양털을 찾아 온다. 그래서 부친 아에손을 만나게 되는데, 너무도 노쇠한 아에손을 보고 낙담한다.

이아손은 마법의 능력을 지닌 아내 메데아에게 부친을 젊게 해달라고 부탁했다. 자신의 혈액(젊음)을 부친에게 나누어주고 자신을 늙게 해도 좋다고 했다. 이에 감동한 메데아는 아에손의 혈액을 모두 뽑아낸 후 시체를 단지에 넣고 마법의 약초를 정맥으로 투입, 살아나게 해 그를 젊게 했다. 이 과정을 지켜 본 펠리아스의 딸이 자신의 부친도 젊게 해달라고 부탁하자 이를 수락한 메데아는 펠리아스를 죽여 데려오라고 했다. 하지만 펠리아스에게는 마법의 약초 처리를 하지 않음으로써 깨어나지 못해 이아손에게 나라를 넘기게 했다는 내용이다.

부친을 향한 효성과 술법에 의한 복수를 다룬 이 고대 신화에서 혈액 치환에 의한 회춘 방법이 최초로 소개되었다는 점이 매우 흥미롭다. 수명연장에 으레 불로초를 연상하던 시절, 새로운 술법을 제시했다는 점에서 특별한 의술의 소개로 인정되고 있다. 이후 혈액은 생명의 근원으로서 특별한 대접을 받게 된다. 이런 이야기들은 동양, 특히 우리나라에도 많은 전설과 실화로 이어지고 있다. 위독한 부모를 살리려 자신의 손가락을 깨물어 피를 먹였다는 자식의 이야기는 수없이 많다. 그리고 중요한 일을 앞두고 손가락 끝을 깨물거나 잘라서 혈서를 쓰는 것도 목숨을 바칠 정도의 각오를 드러내는 행위로 요즈음에도 시행되고 있다.

혈액과 생명

메데아가 시술한 방법인 혈액 치환의 원리는 늙은 사람의 혈액 속에 있는 늙음을 유지하는 독을 제거하는 것이었다. 과거에도 이러한 생각이 사람들 머릿속에 심어져 있었던 것은 혈액이 바로 생명의 본질이라고 믿었기 때문이다. 실제로 혈액은 몸 전체에 영양분과 산소를 골고루 공급하고 노폐물을 운반 처리하는 역할을 하므로 생명 유지에 절대적임은 두말할 필요도 없다.

그러나 이런 기능을 구체적으로 알지 못했던 과거에도 인간은 혈액의 붉은색에서 특별한 의미를 찾았는데 가장 중요한 것이 위험 신호다. 피를 흘리면 생명이 위험하다는 것을 알아 붉은색에 대한 신앙을 가지게 되었으며 변하지 않아야 할 것을 붉은색으로 표현했다. 가령 단(丹)의 의미를 영원한 것, 변하지 않는 것, 소중한 것으로 간주해 변하지 않는 마음을 단심(丹心), 영생을 추구하는 약을 단약(丹藥)으로 표현했다. 유대교, 기독교, 이슬람교 등의 종교에서도 혈액에 특별한 의미를 부여했다. 동물의 고기는 먹어도 되지만 피를 먹어서는 안 된다고 했다. 피가 바로 생명임을 강조하고 피를 취하지 않음으로써 살생의 죄를 지울 수 있다고 생각했다.

> "이스라엘 집안에 속한 사람이나 또는 그들과 함께 사는 외국 사람이, 어떤 피든지 피를 먹으면, 나 주는 그 피를 먹은 사람을 그대로 두지 않겠다. 나는 그를 백성에게서 끊어 버리고야 말겠다.
> 생물의 생명이 바로 그 피 속에 있기 때문이다."(레위기 17:10, 11)

혈액은 생명의 본질로 중요한 인자가 들어 있을 것으로 기대해 이에 대한 연구가 근세에 이르러 크게 발전했다. 노화연구의 획기적 전환점도 혈액 내 구성 성분의 보완과 혈액 자체의 치환 연구를 통해 이루어지고 있다.

제3장 인간의 출현과 죽음 거부

주사위는 던져졌다

— 시저

1. 인류 창조신화

인간이 불로장생을 추구함에 있어 늘 제기되는 문제는 삶의 의미에 대한 질문이다. '과연 인간이 불로장생을 추구하는 것이 충분한 가치가 있을까?' '인간은 어떻게 생겨났으며 무엇을 위한 존재인가?'라는 의문이다. 우선 인류 창조에 대해 검토해 볼 필요가 있다.

창조신화는 거의 모든 문화권이나 정치권에서 비슷하다. 인류 창조와 연계해 각 문화권의 최초 권력자 또는 우두머리의 출현을 상정하고 있다. 대표적인 예가 우리나라의 단군신화다. 환인이 아들 환웅을 신단수 아래로 내려보내 곰과 호랑이를 시험한 끝에 여인으로 변한 웅녀와 결혼해 단군을 낳아 한민족을 이루었다는 신수설(神授說)이다. 주몽, 김알지, 박혁거세, 석탈해, 김수로 신화가 모두 이와 유사하게 하늘이 내린 알에서 깨어났거나 상자에서 태어나는 비슷한 유형으로 개인보다 집단이 더 크게 부각된다.

중국의 창조신화는 천지가 생겨나기 이전 어둡고 희미한 혼돈 속에서 반고(盤古)가 태어나 천지를 둘로 갈라놓고, 양기를 띤 물질로 하늘을, 음기를 지닌 물질로 땅이 되게 하고, 그 중간에서 하늘과 땅을 떠받쳤다. 그가 죽자 호흡은 바람과 구름, 목소리는 번개와 천둥, 왼쪽 눈은 달, 오른쪽 눈은 해, 사지오체는 대지의 4극(동서남북)과 5개의 산악, 혈액은 하천, 근육은 지맥, 살은 논과 밭, 머리카락과 수염은 하늘의 별, 피부와 체모는 풀과 나무, 치아와 뼈는 금속과 암석, 골수는 주옥, 땀은 비를 이루었다.

여와와 복희

여와(女媧)는 복희와 남매 사이였지만 대홍수 후 둘만 살아남아서 부부의 연을 맺고 인류의 시조가 되었다. 여와는 상반신은 미녀이지만, 하반신은 뱀이고, 남편 복희도 같은 모습으로, 둘은 서로의 하반신을 휘감은 모습으로 묘사되고 있다. 여와는 황토를 반죽해 사람의 형태를 만든 다음 생명을 불어넣어 인간을 창조했다. 효율적으로 인간을 대량생성하기 위해 끈을 흙 속에 늘어뜨렸다 끌어올려 그 끈에서 떨어진 흙으로 한꺼번에 많은 인간을 만들어냈다. 나아가 인간을 남녀로 만들고 결혼해서 자식을 낳게 해 점차 수를 불려 나가게 했다. 결국 진흙을 질료로 인간을 빚었다는 신화다.

인간의 질료는 진흙이었다?

성경에서도 창조주가 아담을 진흙으로 빚었다. 이처럼 진흙으로 인간을 창조한 신화가 세계 곳곳에 전해져 온다. 아메리카 전역 에스키모와 인디언 사이에도 비슷한 신화가 널리 퍼져 있다. 캐나다 북서단 알래스카에서부터 남아메리카 중남부 파라과이에 이르기까지 인류 창조의 원질료는 진흙으로 전해진다.

알래스카 에스키모들은 배로 곶에 거주하던 신이 진흙으로 사람을 만들어 해안에 세워놓고 말린 다음 호흡을 불어넣어 생명을 주었다고 했다. 다른 에스키모는 갈가마귀가 진흙으로 최초의 여자를 만들어서 뒤통수에 수초를 매달아 머리카락으로 삼았고, 진흙으로 만든 여장의 형상 위로 두 날개를 펄럭거리다 예쁘고 젊은 여자가 되었다고 했다.

캘리포니아 아카그체멤 인디언들은 강력한 존재가 어떤 호수의 둑에서 발견한 진흙으로 사람을 만들었다고 믿었으며, 애리조나 인디언 피마족은 창조신이 두 손으로 진흙을 가져다가 자신의 몸에서 흘린 땀으로 반죽해 그 흙덩이가 사람으로 변할 때까지 계속 입김을 불었다고 했다. 페루 인디언들의 전설에 따르면, 대홍수 뒤에도 유일하게 한 남자와 한 여자만 살아남아서 온 인류가 회복된 곳이 티아후아나코였다. 그곳에서 창조신이 진흙으로 각 종족을 한 명씩 만든 후 입을 옷을 물감으로 칠해 주었다고 했다.

몽고 라마교의 인간 기원 신화에는 석가모니, 마이드르, 에체그 보르항 세 신이 함께 세상을 창조하기 위해 안가트라는 새에게 물밑으로 뛰어들어가 검은 흙과 붉은 흙, 모래를 가져오게 했다. 그 흙과 모래를 물위에 뿌려 세상을 만들고, 식물이 자라나 번식하게 하고 나서 인간을 몸은 붉은 진흙으로, 뼈는 흰 돌로, 피는 물로 만들었다는 이야기가 있다.

창조신이 진흙을 질료로 인간을 창조했다는 신화는 아프리카나 아시아, 오세아니아를 막론하고 널리 퍼져 있다. 마오리족 신화에서는 티키라는 신이 강변의 붉은 찰흙으로 형상을 빚고 입과 코에 숨을 불어넣어 인간을 창조했다. 아프리카 나일강 상류 흑인 실투족은 창조주가 흰색 흙으로 백인을, 나일강 흙으로 갈색인을, 실투족 지역에서는 흑인을 만들었다고 했다. 미얀마의 카렌족도 신이 흙으로 남자를 만들고 남자의 갈비뼈로 여자를 만들었다는 신화가 있다.

신화시대부터 인류는 흙, 특히 진흙으로 빚어졌다는 생각이 널리 퍼져 있었다. 공통적으로 대부분의 경우 흙을 이용한 인간의 주조는 어떤 창조주, 즉 절대자가 의도를 가지고 빚어낸 피조물이라는 개념에서 크게 벗어나지 않았다. 그런데 인간의 기원이 진흙이라는 신화가 과학적 가설로 부각돼 학계의 주목을 받게 되었다. 20세기 초, 창조주의 의도나 의지 또는 설계가 아닌 무작위적 화학반응에 의해 진흙과 유사한 환경을 통해 생명이 창조될 수 있다는 보고가 발표되어 엄청난 파문이 일었다.

생명의 기원

오파린(Alexandr I. Oparin)이 『생명의 기원(The Origin of Life)』이라는 저술을 통해 생명이 창조되는 과정에 대한 가설을 발표했을 때 학계는 물론 일반인들도 큰 충격을 받았다. 생명의 신비설과 정령설에 따라 창조가 이루어진다는 가설이 주도해 온 학계에, 자연계에서 물질의 혼융과 화합을 통한 상호작용에 의해 생명체가 생성될 수 있다고 주장했기 때문이다. 이 가설의 발표는 이후 유물론적 사상의 근간을 이룰 만큼 중요한 사건이었다.

가설의 내용을 살펴보면, 천지가 창조되었을 때 뜨거운 바다의 조건에서 생성된 탄화수소나 시안화물이 번개, 열 등에 의해 암모니아 아미노산을 생성하고 이들이 교질 상태로 섞여 있다가 친수성과 소수성 부위로 나뉘었다. 이 과정에서 양성을 지닌 단백질이 코아세르베이션(coacervation)을 일으켜 물질이 변화되는 과정을 통해 촉매 기능의 효소가 출현, 생명현상을 가능하게 했다는 것이다. 이 과정에서 코아세르베이션을 야기하는 조건이 바로 진흙과 비슷한 교질 상태다.

이런 가설이 발표된 지 얼마 안 되어 미국의 젊은 과학자 밀러(Stanley L. Miller)는 실험실에서 지구창조 과정을 재현했다. 지구 최초 생성과정과 유사한 극한 상황을 설정해 수소, 탄산가스, 산소, 질소로 채운 밀폐된 플라스크 내에 강한 전기를 방전해 장시간 번개와 열을 일으키는 자극을 주었다. 그 후 용기 내의 용액 성분을 분석해 본 결과 각종 아미노산과 뉴클레오티드가 생성되었음을 발견하고 이를 보고해 학계를 흥분시켰다. 바로 생명체의 기본 골격을 구성하는 단백질과 핵산의 전구물질이 생성되었기 때문이다. 지구환경의 특수상황에서 생명의 기본물질들이 아무런 의도나 설계 없이 화학반응을 통해 생성될 수 있다는 결과는 오파린의 생명 기원설에서 전제한 자연상태에서의 생명물질 생성 가설에 힘을 실어주었다.

실제로 우주창조의 중요 이론 중 하나인 빅뱅(Big Bang)설에 따르면, 빅뱅 시작 10^{-43}초 만에 우주가 탄생하고 중력이 상호 분리되어 시간이 시작되었으며 이때 온도는 10^{31}℃였다. 10^{-39}초 만에 팽창이 시작되고 강한 상호작용으로 분리되었으며, 10^{-12}초 만에 전자 상호작용, 10^{-8}초 만에 입자·반입자 대칭성이 파괴되고 입자가 안정화되었다. 1초 만에 양자·중성자 비율이 안정화되고 전자도 안정화되었으며 100초 뒤에 원소 합성이 시작되고, 1,000초 만에 원소 합성이 종료되었다. 이후 우주 원자가 안정화되고 우주배경 방사가 시작되었으며 이때 온도는 차차 식어 3×10^{3}℃로 낮추어졌다고 했다. 이처럼 극히 순간적으로 우주가 탄생한 이래 높은 온도가 유지된 상태였으며 이러한 상태에서 강한 방전은 원소들을 반응시켜 다양한 화합물을 합성해내는 데 충분한 조건을 이룰 수 있다고 보았다.

가상 이론상의 지구 초기환경은 밀러가 실험실에서 설정한 조건과 유사할 것으로 추정되고 있다. 이러한 상황에서 무작위로 생성된 유기물들은 오파린이 가정한 코아세르베이션 상태로 이끌려 결국 생명체 형성으로 이어질 수 있다고 제안되었다. 이런 유물론적 논지는 생명의 탄생에 대한 중요한 가설로 정립되었고 이후 생명과학계에 큰 논쟁을 일으켰다.

우연이냐, 필연이냐 논쟁

생명의 기원이 특수한 환경에서 무작위하게 물질의 혼융으로부터 빚어질 수 있다는 가설은 이후 다윈의 진화론 못지않게 생명과학계에 지대한 영향을 미쳤다. 신수설(神授說), 정령설(精靈說)을 바탕으로 한 목적설, 예정설 등이 주류를 이루어 왔던 학계에 물질의 무작위 합성에 의한 무의도적이고 우연적인 생명창조의 유물론적 가설의 등장은 그 무렵 떠오른 공산주의권에서 크게 옹호되었다. 대표적인 사례로, 구소련에서 스탈린은 생명과학자 뤼셍코(Trofim D. Lysenko)를 앞세워 라마르크의 용불용설을 바탕으로 신라마르크 이론을 채택했고 이를 냉전시대 정치논쟁의 핵심으로 등장시키기도 했다. 이러한 유물론적 생명론은 기존의 생명 개념과 큰 차이가 났다. 인간의 존엄성이나 가치에 의미를 부여하기가 어려워져 격심한 유물론과 유신론의 논쟁이 제기될 수밖에 없었다.

대조적으로 인류 창조신화의 다른 양상, 목적적이고 필연적인 인간 창조와 인간성이 부각된 신화도 많이 전해져 왔다. 이들 사이의 치열한 논쟁은 신화에서 상상되던 개념들이 단순하고 무의미한 것이 아니라 결국 사회에 영향을 미치고 과학적으로도 연역될 수 있다는 점에서 다시 한 번 신화의 가치를 되새겨 보게 한다.

2. 피조물로서의 인간 창조

그리스 신화에는 인간을 창조한 신으로 프로메테우스(Prometheus, 先知者)가 등장한다. 땅과 바다와 하늘이 창조되기 이전에는 만물이 모두 하나인 카오스 상태였다. 신과 대자연이 손을 써서 이 혼란을 수습해 땅과 바다를 나누고 하늘과 갈라 놓았다. 강을 정하고, 산을 일으켜 세우고, 골짜기를 파고, 숲, 샘, 기름진 논밭, 황야를 두었고, 물고기는 바다, 날짐승은 하늘, 길짐승은 땅을 각각 삶의 터전으로 삼게 했다. 그때 거인족인 티탄족의 프로메테우스가 흙에 물을 붓고 짓이겨 신들의 형상과 비슷한 인간을 만들었다.

프로메테우스의 동생 에피메테우스(Epimetheus, 後知者)는 인간을 비롯한 다른 동물들에게 살아가는 데 필요한 능력을 부여하는 임무를 맡고 있었으며, 프로메테우스는 그 일을 점검하고 감독했다. 에피메테우스는 각각의 동물에게 용기, 힘, 속도, 지혜 같은 것들을 선물로 주었다. 어떤 동물에게는 날개를, 어떤 동물에게는 강한 발톱을, 또 어떤 동물에게는 딱딱한 껍데기를 주는 식이었다.

그런데 막상 인간에게 능력을 주어야 할 차례가 왔을 때 에피메테우스에게는 아무것도 남아 있지 않았다. 그가 프로메테우스를 찾아

르동 <판도라>

가 하소연하자, 프로메테우스는 아테나 여신이 타고 다니는 이륜차에서 불을 훔쳐 인간에게 주었다. 인간은 이 불을 이용해 무기를 만들어 다른 동물을 정복할 수 있었고, 연장을 만들어 땅을 갈 수 있었으며, 추운 계절도 따뜻하게 지낼 수 있었고, 나아가 기술을 개발하고, 화폐를 주조하는 등 만물의 영장으로 발전해 갔다. 이에 화가 나 복수를 결심한 제우스는 판도라(Pandora)라는 여자를 만들어 프로메테우스에게 보냈다. 선물로 준 것이 아니라, 프로메테우스가 천상의 불을 훔쳐 인간에게 준 일을 괘씸하게 여겨 이들과 인간을 징벌하기 위해 보낸 것이었다.

에피메테우스는 형의 만류에도 불구하고 판도라를 아내로 삼았다. 최초의 여자인 판도라는 천상에서 만들어져 신들로부터 여러 가지 선물을 받았다. 아프로디테로부터는 아름다움을, 헤르메스로부터는 설득력을, 아폴론으로부터는 음악을 받았다.

에피메테우스의 집에는 작은 항아리가 하나 있었다. 고대 그리스에서 식품 보존을 위해 사용되던 피토스라는 종류의 항아리에 온갖 재앙을 담아 봉인한 후, 판도라에게 그 항아리를 절대 열지 말라고 당부했다. 하지만 유혹에 시달리던 판도라는 항아리를 살짝 열어보고 말았다. 그러자 안에서 죽음과 질병, 질투와 증오 같은 수많은 해악이 한꺼번에 튀어나와 사방으로 흩어졌다. 놀란 판도라가 재빨리 뚜껑을 닫았지만, 이미 모든 재앙이 풀려 나오고, 희망만이 남았다. 그래서 인간에게 희망이라는 중요한 요소가 남아 있게 되었다고 한다.

이와 같이 최초의 인간에서부터 문제가 발생했다는 신화는 인간 창조의 모순성을 담고 있었다. 프로메테우스는 미래를 예견할 수 있음에도 장래에 관한 비밀을 제우스에게 알려주지 않았기 때문에 분노를 사서 코카서스 산정의 바위에 쇠사슬로 묶여, 낮에는 독수리에게 간을 쪼아 먹히고, 밤이 되면 간이 재생해 영원한 고통을 겪는 징계를 받았다. 그를 해방시켜 준 것은 영웅 헤라클레스였다. 헤라클레스는 독수리를 죽이고 프로메테우스를 고통에서 풀어주었다.

인간의 창조가 에피메테우스와 결혼한 판도라에 의해 온갖 불행의 요인을 껴안은 채 이루어진 것이며 인간을 도운 신들마저 처벌을 받아야 하는 운명이 되었다는 그리스 신화는 창조의 순간부터 인간이 밟아야 하는 순탄치 못한 여정을 보여준다.

인류 정화와 재창조

신화에서 보면 인류가 반드시 좋은 환경에서 적절한 자질을 지니고 창조된 것은 아니다. 따라서 인간세상이 복잡해지고 오염되는 것은 당연하며 인류가 과오를 저지르는 것 또한 어쩔 수 없는 일이었다. 그러나 잘못된 문제들이 누적되면 창조주는 징벌적으로 인류를 몰살하고 재창조하는 과정을 되풀이하는 사건들이 신화에 자주 등장한다. 홍수나 불을 이용해 세상을 정리하는 방법이 활용되었다. 홍수에 의한 징벌과 연이은 인류 정화의 사례로는 메소포타미아 길가메시 서사시에 등장하는 우트나피쉬팀이 대홍수에서 살아남은 유일한 현자라는 기록을 비롯하여, 구약성경에 나오는 노아의 홍수가 대표적이다. 또한 불이나 지진에 의한 인류 재창조는 소돔과 고모라 이야기에서 예를 찾을 수 있다.

길가메시나 노아의 홍수 또는 소돔과 고모라 이야기에서는 죄에 빠진 사람들은 제거해 버리고 신심이 깊은 우트나피쉬팀, 또는 노아 그리고 롯의 가족만이 살아남아 다음 세상의 새로운 인류의 조상이 되게 했다. 특히 소돔과 고모라 이야기에서 돌아보지 말라는 하나님의 명을 어기고 미련을 버리지 못해 뒤돌아본 롯의 아내를 소금 기둥으로 만들어 버린 징벌은 상징하는 바가 매우 크다. 이러한 이야기는 인간의 창조에 이어 선과 악이 구별화되는 문명화 단계로 발전하면서 윤리적 기준이 강화되기 시작했음을 시사한다. 인간에게 과거에 대한 집착과 미련을 버리고 단호하게 새로운 세상을 찾아야 한다는 메시지를 전하는 것이다.

또한 인간이 창조주의 신탁을 받아 신을 대행해 인류를 새롭게 재창조하는 흥미로운 신화도 있다. 그리스 신화의 데우칼리온과 퓌라다. 프로메테우스의 아들 데우칼리온과 에피메테우스와 판도라 사이에서 태어난 퓌라는 부부가 되었다. 대홍수로 인간이 몰살을 당했지만 이들 부부는 파르나소스산으로 피해 살아남을 수 있었다. 데우칼리온은 의로운 사람이었고 퓌라 역시 신들을 잘 섬겼다. 이 부부야말로 흠잡을 데 없이 의롭고 경건하게 살아왔다고 평가한 제우스는 이들 부부에게 앞장서서 세상을 회복하게 해주었다. 데우칼리온과 퓌라는 신전으로 찾아가 살아나갈 길을 물어 신탁을 받았다.

"얼굴을 가리고 옷을 벗은 다음 이 신전에서 나가 너희 어머니의

뼈를 등 뒤로 던져라.”

신탁을 받은 두 사람은 대지가 만물의 크신 어머니이고, 돌이 어머니의 뼈라고 생각하여, 얼굴을 가리고 옷을 벗은 다음 돌을 집어 등 뒤로 던졌다. 돌은 말랑말랑한 덩어리가 되어 물체의 형태를 취하기 시작했고 이어서 인간의 형상에 가까워졌다. 돌 표면에 묻어 있던 수분과 흙은 살이 되고, 딱딱한 부분은 뼈가 되고, 돌 무늬는 혈관이 되었다. 남자가 던진 돌은 남자, 여자가 던진 돌은 여자가 되었다. 이렇게 해서 인간이 다시 만들어졌다. 창조주의 의도와 직접적 행위가 아니어도 신탁을 받아 인간을 재창조할 수 있다는 이 신화는 인간이 생명의 대리자로서의 역할이 가능함을 시사한 것으로 중요한 의미가 있다.

신과의 경쟁

창조신화에서 인간은 창조주가 진흙을 질료로 만들어 출현했다는 설이 주류를 이루고 있다. 그리고 인간의 수를 크게 늘리기 위해 남녀를 만들고 결혼을 통해 자식을 낳아 번성하게 했다. 신화가 종교화·신앙화하면서 인간의 사회성과 윤리성이 강조된 결과 징벌의 재앙을 내려 인간을 정화하려는 시도가 간헐적으로 일어났다.

초기에는 인간의 수명에 대해 특별히 고려하지 않았다. 인간은 당연히 죽는 존재로 여겼기 때문이다. 그런 상황에서 예외적 인물인 시시포스가 등장했다. 그리스 신화 속 인간 중 가장 교활한 그는 인간이 신을 우롱할 수 있음을 보여준 특별한 존재였다. 시시포스가 제우스의 탈선을 목격하고 헤라에게 고발하자 화가 난 제우스는 그에게 죽음의 신 하데스를 보냈다. 하지만 시시포스는 죽음의 신마저 속이고

프란츠 폰 슈툭 <시시포스>

가두어 군신 아레스가 하데스를 구출해 내기 전까지 세상에는 아무도 죽은 사람이 없을 정도였다. 죽음의 신이 풀려나서 저승으로 가야만 하자, 이를 예측한 시시포스는 아내 메로페에게 자신의 장례식을 치르지도, 시신을 묻지도 말라고 당부했다.

하데스는 시시포스가 죽었는데도 장례를 치르지 않자 시시포스 스스로 장례를 치르도록 지상으로 돌려보냈다. 하지만 신의 명령을 어기고 장수를 누린 시시포스는 죽은 뒤 신들을 기만한 죄로 코린토스 산꼭대기로 커다란 바위를 밀어 올리는 벌을 받았다. 바위가 정상 근처에 다다르면 굴러 떨어져 다시 밀어 올려야 하는 영원한 형벌이었다.

시시포스 이야기는 훗날 노벨 문학상을 받은 알베르 카뮈에게 좋은 소재가 되었고 자아의 무거운 책임을 강조하는 실존철학의 핵심을 이루는 데 기여했다. 시시포스처럼 신을 속일 만큼 머리가 좋으면 오래 살 수는 있으나 결국 징벌을 받는다는 논리로, 인간이 신을 우롱할 만한 능력을 갖는 것은 불가능하지 않지만 그만큼 엄정한 대가를 치러야 한다는 뜻이다.

생명의 순환

대부분의 신화에서는 시간 개념이 일방적이고 생명체는 태어나서 늙어 죽는 과정을 밟을 수밖에 없는 것으로 인식되어 왔다. 그런데 인도 신화에는 이와 전혀 다른 생명관인 순환적 시간관이 등장했다. 기독교나 이슬람 등 유일신교에서는 시간이 창조의 시점부터 존재하기 시작해 종말이라는 시점에서 끝나게 되며, 이후 우주는 존재하지 않는다는 직선적인 시간관을 보여준다.

반면, 인도의 종교에서는 아주 오랫동안 우주와 인간의 삶이 무한히 되풀이되는 것으로 인식해 왔다. 힌두 사상에 따르면 우주는 브라흐마, 비슈누, 시바에 의해 창조, 유지, 해체의 과정을 끊임없이 되풀이하며, 인간 역시 태어나고 죽고 다시 태어나는 과정을 되풀이한다. 모든 존재가 자신이 저지른 행위의 결과인 카르마(Karma, 業)에 따라 다르마(Dharma, 法)에 의한 평가를 받아 여러 형태의 생명체로 윤회하면서 존재한다고 보는 사상이다. 하나의 근원적인 실재(Brahman, Paramatma)가 존재하는데, 이 실재는 속성과 형태를 지니지 않는 비인격적인 측면과 속성과 형태를 지니는 인격적 측면이 있다고 보았다. 근원적 실재는 우주의 창조, 유지, 해체 기능을 담당하기 위해 각각을 담당하는 인격적 실체로 세상에 모습을 드러낸다. 창조의 기능을 담당하는 브라흐마, 우주의 유지를 담당하는 비슈누 그리고 우주의 해체를 담당하는 시바신으로 분화시켜 드러낸 것이 힌두교의 주

비슈누와 시바신

요 삼신이다. 이것이 '힌두 삼위일체신론'이다.

인도 사상은 전통적으로 우주는 살아 있는 하나의 유기체이며 일정한 질서 체계인 다르마에 의해 운행되고 있다고 인식해 왔으며, 다르마는 자연과 사회의 이면에 있는 지켜야 할 의무 및 행동규범을 의미한다. 동일한 질서의 지배를 받으므로 인간과 자연은 밀접하게 연관되어 있고, 모든 생명체와의 조화로운 관계를 추구해야 할 가치로 제시했다. 따라서 조화로운 관계를 유지할 수 있는 삶의 방식을 바람직한 것으로 여겨 왔다. 자연과 인간은 하나의 유기체이고 인간의 생명은 그 일환으로 순환되기에 생명의 탄생, 성장, 노화, 죽음이 모두 연계되어 있으며, 생로병사의 사슬에서 해탈하는 것을 중요하게 여겼다.

인간의 숙명

신화시대부터 인간은 창조주에 의해 탄생하고, 완벽하지 못해 과오를 저질러 번번이 신의 징벌을 받을 수밖에 없다고 여겨져 왔다. 이러한 숙명을 극복하기 위해 인간은 영생을 꿈꾸며 신의 영역으로 진입해 숙명적인 한계를 돌파하려는 욕심을 가지게 되었다.

신화시대의 인간은 호기심이 가득할 뿐 아니라, 신탁을 받아 인간을 창조하는 일도 대행할 수 있으며, 신과의 대립에서도 당당히 이겨내는 모습을 보여준다. 하지만 그러한 시도를 한 결과 인간은 혹독한 대가를 지불해야만 했다. 이처럼 신화 속에는 인간의 호기심에 의한 탐구, 자연을 넘어서려는 끊임없는 시도, 그리고 자연으로부터 돌려받는 업보적 징벌에 처할 수밖에 없는 처지가 담겨 있다. 이러한 상징적 의미는 불로장생을 꿈꾸는 현대인에게 미래의 가능성과 함께 그에 따른 업보의 수반을 강력하게 시사한다.

3. 사후 세계의 체계

화려한 단풍과 금빛 수확의 계절 가을을 보내고 한 해가 저물어 갈 무렵, 바람 부는 겨울 언덕에 올라 석양을 바라보며 자연의 섭리에 엄숙해진 경험이 있을 것이다.

불로장생을 추구해 온 인류에게 가장 큰 과제는 죽음의 극복이었다. 그러나 죽음은 인간의 능력 밖의 일이다. 죽음을 대하는 이러한 태도는 인류가 여느 동물과 차별화되는 인간다움의 결정적인 요인이기도 하다. 어느 동물이나 자식에 대한 애착은 강하기 때문에 지키기 위해 필사적으로 노력한다. 그러나 인간은 자식뿐 아니라 자신을 낳아 키워준 부모와 조상에 대한 태도에서 유별나다. 이 차이가 인류를 다른 동물과 차별화하고 인간을 인간답게 한 결정적인 요소다.

인간이 인간다운 이유: 죽음 경배

인류가 다른 동물과 차별화되는 시초를 직립보행으로 보는 데는 반대하는 이론이 별로 없다. 서서 다님으로써 보다 먼 곳을 살필 수 있어 안전성을 확보하고, 두 손을 마음대로 쓸 수 있어서 도구를 사용하게 되었다는 것이다. 도구를 사용하면서 불을 자유자재로 사용할 수 있는 능력을 확보할 수 있었고, 불의 사용으로 음식을 익혀 먹을 수 있게 되었다. 더 나아가 솥을 발명해 음식을 끓이고 졸여 소화흡수를 용이하게 하고 장기간 저장 보존할 수 있게 되었다. 그 결과 효율적인 영양섭취가 가능해져 인류는 소장, 대장 등 장의 크기가 줄어들었고, 그 대신 뇌의 용량과 능력을 파격적으로 높이는 전기를 맞이했다는 것이 인류 진화의 흐름이다.

그러나 인간이 진화를 초월해 동물과 차원이 다른 문화를 만들어 낸 결정적 이유는 바로 죽음에 대한 태도의 차이 때문이다. 화석이나 유적 등의 역사자료를 보면 시신을 매장한 풍습은 어떤 동물이나 영장류에서도 볼 수 없는, 오직 네안데르탈인과 현생인류인 호모사피엔스에서만 볼 수 있는 특별함이었다.

인류의 선조는 조상이나 동료와 가족의 죽음을 슬퍼하기만 한 것이 아니었다. 시신을 매장하는 풍습이 시작되면서, 조상을 숭배하고 기리기 위해 의례를 정하고, 그에 맞추어 음악과 율동을 더했을 것이며, 죽음의 세상을 주재하는 존재를 상상하면서 영생의 개념을 떠올리기 시작했다. 서로 모여 생각을 나누는 과정에서 신화가 생기고, 종교와 철학이 등장하고, 궁극적으로 국가체계도 이루어졌다고 본다. 다시 말해 신화와 종교 및 철학의 근원, 그리고 정치권력이 바로 인간의 죽음에 대한 태도에서 비롯되었다고 할 수 있다.

인류 최초의 서사시인 길가메시 이야기와 그리스 로마 신화, 이집트의 거대 건축문화, 중국과 인도 신화, 마야와 잉카의 전설 등에 주로 죽음과 영생에 관한 소재가 등장하고, 이를 바탕으로 인간 존재의 의미와 살아가는 데 필요한 윤리가 정립되기 시작했다. 인류사에서 가장 대표적인 건축물로 꼽히는 7대 불가사의 중 태반이 무덤인 이유가 여기에 있다. 이집트의 피라미드나 마야의 피라미드가 그러하고 요르단의 페트라 유적도 나바테아인의 묘지였으며 인도의 타지마할 또한 애절한 사랑이 깃든 묘당이다. 이러한 특별한 무덤문화는 죽음에 대한 거부가 아닌 미래의 재회를 기리는 강한 긍정의 뜻이 반영되어 있다.

더욱 놀라운 사실은 터키 남동부 괴베클리 테페라는 곳에서 발견된 원형의 거석 구조물이다. 기원전 1만 년 전 수렵인들이 세운 것으로 추측되며 T자형 석회암 거석에 멧돼지, 여우, 사자, 뱀, 악어, 독수리 등을 양각으로 새겨놓았다. 인간이 거주했던 흔적은 없으나 인골을 매장한 흔적이 남아 있다. 따라서 농경이 시작되기 전인 수렵시대에 세워 죽음의 의례를 거행했던 곳으로 추정하고 있다. 인류학자 중 일부는 이러한 죽음의 의례를 하면서 정착 농경사회가 발생했을 것으로 주장하기도 한다.

남태평양의 이스터섬에서 발견된 거대한 석조상 모아이의 신비도 마찬가지다. 이스터섬에는 수십 톤에 달하는 바위를 수년에 걸쳐 돌로 조각해 바닷가에 세워둔 모아이가 1,000여 구 넘게 존재한다. 석상이 세워진 이유를 탐색하던 중 이 거대 석상이 바로 조상의 모습을 새긴 것이고 조상숭배의 상징이라는 주장이 설득력을 얻었다.

이처럼 죽음과 관련된 유물·유적에 나타나는 공통된 특징은 인간이 죽음으로 없어지는 것이 아니라 잠시 떠날 뿐이라는 생각을 했다

이스터섬 모아이 석상

진시황릉 병마용

는 점이다. 사람은 죽어서 아득히 먼 어떤 곳으로 떠나며, 그곳은 살아 있는 인간이 찾아갈 수 없지만 전지전능한 신에 의해 다시 만날 수도 있다는 희망을 남겨두었다. 종교가 발전하면서 인간은 살아 있는 동안의 행위에 대한 평가 결과에 따라 천국과 지옥 같은 공간으로 배정된다고 생각하게 되었다.

더욱이 죽음을 삶의 연장선상에 있다고 여겨 고대 권력자의 무덤에는 살아 있는 자를 함께 묻는 순장이 생겼다. 순장 풍습과 연계해 진시황릉에서와 같이 산 사람을 대체하는 수많은 병마용(兵馬俑)이 등장하기도 했다. 뿐만 아니라 사후 세계로 가기 위해 이집트에서는 실물 크기의 목선을 피라미드에 안치했고 일상생활에 필요한 의복, 가구, 화장품, 음식 등을 채워주었다. 죽은 자의 저승길을 돕기 위한 '사자의 서(Book of the Dead)'라고 불리는 성스러운 장례 문서에는 사후 세계의 배치, 그곳의 악마를 퇴치하기 위한 주문들을 적어 놓았다.

그리스 철학자 소크라테스도 영혼의 불멸을 논리적으로 입증하려 노력한 바 있다. 영혼에 대한 첫 번째 논증은 만물은 그 반대 성질에서 생성된다는 것이다. 죽음은 삶에서 비롯되고 삶은 죽음에서 비롯되며 죽은 사람은 이전에 살아 있었고 산 사람은 이전에 죽어 있었다. 둘째 논증은 갓난아기는 아무 경험도 없지만 일정한 지식을 가지고 태어나는데, 이는 분명히 탄생 전에 정보를 전달해 주는 영혼이 존재하기 때문이라는 것이다. 셋째 논증은 세상에 두 종류의 존재가 있다고 보았다. 보이는 존재와 보이지 않는 존재다. 육체는 세월이 흐르면 쇠락하고 죽는다. 영혼은 보이지 않지만 불변, 불멸한다. 넷째 논증은 세상에 존재하는 만물은 언제나 존재해 왔고 앞으로도 영원히 존재할 무형의 정적 형태에서 비롯된다는 것이다. 모든 육체활동은 영혼에서 비롯되며 영혼은 삶의 근원으로 사후에도 존속한다.

소크라테스의 철학은 후일 데카르트로 이어졌다. 그가 17세기 중반에 발간한 『제1철학에 관한 성찰』이라는 책의 부제는 '신의 존재와 영혼의 불멸성 실증'인데 여기서 그는 삶의 근원이 되는 영혼은 불멸하다는 이론을 제기했다.

서양의 사후 세계 개념

죽어서 이르는 곳에 대한 대표적인 신화도 그리스 신화가 정밀함과 흥미로움에서 압권이다. 그중 하데스와 타나토스라는 개념이 흥미롭다. 헤시오도스의 「신통기(神統記)」에 따르면, 하데스는 그리스 신화 속의 지하 명부 왕으로 플루톤(Ploutōn, Pluto)이라고도 불렸다. 티탄족인 크로노스의 자식으로 태어나, 형제인 제우스, 포세이돈과 힘을 합쳐 티탄족을 정복한 다음 제우스는 하늘을, 포세이돈은 바다를, 하데스는 명계를 지배하게 되었다.

사람이 죽으면 망령은 헤르메스에 의해 명계로 인도되고, 생사의 갈림길인 스틱스(Styx)강을 뱃사공 카론의 안내로 건너 사나운 개인 케르베로스가 지키는 하데스의 집에 이르면 세 명의 판관에 의해 일생에 대한 평가를 받는다. 대부분은 아스포델로스(Asphodelos, 부조화의 꽃)가 피어 있는 들판에서 방황하지만 영웅이나 정의로운 인물은 엘리시오의 들판에서 지복의 생을 영위하고, 극악한 자는 지옥인 타르타로스로 떠밀려 고통을 당한다고 했다.

이승과 저승의 경계를 이루는 스틱스강은 명계를 아홉 번 휘감는데, 아케론, 코키투스, 플레게톤, 레테와 함께 하데스가 지배하는 명계로 가면서 망자가 건너야 하는 다섯 개의 강을 이룬다. 아케론은 슬픔, 코키투스는 비탄, 플레게톤은 불, 레테는 망각, 스틱스는 증오를 상징하며, 망자는 이승과 저승을 구분하는 강을 건너면서 이승의 슬픔, 비애, 증오를 모두 잊고 저승으로 간다고 보았다.

죽음의 강을 건너야 한다는 개념은 고대 이집트 시대부터 있었다. 쿠푸의 웅장한 피라미드 옆 구덩이에서 발견된 거대한 목선의 흔적은 파라오가 죽으면 태양선(太陽船)을 타고 강을 건너야 한다는 당시의 사상을 보여준다.

한편, 사람이 죽으면 타나토스와 히프노스가 함께 죽은 자의 혼을 운반해 간다고 생각했다. 후일 프로이드는 자기 보존적 본능과 성적 본능을 합한 삶의 본능을 에로스라 했고, 공격적인 본능들로 구성되는 죽음의 본능을 타나토스라 했다. 삶의 본능은 생명을 유지 발전시키고, 자신과 타인을 사랑하며, 한 종족의 번창을 가져오게 하지만 죽음의 본능은 생물체가 무생물로 환원하려는 본능으로, 자신을 사멸시키고 자신뿐 아니라 타인이나 환경을 파괴하고 서로 싸우며 공격하는 행동을 하게 만든다고 했다. 죽음은 결국 파괴라고 보았으며, 그 과정을 통해 이승을 떠나 도저히 이를 수 없는 곳으로 떠난다고 보았다.

『신곡』의 사후 세계 형상화

사람이 죽어서 이르는 저승에 대해서는 여러 가지 신화와 전설이 있고 종교마다 해석이 다르다. 대부분 천국과 지옥이라는 이분법적 개념이 주류를 이루고 있지만, 가톨릭의 교리는 삼분법적인 독특한 개념을 제시했다. 대표적으로 이탈리아의 단테 알리기에리(Dante Alighieri)는 유명한 『신곡(Divina Commedia)』이라는 작품에서 지옥, 연옥, 천국의 개념을 서술하며 이와 관련된 교묘한 법칙과 질서를 표현했다.

『신곡』은 「지옥편」, 「연옥편」, 「천국편」의 3부로 구성되어 있으며, 다시 각각 33편의 시에 서곡 1편을 포함해 모두 100편으로 이루어진 서사시다. 인생의 혼란을 겪고 있던 작중 인물(단테)에게 로마 건국 서사시 「아이네이스(Aeneis)」를 쓴 시인 베르길리우스가 나타나 영적인 여행을 함께 떠나는 내용의 여행기 형식이다.

첫 번째 지옥계에는 세례를 받지 않은 사람들이 갇혀 있다. 여기에는 태어나면서 죽은 아기들의 영혼이나 호메로스, 소크라테스, 유클리드, 히포크라테스 등 훌륭한 업적을 쌓은 위대한 고대 인물들이 기독교가 전파되기 전에 태어난 불운으로 오게 된 것이다.

진정한 지옥의 고통은 두 번째 지옥계에서 시작된다. 육욕에 빠진 자들이 계속되는 돌풍에 휩쓸려 여기저기 빙빙 돌고, 세 번째 지옥계에서는 탐식했던 자들이 고통을 당하며, 계속해서 한 영역씩 끔찍한 장면들이 연출된다. 마지막에는 악마 루시퍼가 세 명의 대역 죄인인 카시우스, 브루투스, 유다의 머리를 갉아먹고 있다. 살인이나 도적질한 자보다 배반한 자를 가장 무거운 벌을 받아야 하는 자로 규정했다. 지옥의 밑바닥에서 지구 반대편으로 뚫린 굴을 통해 정죄(淨罪)의 산,

연옥(煉獄)에 도달한다. 연옥은 인간의 의지와 하나님의 섭리가 만나는 곳이다. 하나님에게로 나아가면서 몸은 해체되고 마침내 빛과 하나가 된다. 필멸에서 불멸의 존재로 거듭나는 것이다. 가톨릭 교리에서 영혼들은 연옥에서 이승의 죄를 씻고 정화하므로 연옥을 정죄계(淨罪界)라고 한다.

단테는 정화의 산 아홉 단계를 통과하면서 인간의 7가지 큰 죄(교만, 질투, 게으름, 분노, 탐식, 육욕, 인색)에서 하나씩 해방되어 마침내 불의 담을 넘어 성녀로 신분이 오른 연인 베아트리체를 만난다. 천국의 하늘은 아홉 권역으로 구성되어 있는데, 서로 겹치지도 않고 서로를 가리지도 않는다. 거기에서 어디에나 있고 누구나 사랑하는 존재로서의 하나님을 발견한다.

이러한 지옥, 연옥, 천국의 개념은 이후 서양의 사후 세계 기본 개념이 되었다. 하지만 지옥이나 천국의 중간 단계인 연옥에서의 정화가 강조되면서 이를 인정하는 구교와 인정하지 않는 신교 간에 새로운 갈등을 빚기도 했다. 사후 세계에 대해 비슷하면서도 서로 다른 개념을 가지게 된 것은 현생에서의 삶에 대한 징벌을 사후 세계에서 어떻게 부여하느냐에 따라 크게 달라지기 때문이다.

4. 동양 문화권에서의 저승

저승에 대한 개념은 동서양이 사뭇 다르다. 서양권에서는 기독교 신앙의 영향으로 천국과 지옥으로 확실히 나누어지지만 동양권에서는 이러한 개념이 모호하게 발전해 왔다. 유교와 도교 문화권에서는 죽음의 세계에 대한 징벌적 평가에 의해 개인에게 배정하는 저승보다는 자손대대에 미치는 영향을 강조하거나 자신이 스스로 신선이 되어 사라져 가는 모습을 더 강조해 왔다. 이에 반해 힌두교와 불교에서는 죽음을 윤회의 한 과정으로 보고 이후 삶의 영속성의 단계에 대처하는 방안을 강구하는 데 역점을 두었다. 따라서 동양권의 저승은 천국과 지옥으로 확연하게 구분되어 있는 서양권의 사후 세계와는 사뭇 다른 모습을 보여주고 있다.

『산해경』과 무릉도원

사후 세계 또는 생의 영속성에 대한 동양권의 대표적 개념은 『산해경(山海經)』과 『도화원기(桃花源記)』 및 수많은 전설 속에 다양한 모습으로 깃들어 있다.

『산해경』은 B.C. 12세기부터 전한(前漢)시대까지 이어져 정리된 중국 최고(最古)의 신화서이자 지리서다. 기원전 중국과 동아시아의 역사적인 상황이 기록되어 있으며 내용 일부가 다른 사서(史書) 등에서도 확인돼 단순 허구로만 볼 수는 없는 기서(奇書)다. 산과 바다와 그곳에 서식하는 동식물의 용도와 특성을 기록한 백과사전적 박물서이기도 하다. 우리나라의 고대국가인 고조선, 숙신, 예맥 등에 대한 언급과 청구국, 군자국, 대인국, 백민국, 삼위산, 불함산 등 우리와 관련된 지리적 언급도 있다. 특히 고조선을 최초로 언급한 책이라는 점에서 우리에게 특별한 의미가 있다.

또한 『산해경』에는 불사의 개념이 기록되어 있으며 각종 동식물의 섭취로 질병이 치료되고 불로장생할 수 있다고 전한다. 도잠(陶潛, 도연명)의 『도화원기』 같은 이야기는 중국과 인접한 우리나라 일본 등지에 다양한 형태로 전해지고 있다. 산속이나 낯선 곳을 헤매던 사람이 자기도 모르게 선경으로 들어가고, 풍요롭고 평화로운 그곳에서 얼마간 머물다 집으로 돌아오면 다시는 찾아갈 수 없다는 내용이 대부분이다. 한단지몽(邯鄲之夢)도 주막에서 밥이 끓는 잠깐 사이 졸다가 꾼 꿈속에서 파란만장한 50년 동안의 인생을 경험한다는 이야기다. 일본 『서기』에 나오는 거북을 따라 용궁에 다녀온 우라시마 타로(浦島太郎) 이야기나, 미국 작가 워싱턴 어빙의 소설 『립 밴 윙클(Rip Van Winkle)』도 비슷한 유형이다.

이런 신화나 판타지는 모두 인간이 시간의 제약을 받는 존재임을 부각하고 있다. 신과 더불어 원래 인간이었던 선인은 죽음을 초월한 불로불사의 존재이기에 시간은 별다른 의미를 가지지 않지만 그들도 나이를 먹기는 한다고 서술했다. 다만, 속세보다 선계의 시간 흐름은 아주 느리기 때문에 선계에 살던 인간이 속계로 복귀했을 때, 가족들은 이미 늙거나 죽고, 마을은 폐허가 되거나 크게 변해 시간의 엇갈림이라는 고통을 겪을 수밖에 없음을 강조하고 있다. 이런 시간 개념은 후일 아인슈타인의 시공간이라는 개념에서 부활한다. 시간의 상대성이 이미 신화시대에 선계와 속계의 차이에서 부각된 것이다.

신선사상

동양권의 책이나 전설에서 사후 세계는 운이 좋거나 노력하면 얼마든지 오래 살 수 있다는 염원이 가득했다. 초기 신선사상이 황로사상(黃老思想)과 혼합되어 도교로 발전하면서 깊은 산속이나 바다 속에 있는 선경(仙境)이 보다 구체적으로 논의되었다. 그 속에서 인간이 조식(調息), 도인(導引), 벽곡(辟穀), 행기(行氣), 보정(寶精) 등의 도를 닦아 죽음을 초월한 선인(仙人), 진인(眞人), 도사(道士), 지인(至人) 등으로 변모할 수 있음을 염원했다.

한편, 유학의 비조인 공자는 사후 세계에 대한 논의 자체가 쓸모없음을 주창하기도 했다. "삶도 잘 모르는데 어떻게 죽음에 대해 알리오(不知生 焉知死)?"

유교적 또는 도교적 사생관에서는 망자가 가는 황천이나 저승을 생자는 가지 못하는 곳이 아니라 일구월심 노력하면 다녀올 수 있는 곳으로 여겼다. 다만, 저승과 이승의 시간차에 의한 고통을 감내해야 함을 강조했다. 이러한 사생관에 인도에서 전래된 불교가 유입되면서 동양권에서는 사후 세계인 극락과 지옥이라는 개념을 첨가했다. 이와 같이 극락과 지옥에 넘나들 수 있다는 포용적 개념이 추가되면서 동양은 서양과 다른 생사관을 가지게 되었다.

불교와 지장보살

불교는 인도의 힌두교적 교리를 축으로 발전해 왔다. 인도에서는 생명체의 윤회사상이 강해 죽음은 다른 생명으로 변환하는 과정에 불과하다고 여겼다. 따라서 육신은 화장해 깨끗이 정리해서 다음 생을 새롭게 맞도록 했다. 죽음에 대해 생사일여(生死一如)의 담담함을 가졌으며 다음 생을 위해 생전에 업을 잘 쌓아야 함을 강조했다.

또한 하늘에는 28수(宿) 33천(天)이 있고 지하에는 다양한 계층의 지옥이 있다고 생각했다. 불교에서는 저승을 나라카(Narak, 奈落), 니라야(Niraya, 泥耶耶)라고 하며, 팔한(八寒), 팔열(八熱) 등 여러 가지 지옥이 있고, 맨 아래층이 무간(無間, 阿鼻)지옥이다. 염라대왕은 범어 야마(yama)에서 유래한 말로, 이 세상에 태어난 인간 중 제일 먼저 죽어 천국을 맨 처음 발견해 왕이 된 자를 일컫는다.

불교의 윤회 세계는 지옥·아귀·축생·아수라·인간·천(天)의 육도(六道)로 대별되며, 지옥은 그 최하층이다. 지옥 중에서도 최하층인 아비지옥은 불교에서 제일 무겁게 여기는 오역죄(五逆罪)를 지은 자가 가는 곳이다. 오역죄는 아버지를 죽인 죄, 어머니를 죽인 죄, 세상의 존경을 받을 만한 성자(聖者)를 죽인 죄, 깨달은 자의 몸을 상하게 해 피를 흘리게 한 죄, 교단의 화합을 깬 죄를 일컬었다.

『시왕경(十王經)』에 따르면, 죽은 자가 새로 태어나기까지 걸리는 기간은 칠칠일, 곧 49일이다. 그동안 대기 장소인 바르도(中陰, 中有)에 머물며 1주일씩 일곱 왕에게 생전의 업에 대해 조사를 받는다. 『시왕경』에 등장해 죽은 자를 판결하는 열 명의 대왕을 진광(秦廣)·초강(初江)·송제(宋帝)·오관(五官)·염라(閻羅)·변성(變成)·태산(泰山)·평등(平等)·도시(都市)·오도전륜(五道轉輪, 轉輪) 대왕이라고 부른다.

우리나라 사찰에는 주불(主佛)을 모신 금당 곁에 명부전(冥府殿)이란 곳이 있다. 일반적으로 '49재'로 알려진, 죽은 이의 넋을 천도하기 위한 의식을 행하는 곳이다. 지옥에서 고통받는 이들을 구제하기 위해 서원하고 성불을 뒤로 미룬 지장보살을 주존(主尊)으로 모신다.

지장보살은 석가모니불 열반 후 미래 미륵불이 출현할 때까지 중생을 제도하는 일을 물려받은 보살이다. 지장보살이 자비의 마음으로 지옥에 빠진 중생을 구원해 준다고 믿기 때문에 중국이나 우리나라 불교에서는 지옥이란 장소가 무시무시하고 살벌한 곳으로만 간주되지 않는다. 이런 지장신앙은 수나라 때 시작돼 당나라 때는 정토신앙과 함께 널리 퍼졌으며, 특히 신라 왕자 김교각은 지장보살의 현신으로 중국에서 크게 추앙받고 있다.

무속신앙과 씻김굿

우리나라 무속신앙에서 행하는 죽음의 의례에 씻김굿이 있다. 진도를 비롯한 해안지방을 위주로 전해 내려온 씻김굿은 사람이 죽으면 초분(가묘)으로 모셨다가 6~7년 후 육탈이 되면 시신을 꺼내 뼈 부분만 모시고 다시 장례를 지내는 절차다. 살아 생전의 모든 과오를 정화하고 망자의 원한을 씻어 영혼을 달랜 뒤 완벽하게 정화된 몸으로 극락왕생하도록 무당이 도와주는 굿이다. 죽음의 과정을 다단계로 생각해 삶의 연속선상에서 더 좋은 피안으로 가는 과정으로 여김을 뜻한다. 이 생사일여의 사상은 우리나라의 토속 사생관이었다.

죽음의 임시성

동양의 사후 세계는 서양의 기독교 사상처럼 절대평가에 의한 징벌적 배분이 이루어지는 곳이 아니라 인간에 대한 보다 긍정적인 배려가 이루어지는 곳이다. 지옥이 인과응보의 강제적·비관용적 징벌에 의해 가야만 하는 곳이 아니라 가지 않을 수도 있고, 가더라도 영원히 머무르지 않을 수 있는 곳으로 이해되었다. 사후 세계는 정화된 몸으로 찾아가는 경건한 곳이며, 윤회의 다른 생으로 이행하는 임시 장소다. 자신을 구원해 주는 지장보살 같은 존재가 있다고 믿는 동양의 사후 세계는 서양의 기독교적 사후 세계와 분명하게 구별된다.

서양의 기독교에서 '천사'는 주로 살아 있는 자를 도와주지만 불교의 지장보살은 죽은 자를 구제한다는 점에서 다르다고 볼 수 있다. 이처럼 죽음에 대한 동서양의 서로 다른 태도와 전통이 문화와 철학 그리고 생명윤리에 미친 영향은 매우 크다.

MAGNUM OPUS 2.0

—

제2부

—

Magnum Opus 1.0

제4장 인간의 시간한계 극복: 불로초

제5장 인간의 시간한계 극복: 연금술

제6장 인간의 공간한계 탈출: 불로촌

제4장 인간의 시간한계 극복: 불로초

더 빠르게, 더 높게, 더 강하게

— 올림픽 모토

1. 불로초 신화의 동서양 차이

불로장생을 추구하는 자세와 방식에서 서로 다른 경향을 보이는 동서양은 불로초를 바라보는 시각에도 현저한 차이가 있다.

불로초란, 일단 입으로 먹을 수 있는 것이다. 입으로 먹을 수 있는 것은 식품과 약 두 가지다. 식품은 기본적으로 자연에서 채취한 재료를 요리 방식 이외의 어떠한 가공도 하지 않고 생활을 위해 섭취하는 것이고, 약은 인위적으로 처리하고 조제한 특수기능을 가진 이물질이 대부분이다.

불로초 식품으로는 지역에 따라 서로 다른 식재료나 액체 형태의 물 또는 술이 거론되어 왔다. 또한 불로장생 약을 조제하는 방법은 동양에서는 연단술로, 서양에서는 연금술로 발전했다. 신화시대부터 우선적으로 중시되고 애용해 온 대표적인 불로초는 서양에서는 사과, 동양에서는 복숭아였다.

서양의 사과

뒤러 <아담과 이브>

서양에는 사과에 얽힌 전설이나 신화가 매우 많다. 먼저 구약성경 창세기의 아담과 하와(이브)에 얽힌 사과를 예로 들 수 있다. 에덴동산에서 행복하고 평온한 삶을 살던 아담과 하와가 뱀의 유혹에 넘어가 선악을 알게 하는 나무에서 금단의 열매를 따 먹어 에덴동산에서 추방당한다는 내용이다.

그리스 신화에서도 사과는 매우 중요하다. 헤라클레스의 12가지 과업 중에도 거인 아틀라스에게 자신이 지구를 대신 받쳐들고 있는 동안 헤스페리데스 정원의 사과를 훔치게 한 사건이 있다. 한편, 발이 빠른 여자 사냥꾼 아탈란타(Atalanta)를 사랑한 멜라니온(Melanion)은 그녀가 요구한 대로 경주에서 이겨야 했다. 이에 아프로디테에게 부탁해 황금사과 3개를 얻어 길에 뿌리고 아탈란타가 이를 줍는 동안 달려 결혼에 성공했다는 신화도 있다.

그러나 압권은 여신 테티스와 영웅 펠레우스의 결혼식에 초대받지 못한 불화의 여신 에리스가 트로이 왕자 파리스에게 '가장 아름다운 사람에게'라고 쓰인 황금사과를 던진 사건이다. 이에 세 여신 헤

와토 <파리스의 심판>

라, 아테나, 아프로디테 사이에 경쟁이 벌어지고, 파리스가 최고의 미녀를 제공하겠다는 아프로디테를 선택함으로써 절세미녀인 메넬라오스의 아내 헬레네를 얻었지만 트로이 전쟁의 원인이 된다.

사과 이야기는 노르만족의 전설에서도 매우 중요하다. 젊음을 유지하는 황금사과를 지키던 여신 이둔(Idun)이 꾀 많은 로키(Loki)에게 속아 신들의 거주지인 아스가르드(Asgard) 밖으로 빼내자 에시르 지역 주민 모두 늙어 이를 되찾아 온다는 전설이 있다. 그래서 북유럽에서도 사과는 신성한 것이고 부활과 젊음, 아름다움의 상징이다.

원래 구약성경 창세기에 등장하는 금단의 과일(선악과)에는 이름이 없었다. 르네상스 시대를 거치면서 신화에 등장하는 헤스페리데스 정원의 황금사과에서 비롯되어 사과로 정착된 것이다. 이후 사과는 지혜, 영생, 유혹, 인간의 탈선, 죄악 등의 혼재된 개념을 상징하게 되었다. 라틴어에서 사과(L. mālum)를 의미하는 단어가 죄악(mălum)을 의미하는 단어와 비슷해 성경에 등장하는 금단의 과일이 사과로 정착하게 되었다고 보는 시각도 있다. 물론 신화시대의 사과가 지금의 사과와 동일한 것인지는 합의되지 않아 상징적으로 보는 것이 합당하다.

동양의 복숭아

복숭아는 동양권에서 특별한 의미를 지닌 과일이었다. 대표적인 사례로 옥황상제의 아내인 서왕모의 반도가 있다. 3,000년에 한 번씩 열리는 복숭아를 주재하는 서왕모의 권한은 막강했다. 모든 신들이 수명을 연장하려면 이 복숭아를 얻어먹어야 했기 때문이다.

곤륜산에서 서왕모의 생일인 3월 3일에 베풀어지는 요지연(瑤池宴)은 신선들이 모이는 최고의 축제였다. 이 축제를 난장판으로 만든 장본인이 바로 『서유기』의 손오공이다. 어쩔 수 없이 부처님께 호소하자 손오공과 내기를 한 부처님이 그를 화과산에 가두고 현장법사로 하여금 풀어주게 해 서역을 탐방하도록 했다는 이야기도 서왕모의 복숭아 신화에서 기원했다.

중국 신화에서 후예(后羿)는 전설상의 영웅으로 최고의 궁술도사다. 하늘에 뜬 열두 개의 태양을 한 개만 남기고 활로 떨어뜨릴 정도의 고수였다. 서왕모에게 부탁해 간신히 천도 두 개를 얻었는데 아내인 항아(姮娥)가 욕심을 내 다 먹어버렸다. 그리고 하늘로 올라가다 걸려 달 속에 두꺼비 모양으로 갇힌 항아는 오늘날 달의 모습이 되었다는 신화다.

뿐만 아니라 칠복신 중에서 수명의 신인 수노인(壽老人)도 항상 영지와 복숭아를 들고 다닌다고 했다.

일본 신화에도 대표적인 복숭아 전설로 모모타로(桃太郞) 이야기가 있다. 자식이 없는 늙은 부부가 강물에 흘러가는 복숭아를 주웠는데 그 속에서 사내아이가 나와 성장해 나쁜 귀신들을 물리치고 행복하게 살게 되었다는 내용이다. 이는 후일 일본 영웅의 본보기가 되었고 태평양 전쟁 때는 이를 악용해 일본인들의 전쟁심리를 자극하는 데 이용하기도 했다.

이처럼 복숭아는 장수, 다산, 축복 등과 연계되어 숭앙의 대상이 되었다. 일본 『고사기(古事記)』의 건국신화에도 오누이이자 부부로 일본을 건국하는 이자나기(伊邪那伎)가 지하 귀신계인 요미의 세상에서 탈출할 때 이자나미(伊邪那美)가 보낸 마귀 무리에게 복숭아 세 개를 던져 쫓아냈다는 내용이 있다. 이러한 연유로 일본인들은 악령을 쫓는 데 복숭아를 사용하게 되었다.

우리나라 무속신앙에서도 복숭아 줄기와 잎에 나쁜 귀신을 쫓는 힘이 있다고 여겨 굿을 할 때면 반드시 복숭아 나뭇가지로 만든 채를 들었다. 이처럼 복숭아 신화는 한·중·일뿐 아니라 아시아 지역의 여러 신화에 유사하게 등장한다.

신화 속의 불로초

신화 속에 거론된 불로의 명약들은 대부분 식물이다. 사슴, 거북 그리고 학이 십장생에 포함되지만 이들은 먹기 위한 것이 아니라 장수를 상징하는 동물일 뿐이다. 동물성 식품이 불로장생 관련 신화나 전설에 등장하는 사례로는 젖과 꿀을 들 수 있다. 하나님은 모세에게 이스라엘 민족이 애굽(이집트)의 종살이에서 벗어나 '젖과 꿀이 흐르는 가나안 땅'으로 올라가게 하겠다고 약속했다.

장생과 무병을 기대하게 만든 신화상 최초의 불로초는 길가메시 서사시에 나오는 구기자양(枸杞子様)이란 식물이다. 비록 뱀에게 도둑

맞아 뱀이 영생하게 되고 사람에게는 불로장생이 부질없는 일이 되어 버렸지만 5,000년 전 인류 최초 기록에 불로초가 등장한다는 사실이 중요하다.

다음으로 등장하는 불로초는 그리스 신들이 먹은 암브로시아(Ambrosia)다. 신들은 올림포스산에서 이를 먹고 영생을 추구할 수 있었지만 인간은 먹게 될 경우 혹독한 대가를 치러야 했다.

암브로시아의 효용을 보여주는 사례는 호메로스의 영웅 서사시 『일리아드』에 나오는 최고의 영웅 아킬레스다. 여신 테티스가 인간인 남편 펠레우스와 결혼해 낳은 아킬레스에게 불사의 몸을 갖게 하려 암브로시아로 목욕을 시켰다. 이어 불로 지지는 과정을 보고 놀란 남편이 뿌리치는 바람에 붙잡고 있던 발목을 처리하지 못했다. 아킬레스는 창칼이 몸을 뚫을 수 없는 그리스 최고의 불사의 전사가 되었지만 트로이 전쟁에서 이 약점 부위에 화살을 맞아 죽고 만다. 트로이 전쟁은 여신 테티스와 인간 펠레우스의 결혼식에 초대받지 못한 불화의 여신 에리스가 던진 사과에서 비롯되었고 이 결혼으로 태어난 아킬레스의 활약이 돋보인다.

암브로시아의 효능은 호메로스의 『오디세이』에도 나타난다. 바로 영웅 오디세이의 아내 페넬로페(Penelope) 이야기다. 20년이나 남편을 기다리며 수절한 그녀가 미모를 지킬 수 있었던 것은 아테나 여신이 매일 밤 암브로시아로 목욕을 시켜주었기 때문이라

부르델 <페넬로페>

고 한다. 암브로시아의 이와 같은 불로장생, 미모와 젊음 유지, 초능력의 효능은 신화 여기저기서 강조되었다. 암브로시아의 실체에 대한 정설은 없다. 오렌지(귤)로 추정하거나, 몽환을 유도하는 버섯류인 아마니타 무스카리아(Amanita Muscaria)가 암브로시아였을 것이라는 주장도 있었지만 근거는 희박하다.

불로초의 현대적 해석

신화에서 거론되는 불로초 과일에는 사과, 복숭아 이외에도 살구, 구기자, 귤, 포도, 석류 등이 있다. 주로 중동과 지중해 지역의 과일로 색채 면에서 대개 붉은색을 띠고 과즙이 풍부하다. 껍질이 빨강, 노랑, 보라 등 명도가 높은 색깔인 이유는 안토시아닌을 포함한 식물성 대사산물이 풍부하기 때문이다. 항산화, 발암 억제, 과산화물 제거 등 다양한 기능의 성분들이다. 이러한 효능은 풍부한 육즙과 더불어 건조한 중동 지역에서 수분과 영양소의 공급원이었을 것으로 해석된다. 과거에는 직감적으로 이들이 가지고 있는 강한 붉은색에서 생명력을 느꼈고 그 효과의 연장선상에서 전통적으로 높은 신뢰를 가져왔다고 할 수 있다.

동양권에서의 복숭아도 붉은색과 인체의 특정 부위를 닮은 특성으로 인해 대표적 불로장생 과일로 등장했다. 실제 복숭아가 함유한 소량의 시안화물로 인해 항암, 항염증과 혈액순환 개선 기능이 설명되고 있으며, 비타민이 풍부하고 아미노산 중 아스파라긴산 함량이 특별히 높은 것으로 밝혀졌다. 복숭아의 잎은 여러 민족에서 다양한 민속 처방에 이용되어 왔으며 열매, 가지, 잎 모두 귀신을 쫓는 벽사의 의미가 있다고 보았다. 덧붙여, 예부터 주목받아 온 영지버섯은 면역을 향상시켜 준다는 점에서 그 가치가 인정되고 있다. 다른 버섯들과 달리 견고하고 특이한 형태로 자라는 생태에 불로장생의 의미를 부여해 온 것으로 보인다.

대부분 불로초로 거론되어 온 식물은 이동하지 않고 한 장소에서 오래 살고, 쉽게 식품화할 수 있으며, 태양의 정기를 듬뿍 받아 강한 붉은색을 띠는 점 등이 불로초로 선택된 요인으로 볼 수 있다. 여기에 수많은 신화가 더해져 그 효능이 스토리화되면서 강조 또는 과장되었다고 할 수 있다.

신화시대부터 채소류 등 일년생 식물보다는 태양 에너지가 보다 더 응집되었다고 할 수 있는 다년생 과일의 효능에 대한 전설이 의미 있게 다루어졌다. 오늘날 최고 장수식단으로 거론되는 지중해 식단에서는 포도, 오렌지, 올리브, 토마토 등이, 오키나와 식단에서는 보라색 고구마, 여주(고야), 시콰사(히라미 레몬) 등의 다양한 과일 섭취가 강조되고 있다.

그러나 주의할 점은 과일에서 과학적으로 유효하다고 인정되는 많은 성분이 과육보다는 껍질에 존재하기 때문에 과일은 잘 씻어서 껍질째 먹어야 좋다는 것이다. 실제로 신화시대부터 과일은 당연히 껍질째 먹어 왔으나 근래에 이르러 벗겨 먹게 되었다.

2. 불로초 신화 속의 영약

신화 속의 불로장생 식품에는 자연산 형태의 불로초만이 아니라 주스로 만들거나 발효시킨 술과 같은 액체 음식도 있다. 대표적인 것이 넥타르(Nectar, nek: 죽음, tar: 극복)와 소마(soma), 그리고 인도 신화의 감로수 아므리타(amrtā)다. 아므리타는 '불사'의 의미가 있다. 이들은 모두 신들의 음료수로 서로 연계되거나 혼용되기도 했다. 아므리타는 비슈누신이 가르쳐 준 것으로, 우유의 바다를 1,000년을 휘저어 얻어냈다고 한다.

힌두 신화에서 비롯되어 불교로 전파된 감로수는 관세음보살과 약사여래가 들고 있는 호로병이나 약병의 핵심이다. 모든 질병을 치료하고 불로장생하게 해주는 묘법이 바로 감로수다.

생명수로서 영약의 등장

액체 형태의 불로장생수가 아랍권으로 넘어가면서 다른 모습으로 변환되었다. 기독교 신앙에도 생명을 살리고 이어주는 특별한 액체인 생명수가 등장하는데, 성경에는 다음과 같은 말씀이 있다.

> "그러나 내가 주는 물을 마시는 사람은 영원히 목마르지 않을 것이다. 내가 주는 물은, 그 사람 속에서, 영생에 이르게 하는 샘물이 될 것이다."(요한복음 4:14)

아랍권에서는 생명수를 성령이 담긴 신비의 물질이라는 의미에서 'al iksir'라고 했는데 여기서 'elixir'라는 어휘가 비롯되었다. 스코틀랜드의 황금수인 위스키의 명칭이 uisce beatha(생명수)에서 나왔고, 페르시아에서도 Aab-i-Hayat(생명의 물), 무슬림에서는 Chashma-i-Kausar(천국 관용의 물), 인도에서는 Amrit Ras(불멸의 물), Maha Ras(위대한 물), Soma Ras(달의 물), 그리고 Mansarovar(티베트 카일라스산 기슭의 신성한 호수로 갠지스강의 시원에서 나온 물) 등으로 불리며 전승되어 왔다. 최근에는 이러한 불로장생에 관한 음식이나 약물을 총칭하는 용어로 영약(elixir)이 통용되게 되었다.

불로장생수에 대한 전설이나 신화는 다양한 문화권에서 볼 수 있다. 인간이 늙지 않고 죽지 않기 위해서 무엇인가 특별한 것을 먹어야 한다는 기대감이 있어 왔다. 이러한 기대에 부응해 수많은 비술과 상술이 등장했으며 그 기대치에 대한 염원은 여전히 존재한다. 헉슬리(Aldous L. Huxley)의 소설 『멋진 신세계(Brave New World)』에 극단적인 사례가 있다. 이 책에는 대량 생산된 인간을 목적에 맞게 배치하고 조정하기 위해 정기적으로 소마를 먹인다는 내용이 있다. 소마를 먹으면 고통과 번뇌가 사라지고 평화롭게 살게 된다는 생각 자체가 소름 끼치는 일이지만 불가능해 보이지 않는 것도 사실이다. 실제로 오스트레일리아나 미국에서 원주민의 불만을 해소하고 현실에 만족을 유도하고자 정책적으로 음주를 장려하고 지원했던 사례가 있다. 그 결과 원주민들이 과음으로 인해 건강과 사회적 장애를 일으켜 큰 문제가 되었다. 이 과정에서 생명의 물, 환희의 물, 관용의 물, 망각의 물로 효능을 보인 것이 바로 술이다.

술의 기원

술의 기원에 대해서는 여러 가지 가설이 있다. 과일이나 벌꿀 같은 당류가 들어 있는 식물을 오래 두면 자연적으로 발효해 술이 되기 때문에 다람쥐나 원숭이 같은 동물이 처음 먹었으며 사람이 이를 배워 마시게 되었다고 주장하는 인류학자도 있다. 모든 동물이 술을 먹을 수 있는 것이 아니라 특수한 고등동물만이 먹을 수 있는 특권을 지녔다는 주장은 애주가들에게 매력적으로 들리기도 한다.

술의 역사를 보면 수렵 채취시대에는 과실주가 주를 이루었고, 유목시대에는 가축의 젖으로 유주(乳酒)가 만들어졌으며, 농경시대에는 곡물을 원료로 하는 곡주가 탄생했다. 실제로 이집트, 메소포타미아 유적지와 유물에도 포도주와 맥주를 조제한 기록들이 있는 것을 보면 술은 인류 역사 초기부터 인간과 함께해 왔다고 볼 수 있다.

술을 마시면서 인간의 행태가 달라지는 현상에 대해서도 해석이 분분했다. 신화시대에는 술을 마시면 단순히 기분이 고양되는 것이 아니라 접신(接神)이 되어 흥분한다고 생각했다. 따라서 신을 초대하기 위해 술이 절대적으로 필요하다는 생각은 동서양 모든 제례에 반영되어 있다. 인도의 베다 시대에는 소마주를 빚어 신에게 바치는 의식이 있었고, 기독교에서는 포도주를 예수님이 흘린 피의 상징이라 여겨 성찬식에 사용한다.

그리스 신화에서 디오니소스(바쿠스)는 대지의 풍작을 관장하고 넓은 지역을 여행하며 각지에 포도 재배와 양조법을 전파했다. 이집트 신화의 오시리스는 농경의례와 결부해 보리로 술을 빚는 법을 가르쳤고, 구약성경에서는 하나님이 노아에게 포도 재배방법과 포도주 제조방법을 전수했다. 중국에는 하(夏)의 의적(儀狄)이 곡류로 술을 빚어 왕에게 헌상했다는 전설이 있으며, 진(晉)의 강통(江統)은 『주고(酒誥)』라는 책에 "술이 만들어지기 시작한 시기는 상황(上皇: 천지개벽과 함께 태어난 사람) 때부터이고 제녀(帝女) 때 성숙되었다."라고 기록해 인류의 탄생과 함께 술이 만들어졌음을 시사했다.

더욱 놀라운 사실은 8,000년 전 황허문명 유적지에서 많은 용기가 발굴됐는데 그중 4분의 1이 주기(酒器)로 밝혀졌다. 이러한 사실은 술이 선사시대부터 인류의 일상생활에서 매우 큰 비중을 차지했음을 보여준다.

술, 접신의 길

술에 대한 학술적인 논란은 아리스토텔레스로부터 시작되었다. 그는 식품이 발효·부패하는 과정을 성숙과 죽음에 비유했으며, 발효 과정에서 물질의 본질이 승화될 수 있다고 설명했다. 이 과정에서 4원소인 물, 불, 흙, 공기로 구성되어 있는 물질이 제5원소인 영(靈)을 받아 차원이 다른 형태로 변화된다고 보았다. 이 과정이 지나면 부패해 식초와 같은 산(酸)으로 바뀌어 죽음에 이른다고 했다. 이처럼 영을 지닌 상태의 술은 사람에게 접신해 기분을 고양시키고 고통을 잊고 환희를 맛보게 해주며, 평소와는 다른 상태로 바꿔놓는다고 했다. 이러한 학술적 논쟁 외에도 그리스 로마 신화에서는 술의 신인 디오니소스에 의한 수많은 사건에서 일탈과 자유분방을 허용하는 사회적 관용을 엿볼 수 있다. 제도적 억압을 해결할 수 있는 수단으로 일정 기간 술을 마음껏 마시게 하고 성적인 억압과 사회적 압박에서 벗어날 수 있는 기회를 제공해 주는 제도가 바로 유럽 각국에서 전통적

카라바조 <바쿠스>

으로 있어 온 다양한 사육제다.

동양에서도 술을 통한 접신을 존중해 모든 제례에서 술을 올리는 헌작(獻酌) 절차를 중시했다. 또한 술을 마시는 예법을 강조해 다양한 주법(酒法)이 등장했다. 반면, 도교에서 비롯된 신선사상에서는 음주를 통한 일탈을 강조했고, 애주가들의 술로 인한 갖가지 실수를 정상적 인간 상태가 아닌 접신 상태에서 벌어진 일로 간주해 관용하는 전통이 생겼다. 더 나아가 술에 대한 긍정적인 관념은 약초를 술에 담가두면 유효한 성분이 추출돼 생명을 보완하는 약주(藥酒)가 된다는 생각으로 발전했다. 민속적으로 술에 다양한 약초나 특정 동물을 장기간 담가두면 추출된 성분들이 특별한 효능을 발휘할 것이라는 기대를 해왔다.

그러나 근대에 이르러 술이 만들어지는 과학적 원리가 밝혀지면서 곡물이 술로 변하는 과정은 영적인 힘이 관계하는 것이 아니라 효모 속에 들어 있는 특정물질이 변화를 주도한다는 것을 알게 되었다. 이러한 변환 유도물질을 효소(酵素, enzyme)라고 한다. 효소의 발견을 계기로 여러 종류의 술이 지닌 다양한 맛은 발효 과정에서 결국 효모 균주에 따른 효소의 미묘한 기능 차이 때문인 것으로 규명되었다. 이에 따라 지역마다 고유의 균주를 확보하는 것이 중요해졌다. 우리나라의 경우 순창의 고추장, 임실의 치즈, 남도의 젓갈 등이 발효로 유명한데 이들 지역이 특별한 이유는 기후가 온화하며, 비교적 습도가 높아 고유의 균주들이 잘 발달했기 때문이다.

효소는 술뿐만 아니라 여러 가지 형태로 생체 내 대사 단계에 작용하는 것이 밝혀졌다. 이러한 발견은 생명의 본질에 대해 정령주의(animism)적 사고에 젖어 있던 인류에게 논리적이고 이성적인 판단을 하게 하는 결정적인 전기를 마련했다. 효소에 의한 대사적 변화가 규명되면서 종래의 생체 신비와 관련된 모든 생명현상을 과학적으로 분석하는 생화학의 틀이 갖추어졌다.

3. 연단술의 등장

불로장생을 추구해 온 인류에게 자연에서 얻는 불로초는 확보가 여의치 않았다. 이에 따라 인간의 지혜와 노력으로 직접 불로초를 조제해 보려는 시도가 추진되었다. 결정적인 전환점은 진시황의 명령에 따라 서복이 이끈 불로초 탐험이었다. 엄청난 선단에 막대한 자금을 투자한 국가적 노력이 무위로 끝난 사실은 그동안 도사들이 신비의 비술로 거론해 왔던 삼신산(三神山)의 불로초가 허구임을 밝혀주는 중요한 계기가 되었다. 이후 막연한 불로초 탐험보다 인간이 직접 불로초에 준하는 영생의 약물을 조제하려는 시도가 도교의 방사들을 중심으로 활발하게 추진되었다. 결과적으로 동양에서는 연단술, 서양에서는 연금술이 발전하게 되었다.

이러한 술법들이 지향한 바는 모두 질병을 퇴치하고 불로장생을 추구하며 아울러 귀금속을 조제해 부를 누릴 수 있도록 하는 것이었다. 오래오래 건강하고 풍요롭게 살고자 하는 인간의 원초적 욕망이 적나라하게 집약되었다. 동서양 모두 원래 목표는 비슷했으나 동양에서는 부보다는 생명연장을 목표로 하는 불로장생 추구에 더 역점을 두게 되었고, 서양에서는 일반 금속을 금으로 변조하는 데 보다 중점을 두어 부의 추구에 더욱 집중했다. 동양의 연단술은 불로장생을 집중적으로 추구함으로써 그 수혜자가 황제를 비롯한 고위층에 국한되었고, 건강상의 수많은 부작용으로 인해 결국 중단되기에 이르렀다. 단약에 대한 부정적 의견이 대두되면서 연단술과 근대과학을 잇는 연결고리가 만들어지지 못했다.

반면, 서양에서는 연금술을 통해 부를 축적하는 데 역점을 두어 개인이 직접적인 피해를 입는 일이 별로 없었다. 그 결과 근대에 이르기까지 오래 지속 발전할 수 있었으며, 연금술의 신비적 요소와 실용적 측면이 부각되어 마침내 화학이라는 현대의 중요한 학문 분야로 연계 발전하는 전기를 맞이했다.

중국의 연단술

중국에서 기원한 연단술은 크게 외부적 약물이나 약초를 사용해 수명연장을 꾀하는 외단(外丹)과 개인의 신체 자체를 단련해 불로장생을 도모하는 내공(內攻)의 두 갈래로 나뉘어 있다. 물론 이들은 상호 협력적으로 병행되기도 했으나 초기에는 불로초나 단약 중심의 외단이 성행하다가 수많은 부작용이 나타나면서 후기에는 내공을 위주로 하는 양생술로 발전해 지금까지 영향을 미치고 있다.

중국의 경우, 기원전 4세기경 산둥성과 허베이성에서 소위 신선술(神仙術)을 연마하는 방사(方士)들이 단사(丹砂), 즉 수은화합물로 불로장생 선약을 만드는 방안을 창안했다. 절대 권력자들의 권력과 장생욕구에 영합해 도교의 도사들로 하여금 청동기 문명에서 출발한 야금술에서 발전한 야철(冶鐵) 기술의 혼합으로 연단술을 탄생시켰다. 이들은 야생에서 불로초를 얻기가 불가능해지자 납과 수은 등의 금속을 제련해 불로불사의 영약인 단약(丹藥)을 얻어내려고 했다. 이러한 목적으로 기초적인 실험이 시도되어 차차 체계적으로 발전하게 되었다. 그 과정에서 역사적으로 중요한 사건은 연단술의 일환으로 화약이 발견된 점이다. 화약은 중요한 무기체계로 발전했고 서양으로 수출되어 화약포의 개발이라는, 인류 역사를 크게 바꾸는 전환점이 되기도 했다.

중국 연단술의 발전에 크게 기여한 인물로는 갈홍, 위백양, 도홍경과 손사막이 있다. 진(晉)의 갈홍(葛洪)이 지은 『포박자(抱朴子)』와 위백양(魏伯陽)의 『주역참동계(周易參同契)』는 이 분야의 고전이다. 갈홍은 『포박자』에서 내단(內丹)과 외단(外丹)의 원리를 체계화했으며, 경서의 단순한 해석이나 관념론적이거나 종교적인 방법을 배격했다. 그는 광물성 선약(仙藥)인 금단(金丹)의 조제와 복용을 주장하고 정신, 육체 및 생리적 양생법, 그리고 금단 제조법을 소개했다. 그는 환단(還丹)과 금액(金液)이 육체의 노화를 막아 불로장생할 수 있다고 주장했다. 금단의 '금'은 선약을 만드는 과정에서 다른 광물을 황금으로 변환시키기도 하고, 때로는 황금을 재료의 한 가지로 사용하기도 하는 데서 붙여졌다. '단'은 금단의 주요 재료인 단사에서 연유했다.

금단을 조제하는 방법은 단사와 납을 합금하는 것으로, 합금 과정에 각종 광물 및 약품, 다양한 용기와 복잡한 가열방식이 활용되었다. 수은과 그 화합물의 색상이 열처리 정도에 따라 백, 황, 적, 흑색으로 변화하며, 물질의 상태도 기체, 액체, 고체 등으로 변환될 수 있다는 점에서 그 신비성을 더했다. 이와 같이 금단을 복용해 불로장생하려는 시도는 외부의 물질을 통해 수명을 연장시키는 방법이라 하여 포괄적으로 외단으로 취급한다.

위백양은 『주역참동계』에서 대역사상(大易思想)을 바탕으로 상수역학(常數曆學)에 황로사상(黃老思想)과 노화사상(爐火思想)을 가미해 주역과 도교 및 야금술을 융합한 이론을 제안했다. 이는 철학적이고 논리적인 근거를 갖추게 해 이후 후학들에게 큰 영향을 미쳤다.

도홍경(陶弘景)은 천문, 역법, 수학, 지리, 의약학, 연단술을 다각도로 연구했으며, 도교 상청파의 중요한 계승자가 되었다. 그는『진고(眞誥)』,『등진은결(登眞隱訣)』,『양성연명록(養性延命錄)』등의 책을 썼으며, 복기(服氣)로 병을 고치는 등 사람의 몸과 정신을 단련시키는 양생술을 소개했다. 그는 신선에도 순위를 매겨 도교의 신선 체계를 완성했으며, 신선의 계통과 등급을 나누었다. 첫 번째는 신인(神人), 두 번째는 진인(眞人), 세 번째는 선인(仙人), 네 번째는 도인(道人)인데, 여기서 도인은 득도한 사람으로 신선의 마지막 등급이라고 했다. 이러한 인간 신선화의 단계 정립과 파급은 영생을 추구하는 인심을 자극해 민간사회에도 큰 영향을 미쳤다.

인도의 연단술

인도의 연단술은 유럽이나 중국에 비하면 크게 성행하지 않았다. 전통적으로 윤회에 따른 생명의 지속성을 믿는 인도에서 굳이 불로불사를 추구할 필요가 없었을 것으로 추측할 수 있다. 오히려 생명의 연속성에서 벗어나려는 해탈을 추구하는 신념이 널리 퍼져 있었기 때문이다. 일부 민간사회에서는 수은과 유황이 강조되었다. 이는 각각 시바신의 정액과 데비 여신의 생리혈로 간주되어 이를 통해 성스러운 신체의 생성과 영생을 추구할 수 있다는 관념이 다양한 신화와 연계해 보급되었기 때문이다. 하지만 인도의 연단술은 중국이나 아랍, 유럽권에 비해 상대적으로 번창하지 못했다.

4. 연단술의 종언

중국은 황제의 천자(天子)사상에 따라 영생을 위한 노력이 국가적으로 전개되었다. 진시황의 불로초 탐구를 위한 대규모 선단 파견과 같이 국가 권력의 집중적 지원에 따라 이루어진 대단위 사업에 명분과 근거를 제공해 준 것은 도교의 달생법과 『주역』의 변환 논리였다. 불로장생약의 탐구가 1,000여 년 이상이나 유지될 수 있었던 것은 이 분야 방사들의 절대적인 신비주의와 비밀주의 때문이었다. 방사들은 모든 방법과 결과를 은밀하게 전승해 신비화함으로써 문제점을 숨길 수 있었고, 많은 폐해에도 불구하고 연단술의 체계를 지켜낼 수 있었다.

그러나 손사막(孫思邈)이 등장해 이러한 신비주의적 불로장생약 개발의 모순을 지적하고 쐐기를 박았다. 손사막은 당대(唐代) 의학자로, 중의학을 체계적으로 정리하고, 자신의 임상 경험을 추가해 『천금요방(千金要方)』과 『천금익방(千金翼方)』을 지었다. 귀신이 곽란(霍亂)을 일으킨다는 것과 단약을 먹고 오래 살려 하는 것 등을 비판하며 곽란의 병인과 양생법에 대해 객관적으로 서술한 책이다.

이어 장중경(張仲景)은 체험 실천적 학설을 발전시켰으며, 전래 처방의 약물 효과에 대해 객관적인 시각으로 평가하려고 노력했다. 예를 들면, 당시 유행했던 오석산(五石散)은 왕필이 개발한 약이다. 황화수은이 주성분이며, 단사(丹砂, 朱砂)와 비소 등을 함유한 웅황(雄黃) 등이 포함된 불로장생약으로 널리 알려져 있었다. 손사막은 그 독성을 지적하고 사용을 중단시켰다는 점에서 연단술 중 외단술의 남용을 차단하는 큰 업적을 이루어, 이후 중국에서 연단술이 크게 쇠퇴하는 전기를 맞았다.

그는 질병의 치료에 앞서 예방을 강조하는 새로운 차원의 의학으로 발전을 시도했다. 그는 초석과 황의 혼합물이 격렬하게 연소한다는 것을 알아내고 목탄을 부가해서 흑색 화약을 발명해냈는데, 바로 이것이 근대적 화약의 시초가 되었다. 하지만 그도 연단술에 대한 미련을 끝내 버리지 못했으며『단금요결(丹金要訣)』이란 저서에 불사 영약을 만드는 법을 기록하기도 했다. 단약의 독성을 명확하게 지적하고 나서도 단약을 만들고자 했던 손사막의 행위는 불로장생술의 마력적인 유혹을 보여주는 사례다. 인류 최고의 과학자로 만유인력 이론을 창안한 뉴턴마저 연금술에 미련을 버리지 못했던 서양 연금술의 역사적 사실과도 상통하는 일이다.

연단술의 물성적 특성

1,000여 년 이상 중국인에게 신체적으로나 정신적으로 엄청난 영향을 미친 연단술의 밑바탕에는 은(殷)대부터 발전해 온 야금술이 있다. 금속이 기체, 액체, 고체로 상(相)이 변하고, 색도 흑, 백, 황, 적색으로 상호 변환할 수 있다는 특성이 관심을 끌었다. 야금 제련과정에 따라 금속이 변하는 현상에 대해 아랍과 유럽의 연금술사들도 중요하게 여겨 흑화(黑化), 백화(白化), 황화(黃化) 및 적화(赤化) 등으로 단계적 변화에 각각의 의미를 부여하기도 했다. 이 과정에서 초래되는 변화가 물질뿐 아니라 인간의 영혼에도 큰 영향을 미칠 수 있다고 보았다. 금속의 제련과정에서 나타나는 색과 상의 변화는 고대 동서양 모두 사람들에게 매우 큰 자극을 주었고, 이를 바탕으로 자연의 신비를 밝히고 생명의 영원성에 도전하도록 부추겼다.

중국에서는 붉은색과 금색 금속이 임의로 생성 전환할 수 있는 물성적 변화를 이해하는 데 초자연적 도교 방술과 『주역』의 변환이론을 도입했다. 철학적 개념의 도입으로 연단술의 발전에 추상적이고 관념적인 근거가 마련되었다. 이를 계기로 연단술은 도약적으로 확대될 수 있는 명분이 확보되었다. 금속 처리 과정에서 발생하는 붉은색이 바로 생명의 본질이라고 여긴 혈액과 같은 색이어서 불로장생을 희구하는 입장에서 금속의 변화와 생명의 변화가 서로 부합한다고 믿었다. 이에 따라 금속의 색과 상 변화 연구를 중심으로 연단술이 자리잡게 되었다.

연단술에 등장하는 단사와 황금은 연소 과정에서 색과 상의 자기 회복능을 보여 '환단'이란 용어가 등장했다. 이러한 과정을 아홉 번 되풀이해 제조한 구전환단(九轉還丹)은 신비한 효능이 있을 것으로 기대했다. 아홉이란 숫자가 『주역』에서 최고를 의미하기 때문에 특별하게 여겼다. 붉은색의 황화수은인 단사가 가열되면 수은과 황이 분리되어 회색이 되고, 다시 가열하면 붉은색의 산화수은이 되며, 다시 높은 열로 가열하면 수은으로 분리되어 마치 회춘과 부활을 상징하듯 색과 상이 변해 불멸성을 느끼게 했다.

납의 경우도 가열 상태에 따라 황단(黃丹)과 연단(鉛丹, 光明丹)으로 바뀌며, 구리가 비소와 합금되는 경우 비소 함량에 따라 황금빛의 약금(藥金)이나 백색의 약은(藥銀)이 되기 때문에 이들 금속의 색상 변환이 고대인들에게 강한 신비감을 주었다. 이 밖에 유황, 주석 등을 포함한 사황(四黃), 오금(五金), 팔석(八石) 등의 다양한 재료가 연단술에 사용되었다.

연단술은 방사들을 중심으로 희귀한 고급 자재를 비밀스럽게 처리하는 비방으로 은밀하게 전승되었다. 특수층인 황실이나 고위층 또는 막강한 재력가에 한해 제한적으로 활용되었으며 민간인들은 접근조차 할 수 없었다. 따라서 더욱 막연하고 신비한 환상에 젖을 수밖에 없어 연단술의 신비주의가 만연했다.

연단술의 폐해

단약으로 표방되는 외단을 통한 수명연장은 사실상 실효를 거두지 못했고, 도리어 금단에 중독되어 생명을 단축하거나 상실하는 일이 빈번하게 발생했다. 진시황과 한무제뿐 아니라 당 태종은 연년약(延年藥), 헌종은 금단, 목종, 경종, 무종도 단약, 선종도 장년약(長年藥)에 중독되어 죽었다는 기록이 있다. 이러한 역사적 사실에 덧붙여 손사막의 단약에 대한 비판이 나옴에 따라 수은이나 납을 사용해 화학적인 약물을 직접 만드는 일은 종지부를 찍게 되었다.

현대에 이르러 연단술에서 단약의 재료로 사용한 대부분의 물질이 중금속이나 독성이 강한 물질로 확인되었고 인체에 치명적인 위해를 준다는 사실이 규명되었다. 따라서 이러한 방술은 현대 의료에서는 일반 사용이 철저히 배제되며 제도적으로 강한 규제를 받고 있다. 하지만 여전히 단방약이라는 개념의 민간요법으로 일부 남아 있으며, 신비주의적 사고와 막연한 기대감 또한 존재한다.

오랫동안 이어져 온 연단술의 역사를 보면 아무리 가능성이 있다 하더라도 과학적인 확인과 객관적 평가를 거치지 않으면 학문의 발전은 차단되고 퇴보할 수밖에 없음을 분명하게 보여준다. 자신만의 비방(秘方)으로 위장한 약물이나 생성물을 특별하다고 주장하는 독선적 사고가 얼마나 큰 역사의 장애물이었는지 깨달을 수 있다. 생체를 대상으로 하는 비밀스러운 단방약 개념의 치료는 결국 학문적 발전을 방해한다. 서양의학의 발전에 비해 동양의학이 답보 상태에 머물게 된 결정적인 이유이기도 하다.

클림트 <생명의 나무>

제5장 인간의 시간한계 극복: 연금술

그러므로 모든 놀라운 현상들이 일어났으며

이러한 방식으로 이루어졌다

—『에메랄드 서판』

연금술은 철이나 구리, 납 따위의 비금속을 금이나 은 같은 귀금속으로 변화시키고, 늙지 않고 오래 사는 약을 만들고자 하는 기술이다. 고대 이집트에서 시작되어 중세 시대 유럽에 널리 퍼졌으며 근대에 이르기까지 심대한 영향을 미쳤다. 초자연적인 힘이나 존재에 대한 광범위한 이론과 실천 체계로 발전한 연금술의 핵심 단어는 '변환(transmutation)'이다. 질병에서 건강으로, 늙음에서 젊음으로, 지상의 존재에서 초자연적인 존재로 변환을 꾀하는 연금술은 많은 분야와 연계해 접목될 가능성을 내포하고 있었다. 자연스럽게 부귀와 불로장생을 궁극의 지향점으로 발전시켜 온 연금술은 별자리 운행의 신비를 바탕으로 하는 점성술과 더불어 아시아, 유럽, 아프리카 대륙 여러 곳에서 다발적으로 일어났다.

연금술은 인간의 기본적이고 공통적인 사고방식과 관련이 있는 것으로 해석되기도 한다. 단순한 금속의 활용 기법에 그치지 않고, 지역에 따라 서로 다른 종교적·철학적 전통과 연계되어 암호와 상징 언어를 통해 은밀히 전승되었다. 따라서 여러 지역에서 발달한 연금술 간의 상호 영향과 관계를 추적하는 일은 매우 어렵다. 중국의 연단술과 이슬람권 및 유럽의 연금술 간에는 실크로드를 통한 상당한 교류가 있었을 것으로 추정되지만 구체적인 관계와 영향에 대한 자료는 전해지지 않는다.

기독교의 영향으로 서양의 연금술사들은 종교적 색채를 가미해 인간의 수명을 연장시키거나, 값싼 물질로 금을 만들어내기 위한 노력을 제도적으로 시도했다. 그 결과 다양한 실험 기구를 만들어냈다. 또한 모든 물질을 녹일 수 있는 용매를 이용해 물질은 물론 생명체까지 새롭게 만들려는 적극적인 시도를 했다. 이에 따라 새로운 기구와 만능 용매들이 발견되면서 근대 화학 발전에 크게 기여했다.

1. 연금술의 태동

연금술의 궁극적인 목표는 금속이나 물질의 제련을 통해 자신의 영혼을 더 높은 경지로 이끌고, 흔한 금속(납, 철, 구리 등)을 완벽한 금속인 금으로 변환하는 과정에서 자신의 영혼도 같이 완벽해지려는 것이었다. 물론 자기수행 대신 귀금속인 금 제작만을 목적으로 한 연금술사도 많았다. 연금술 역시 외적 물질의 변환과 영적 승화라는 서로 다른 목표가 병행, 보완 발전하기도 했지만 대체로 물질적 변환이 강조되었고, 영적 승화라는 목표는 종교적 영향을 받아 신비주의로 흐르면서 지속적으로 논란을 일으켰다.

서양 연금술의 근원 역시 야금술의 발전에 있다. 연금술의 고전인 '스톡홀름 파피루스(Stockholm papyrus)'나 '라이든 파피루스

X(Leyden papyrus X)'에는 이집트 시대의 금속 처리 방법, 금은 조제 방법 등이 기록되어 있다. 이러한 야금술이 점성술, 철학적 이론과 접목된 것이 연금술의 근원이다. 당시 학문의 성지였던 알렉산드리아를 중심으로 피타고라스 학파, 플라톤 학파, 스토아 학파, 영지주의자들이 운집해 연금술이 발전했다.

엠페도클레스가 시작해 플라톤이 발전시킨 우주 생성의 4원소(물, 불, 공기, 물)는 모든 물질의 본질이기 때문에 이러한 질료의 상호작용에 의해 만물이 생성된다는 주장은 연금술에 의한 물질 변환의 이론적 배경이 되었다. 아리스토텔레스는 4원소설에 더해 근원물질인 제1질료(프리마 마테리아)라는 개념을 주장했다. 모든 물질은 근원으로 돌아가서 다시 새로운 물질로 전환될 수 있다는 이론으로 이후 연금술의 물질 전환 개념의 근거를 제시했다.

서양의 연금술사에서 거론되는 가장 중요한 인물은 헤르메스 트리스메기스투스(Hermes Trismegistus)다. 그의 이름은 이집트 신인 토스(Thoth)와 그리스 신인 헤르메스(Hermes)에서 유래했다. 그는 모세와 거의 같은 시대의 인물로 추정되며 그의 이름을 따라 연금술을 '헤르메스학(Hermetics)'이라고 부르기도 한다. 이후 헤르메스와 그의 뱀지팡이는 연금술의 중요한 상징이 되었다. 그의 저서로 추정되는 『에메랄드 서판(Tabula Smaragdina 또는 Emerald Tablet)』에는 현자의 돌(philosopher's stone)과 전후, 상하, 내외의 공간을 초월하고 과거, 현재, 미래의 시간을 초월하는 능력에 대한 신비한 방법 등이 은유적으로 표현되어 있다. 이 저서는 이후 오랫동안 유럽의 연금술사들에게 지대한 영향을 미쳤다.

그 다음으로 크게 공헌한 사람은 8세기의 자비르 이븐 하이얀(Jābir

ibn Hayyān, 유럽에서는 Geber, 또는 Geberus)이다. 그는 이집트나 그리스 전통의 관념론적 연금술을 지양하고 직접적이고 과학적인 방법론을 도입해 실험실에서의 적절한 조건을 지닌 실험 결과를 강조했다. 이러한 업적으로 그는 '근대 화학의 원조'로 불리기도 한다.

이후 연금술은 중세 시대 일부 기독교 수도승들의 관심을 끌게 되어 도미니크 수도회의 마그누스(Albertus Magnus)는 『광물서(Book of Minerals)』를 저술했고, 그의 제자인 토마스 아퀴나스(Thomas Aquinas)의 사상에 영향을 주었다. 프란체스코 수도회의 로저 베이컨(Roger Bacon)은 중세 대학의 교과과정을 수립해 『위대한 작업(Great Work, L. Opus Majus)』이라는 책을 저술했으며 연금술과 도덕, 구원, 생명연장을 포괄하는 교육을 제창했다. 이들 신학자들은 연금술의 목적을 단순히 금을 만들어내는 것이 아니라 자연을 탐구하는 것이라 여겨 연금술을 자연철학의 한 분야로 취급했다. 더욱이 절대적 영향력을 지닌 기독교계의 지도자들에 의해 수용되고 장려됨으로써 연금술 분야 연구가 크게 확대될 수밖에 없었다. 당시 대표적 연금술사인 플라멜(Nicolas Flamel)은 현자의 돌을 추구하는 데 집중해 자신이 납을 금으로 만드는 데 성공했다고 주장하기도 했다.

14세기 이후 일반사회에도 널리 퍼진 연금술은 과장된 효과, 또는 기만적인 결과로 많은 사회적 문제를 일으켰다. 그에 따라 초서(Geoffrey Chaucer)의 『캔터베리 이야기(The Canterbury Tales)』와 같은 유명 작품에도 연금술사가 일반인을 현혹하고 귀족을 농락하는 사기꾼이나 거짓말쟁이로 묘사되기도 했다.

2. 연금술의 발전

연금술의 배경에는 그리스 철학의 전통을 이어받아 플라톤이 확립한 원소설이 있다. 모든 물질이 간단한 원소로 이루어져 있기 때문에 물질을 녹여 원소화하면 얼마든지 새로운 물질을 만들어낼 수 있다는 가설이 기본 사상으로 퍼지게 되었다. 이러한 원소 사상은 자비르가 본격적으로 연금술에 도입해 고전적인 5원소(물, 불, 공기, 흙, 에테르)에 금속의 본질원소로 수은, 그리고 연소 가능 원소로서 유황을 포함한 7원소설로 발전했다. 이후 아랍의 3금속 원리에 준해 고체성을 주는 원소로서 소금이 추가되어 8원소설로 확대되었다.

이 과정에서 르네상스 시대에 부각된 인본주의와 네오플라토니즘은 연금술사들에게 인간 개조마저 연금술의 대상으로 포함시키도록 영향을 미쳤다. 선악과로 인해 원죄를 지은 인간을 근원적으로 개선하는 일이 불가능하기 때문에 차라리 원죄가 없는 완벽한 인간을 창출해내자는 기발한 시도가 착수되었다. 이에 따라 연금술에 신비주의, 마술, 점성술, 유태비법 등이 혼합되었으며, 이를 수행한 대표적인 인물로 『비법 철학(De Occulta Philosophia)』을 쓴 독일의 아그리파(Heinrich Cornelius Agrippa)가 있다.

이러한 비법 중심의 연금술이 중요한 전환점을 맞이한 것은 파라셀수스(Philippus Aureolus Paracelsus)의 등장으로 인해서다. 그는 연금술에 혁신을 일으켜 화학물질의 의학적 활용에 중점을 두었다.

"사람들은 연금술로 금과 은을 제조하려고 하는데 나는 연금술의 목적을 의학적 활용에만 두고 있다."

그는 연금술의 이전 목표, 즉 귀금속 생성 중심의 목표를 질병 치료로 전환하는 데 역점을 두었다. 신체의 질병을 소우주인 인간과 대우주인 자연과의 조화가 깨진 탓으로 보았다. 이를 해결하기 위해 과거 집중해 온 영혼의 정화를 목표로 하는 것보다 오히려 신체 내의 부족한 미네랄 성분을 보충하는 것이 훨씬 효과적이라고 주장했다.

파라셀수스의 실용적 연금술은 식물과 약초를 이용해 식물 연금술(spagyric, 분리와 융합의 그리스어, 라틴어 연금술의 격언 '녹이고 응고하라, solve et coagula'에서 인용)로 명명되었다. 그는 저서 『파라그라눔(Paragranum)』에서 철학과 점성술을 배움으로써 자연을 이해하고, 연금술을 통해 자연을 다루는 법을 익히며 의사로서 덕을 쌓아야 함을 강조했다. 그는 다음의 유명한 말을 남기며 독물학 개념을 창안했다.

"모든 것은 독이며, 독이 없는 것은 존재하지 않는다. 용량만이 독이 없음을 정한다."

약물을 다룸에 있어 용량과 용법에 대한 주의를 새롭게 불러 일으켜, 연금술에서 활용되는 약물에 대한 과학적 분석의 기반을 마련했다. 이후 파라셀수스의 영향을 받은 학자들은 그의 사상을 계승해 연금술의 의학적 중요성을 부각하며 여러 의과대학에서 연금술을 교과과정으로 채택했다. 시작이 어떠했던 간에 발전과정에서 실용성이 부각되면서 연금술은 17세기 이후까지 명맥을 유지할 수 있었다. 그 결과 중세부터 근대에 이르도록 유럽인들의 사상과 생활에 큰 영향을 미치게 되었다.

당대 최고 학자들도 연금술을 주요 연구 주제로 삼았다. 뉴턴과 같은 최고의 석학도 사실은 현재 잘 알려진 광학이나 물리학 연구보다 연구의 연장선상에서 연금술 연구에 더 많은 노력을 기울였다.

로버트 보일(Robert Boyle)과 같은 학자들에 의해 연금술에 원자론이 도입되기도 했다. 산과 염기 그리고 중화작용의 발견으로 오토 타헤니우스나 니콜라스 레메리는 만물의 원리는 산과 알칼리라는 원자에 의해 이루어진다는 대담한 주장을 했다. 뉴턴은 실제로 연금술에 심취해 많은 기록을 남겼다. 그러나 연금술에 대한 자신의 고충을 표현하기 위해 다음과 같은 말을 그의 대작 『프린키피아(Principia)』 2판의 일반 주석에 남겼다.

"나는 자연현상에서 관찰한 중력의 성상에 대한 원인을 아직 모르고 있다. 나는 어떠한 가정도 꾸미지 않는다(I contrive no hypotheses). 자연현상에서 연역되지 않은 모든 것들은 형이상학적이든 물리적이든 또는 이상한 성상이나 기계적 성상에 기인하든 가설 또는 가정일 뿐이며 실험철학에서는 설 땅이 없다. 실험철학에서 어떤 전제든 자연현상에서 추론되어야 하며 귀납적 방법에 의해 보편화되어야 한다."

세계적 학문의 대가로서 모든 결과에 대한 객관적이고 정확한 해석을 하고자 노력했으나, 본인이 연구한 연금술에 대한 성과를 만족스럽게 설명할 수 없어 대외적으로 발표하지 않고 개인의 비밀서류로 구별해 묻어두었다. 후일 우여곡절 끝에 발견된 뉴턴의 연구파일들을 집중적으로 수집해 그 결과에 대한 해석과 분석이 시도되었다. 하지만 안타깝게도 뉴턴이 평생 관심을 기울여 추구해 온 연금술 관련 연구들은 대부분 암호로 기록해두어 해독조차 제대로 못하고 있다.

이후 유럽에서는 정량적이고 재현성을 지닌 실험이 강조되는 새로운 과학체계가 등장하고 고대의 지혜를 경시하는 분위기가 만연하면서 18세기까지 상당히 팽배해 있던 연금술은 차차 역사에서 사라지게 되었다. 연금술을 승계한 보일은 모든 분석자료를 화학적으로 체계화했으며, 실험에서 가정을 허용하지 않고 오로지 데이터를 철저하게 축적하고, 실험에 관여하는 제반 환경조건들을 비교 검토해 논의하는 틀을 마련했다. 이러한 그의 방법론은 18세기 이후 라부아지에(Antoine Laurent Lavoisier)나 존 돌턴(John Dalton) 같은 화학자의 출현을 가능하게 했고 본격적인 근대화학이 출범하는 계기를 마련했다.

3. 위대한 작업(Magnum Opus)

서양의 연금술 발전 과정에서 중요한 개념은 '현자의 돌'이라는 물질과 위대한 작업, '마그늄 오푸스(Magnum Opus)'로 통칭하는 현자의 돌을 찾는 과정이다. 이러한 과정에서 가장 중요한 조건은 프리마 마테리아(Prima Materia)로 총칭하는 제1질료 근원물질의 규명에 있다. 아리스토텔레스는 근원물질은 모든 물질이 환원될 수 있으며 또한 모든 물질로 변환될 수 있다고 주장했다. 이를 바탕으로 연금술사들은 물질과 인간의 개조가 가능할 것이라는 이론적 논거를 가졌다. 따라서 이런 역할을 할 수 있는 현자의 돌을 발견하거나 제조하는 일은 연금술의 지상 목표가 되었다.

한편, 마그늄 오푸스도 금속의 야금 방식에 따라 변화하는 색채변화 현상을 축으로 경험적 현상에 대한 철학적 논리를 가졌다. 금속의 야금 제련과정에 따라 변하는 현상을 중심으로 흑화(黑化), 백화(白化), 황화(黃化) 및 적화(赤化) 등으로 단계적 변화를 정리했으며, 이 과정에서 초래되는 변화가 물질과 인간의 본질에도 큰 영향을 미칠 수 있다고 믿었다.

연금술의 목표

이집트와 유라시아 여러 곳에서 다발적으로 발생한 연금술은 지역에 따라 신화적·종교적 전통을 바탕으로 신비적인 색채를 띠며 발전했다. 다양한 노력들은 신비한 능력을 지닌 합성물을 정제하고 제련하고 완성하는 목적에는 큰 차이가 없었다. 연금술의 목표를 총괄 정리해 보면 공통적으로 비금속의 귀금속으로의 변환, 영생불멸의 영약 조제, 만병통치약의 제조, 절대 용해력을 가진 만능용해제 개발로 요약할 수 있다.

만능용해제의 개발은 모든 물질을 근원물질로 환원하기 위한 전제조건이었기 때문에 매우 중요한 목표였다. 이러한 4대 목표에 덧붙여 서양 연금술에서는 기독교와 유대교의 종교적 영향으로 또 다른 목표가 추가되었다. 궁극적으로 인간 개조도 가능할 것으로 추론해 영육이 모두 완전한 무구지순(無垢至純)의 인간생명을 창조하는 엄청난 도전을 연금술의 다섯 번째 목표로 설정했다. 현자의 돌은 바로 이러한 목표를 달성하기 위한 가장 중요한 방편이었으며, 서양의 연금술사들은 현자의 돌을 찾는 일에 총력을 기울였다.

현자의 돌

현자의 돌은 연금술에서 지향하는 모든 목표를 달성하도록 이끌 수 있는 신비로운 물질이다. 원초적 근원물질과 세상을 이루는 정령(Anima Mundi)은 현자의 돌을 이루는 바탕이 되고 있다. 현자의 돌을 이용하면 모든 물질을 원초적 물질로 환원해 재창조해낼 수 있다는 논리가 연금술의 핵심이었다. 현자의 돌을 활용해 비금속을 귀금속으로, 예를 들면 수은을 금으로 바꾸는 금 조제가 가능하고, 수명 연장과 회춘 그리고 영생을 얻을 수 있다고 기대했다. 현자의 돌은 완성, 영혼의 각성, 축복 등을 의미하는 연금술에서 가장 중요한 상징이 되었으며, 이러한 작업은 위대한 작업이라는 의미의 마그눔 오푸스로 통칭한다.

현자의 돌이라는 개념은 서양 연금술만의 독점물은 아니었으며, 다른 문화권인 중국과 인도의 철학에도 유사한 개념이 있었다. 대표적인 예로 불교의 관세음보살이 손에 쥐고 있는, 모든 것을 뜻대로 변환할 수 있는 특별한 능력을 가진 여의주가 바로 그것이다. 힌두교의 소원성취 보석인 신타마니(Cintamani)는 중생의 모든 질병을 해결하고 삶의 고통을 덜어주어 현자의 돌에 버금간다. 이와 비슷한 개념은 기독교 신앙에도 나타나 있다. 성경에 기록된 하늘의 영광을 의미하는 흰돌(White Stone)이나 신비석(Vitriol) 등이 여기에 해당한다고 볼 수 있다.

> "귀 있는 사람은 성령께서 여러 교회들에 하시는 말씀을 들어라. 이기는 사람에게는 내가, 감추어 둔 만나를 주겠고, 흰돌도 주겠다. 그 돌에는 새 이름이 적혀 있는데, 그 돌을 받는 사람밖에는 아무도 그것을 알지 못한다."(요한계시록 2:17)

현자의 돌에는 신비한 능력과 마술적 성상이 깃들어 있는 것으로 여겨졌다. 이 돌로 귀금속을 만들 뿐 아니라 가루를 조금이라도 섭취하면 어떠한 병도 치유할 수 있으며, 영원히 꺼지지 않는 등불을 이루고, 죽은 식물도 살리고, 지순한 생명체인 호문쿨루스도 창조해낼 수 있을 것으로 기대했다. 현자의 돌은 백색과 적색 두 가지인데 백색은

은을, 적색은 금을 만들 수 있다고 했다.

마이어(Michael Maier)는 그의 저서 『아탈란타(Atalanta Fugiens)』에서 현자의 돌에 대해 기하학적 구조를 이용해 기록했다. 남자와 여자가 원 안에 있고 그 원을 사각형이 둘러싸고 밖에는 삼각형이, 그리고 다시 원이 싸고 있는 형태다. 이러한 현자의 돌을 창출하는 과정이 바로 마그눔 오푸스이며 이 과정에 표출되는 흑화, 백화, 황화, 적화의 단계가 중첩되어 복합적인 변화를 일으킨다고 보았다. 흑화는 연금술 과정의 시작으로 근원물질(프리마 마테리아)이 활동하려는 시점이며, 물, 불, 흙, 공기의 4원소가 혼돈으로 얽혀 있는 상태다. 백화는 세척과 정화를 통해 밝아지며 4원소가 혼돈에서 벗어나 통합 배치되는 단계다. 황화는 적화로 이르는 중간 단계이며, 적화는 연금술의 완성 단계로 붉음은 태양과 피의 색으로 천상과의 합일 단계를 의미한다. 이러한 단계를 통해 현자의 돌은 모든 물질을 원소로 분리 해체해 새로운 조화의 생성체를 이루어 낼 수 있게 하는 신비의 물질로 여겨졌다.

현자의 돌을 찾기 위한 다양하고 집요한 노력들이 1,000년이 넘도록 이어졌던 것은 플라톤주의가 원소론, 우주조화론과 같은 이론적 근거를 제시하고 유대교와 기독교 신앙을 통한 인간의 원죄 개념과 영생론이 신뢰성을 제공해 주었기 때문이다.

현자의 돌은 단순한 연금술에 그친 것이 아니라 이후 중세 서양인들의 사상과 생활 전 분야에 많은 영향을 미쳤다. 수많은 문학작품의 모티프로 판타지를 가능하게 했다. 마법사의 돌, 철학자의 돌 등으로 다양하게 번역되며 『해리 포터』나 『반지의 제왕』 같은 근래 작품에도 등장한다.

연금술의 사상에서 비롯되어 현대에 이르러서는 생명연장, 불로불사의 판타지가 실제 의술과 과학의 발전에도 큰 영향을 미치고 있다.

4. 연금술의 세 가지 원리

서양 사상의 흥미로운 점 가운데 하나는 우주 삼라만상이 신성한 삼위일체의 원리로 이루어져 있다는 것이다. 인간의 몸과 마음은 물론, 지상의 모든 동식물, 금속까지도 그 원리에 의해 작동되고 있으며, 그 근간에는 보편적인 세 가지 본질이 있다고 보았다. 여러 전통문화, 우주론, 점성술 및 의료의 경우도 세 가지 원리가 근간을 이루고 있다. 예를 들면, 아유르베다에서의 바타, 피타, 카파(Vata, Pitta, Kapha), 점성술에서의 가변, 핵심, 불변(mutable, cardinal, fixed)의 개념이나, 서양 연금술의 수은, 황, 소금(mercury, sulfur, salt) 등이다. 이들 3원리 개념은 자연이 인간에게 주는 공통언어로 이들의 상호작용과 양적 조율을 통해 우주의 진리를 이해할 수 있다고 보았다. 여기서 언급되는 서양 연금술의 세 가지 원리인 수은, 황, 소금은 실제 화학물질과는 전혀 다른 철학적 개념이었다. 이 3원리는 물질의 원천인 4원소(물, 불, 바람, 흙) 중 각각 두 가지가 균형을 이루어 구성되어 있다고 여겨졌다. 이를 '유기적 단위 패러다임(Organic Unity Paradigm)'이라고 한다. 연금술의 세 가지 원리를 간략하게 살펴보자.

황 원리의 본질은 공기와 불의 조화이기에 움직일 수 있고, 뚫고 들어갈 수 있으며, 뜨겁고 퍼지는 속성을 갖는다. 실제 화학물질 유황이 지닌 냄새가 강하고 주변으로 침투해 들어가며 쉽게 불타고 뜨거운 열기를 내는 성상과 유사하다.

우리 몸에서 황 원리는 바로 마음(soul)을 반영한다. 이는 인간 존재의 진정한 본질이며 생명력이고 의식의 불꽃이다. 공기와의 연계성은 마음이 신체에만 머무르지 않고 신체를 벗어나 우주에 투영되고 꿈을 꾸며 환상의 여행을 할 수 있기 때문으로 보았다.

수은 원리의 본질은 물과 공기이므로 휘발성과 고정성의 속성을 갖는다. 로마 신화에서 신의 전령인 머큐리(Mercury, 그리스 신화의 헤르메스)는 신의 세계와 인간의 세계를 위아래로 지속적으로 다니면서 연결을 시키는 존재다. 화학물질 수은은 액체상의 금속으로 움직일 수 있으며 변화하기 쉽고 휘발할 수 있어 기체, 액체, 고체상을 용이하고 자유롭게 넘나들 수 있는 특성을 지녀 신화의 전령과 같은 이름을 가지게 되었다. 인간에게는 영혼을 상징하며, 활력을 주는 생명력으로 이를 통해 마음이 몸에 정착할 수 있다고 믿었다.

소금 원리의 본질은 물과 흙으로 결정화를 통해 표출된다. 이 결정화 과정에서 황과 수은 원리들이 서로 다른 다양한 밀도로 결합된다. 인간에게 소금은 신체를 상징하며 이 틀 속에 매우 복합적으로 작용하는 수은과 황의 원리가 깃들어 인간을 이룬다. 이렇게 구성된 몸은 마음과 영혼을 깃들게 해 머무르게 하는 대우주 속의 소우주인 신비하고 아름다운 존재라고 보았다.

물질과 영혼의 합일

연금술이 발달하는 과정에서 철학적 바탕을 이룬 것은 네오플라톤주의와 그리스의 우주론이다. 일곱 개 행성에 대응하는 고대의 일곱 가지 금속의 등장과 더불어 근원물질과 세상의 정령이 연금술 이론의 중심을 이루게 되었다.

비교(秘教) 계통의 연금술사들에게는 연금술의 영적 측면이 강조되었다. 납을 금으로 바꾸는 것도 인성의 전환, 순수화, 완성에 비유되었다. 초기 연금술사였던 조시모스(Zosimos of Panopolis)는 연금술의 목표가 인간 영혼의 종교적 재생을 상징한다고 했으며, 이러한 경향은 중세를 지나면서 심화되었다. 심지어 종교개혁자인 루터(Martin Luther)도 연금술이 기독교와 부합된다고 주장하기도 했다. 비금속의 귀금속 전환이나 만병통치약의 출현을 통해 불완전하고 아프고 부패하며 일시적인 인간의 상태를, 완전하고 건강하고 온전하며 지속적인 상태로 전환시킬 수 있다고 믿었다. 이러한 믿음은 연금술의 성과를 통해 종교적 숙제도 해결할 수 있으리라는 생각으로 발전했다. 그에 맞추어 연금술사들은 화학적 실험을 열심히 했고, 자신들의 논리를 바탕으로 우주의 다양한 현상에 관한 실험과 관찰을 지속했다.

연금술사들의 목표에는 원죄에 따른 아담의 타락 이후 두 갈래로 나뉜 인간의 영혼을 순수하게 정화해 신과 다시 조화시켜야만 한다는 명제가 자연스럽게 부각되었다.

연금술이 추구하는 목표는 황금, 현자의 돌, 생명수, 만병통치약 등의 물질적 존재의 구현과 함께 현자의 자식, 무구지순의 인간과 인공생명체의 창출, 완벽한 인격적 존재의 구현에 있었다. 연금술의 전개과정에서 자연계의 순환적 변환의 근거는 순수질료인 근원물질이 인간을 통해 형상화함으로써 이루어진다고 보았다. 이러한 상황에 기독교가 개입함으로써 종교적 해석, 화학적 발견, 심리학적 분석이 서로 복합되어 대단위 연구개발이 이루어졌다. 그 결과 연금술은 단지 과거 무지한 시대의 소산으로, 무의미한 작업으로만 여겨지지 않고 실증 위주의 과학논리가 지배하는 현대사회에서도 여전히 영향을 미치고 있다.

정신과 물질의 통합을 요구하는 새로운 문화가 창출되는 과정에, 연금술에서 거론되고 발전된 개념들이 유사하게 적용되고 있다. 스위스의 정신 분석학자인 융은 연금술에 대한 새롭고 독특한 해석을 시도했다. 연금술 관련 문헌에 나오는 수많은 상징적 표현들과 정신병 환자의 꿈속에 나타나는 상징적 이미지 간의 연관성을 발견하고, 연금술 역시 '집단 무의식'의 표현이라고 주장했다. 황금이나 현자의 돌 제조를 인간의 개별화 과정에서 발생하는 현상과 같다고 판단하고 연금술은 상반되는 성질인 안과 밖, 물질과 영 등이 신성한 결합(Hieros Gamos)을 통해 함께 융합해 완벽한 전체를 이루는 과정이라고 설명했다.

그의 이러한 주장은 심리학뿐 아니라, 삶 전반에 영향을 미칠 수 있는 꿈이나 상징 그리고 무의식적 원형(archetypes)의 힘에 대한 개념을 이해하는 데 큰 영향을 미쳤다. 실증적인 측면에서의 연금술이 추구했던 목표는 비록 허상으로 규명되었지만 상징적 측면에서 연금술의 여파는 여전히 우리 주변에 남아 다양한 영향을 미치고 있다. 이러한 다양한 변화가 사회 전반에 걸쳐 다각적으로 추진되면서, 21세기 들어 새로운 의미의 연금술이 부각되고 있다.

5. 연금술의 도전: 인조인간 창조

서양의 연금술이 동양의 연단술과 목적상 비금속의 귀금속화나 불로장생 추구라는 점에서는 같으면서도 전혀 다른 측면 중의 하나는 생명에 대한 접근 방식이다. 동양의 연단술에서는 수명연장이나 불로장생의 염원을 담아 자기 개발이나 외부 물질 투약에 의한 방안을 탐구하는 데 집중했지만, 서양의 연금술에서는 궁극적으로 무구지순의 생명체를 인공으로 창조하겠다는 도전까지 하게 되었다. 이러한 생각은 동양, 특히 유교나 도교적 철학이 주도했던 문화권과는 현저한 차이를 보이는 일이었다.

서양 연금술의 대표적 인물인 자비르는 실험적 방법론과 분석적 평가를 도입해 서술적이고 관념적이었던 연금술의 차원을 높이는 데 크게 기여했다. 그러나 그가 연금술을 통해 추구했던 궁극적 목표는 실험실에서의 생명체 창조였으며 나아가 새로운 인간 창조까지도 모색했다. 이후 기독교와 유대교의 종교 철학이 유입되면서 여러 형태의 생명창조 시도가 이루어졌다. 실제로 연금술과 관련되거나 비슷한 개념으로 창조된 몇 가지 유형의 인조인간을 살펴보자.

자비르의 타크윈(Takwin)

자비르는 저서 『돌의 책(Book of Stones)』에서 타크윈을 제조하는 목적은 '신의 사랑과 은총을 받는 자만이 세상살이에 당황하지 않고 과오를 저지르지 않게 하기 위함'이라고 했다. 그의 책은 암호로 쓰여 쉽게 알지 못하게 되어 있지만 일부 해석된 내용에 따르면, 타크윈은 생명 부활의 능력을 지닌 신성한 창조력을 상징한다. 자비르에게 연금술의 목적은 내적으로 인간의 영적 재생과 정화에 집중하는 데 있었다.

호문쿨루스(Homunculus)

호문쿨루스(L. 'little man', homo, 'man')는 작은 인간을 의미한다. 인간이 원초적으로 이미 형성되어 있었다는 전성설(前成說)과 연금술의 생명력에 기인한 개념이다. 파라셀수스가 그의 저서 『영감의 책(Liber de Imaginibus)』에서 체계화한 개념으로 그동안 원래 작은 인간으로 있었다는 주장을 배격하고, 호문쿨루스의 근원이 인간의 정자에 들어 있다고 주장하며 이 작은 생명체(animalcule)를 완전한 성체로 키워내는 것이 발생이라고 했다. 그는 저서에서 이를 호문쿨루스(De Homunculus)라고 명명했으며, 실제로 이러한 개념은 생명의 신비를 매우 단순하고 효과적으로 설명했다. 그러다 정자가 만일 성체와 크기만 다른 호문쿨루스라면 그 정자도 또 다음 세대의 호문쿨루스를 가지고 있을 것이라는 질문을 던지게 되고, 선대로 계속 연결해 가면 인류의 조상인 아담에까지 이어질 수 있다고 추론하게 되었다. 대표적인 부조리 논증의 사례였다. 이렇게 역으로 만일 아담에까지 이르게 되면, 아담은 원죄를 지었기 때문에 인간은 태어나면서부터 죄인일 수밖에 없다는 논리로 귀결된다.

파라셀수스는 이러한 인간의 업보를 배제하기 위한 방안으로 정자를 전처리해 암말의 자궁에서 키우는 방법을 강구하기도 했다. 이러한 호문쿨루스 개념은 근세까지도 매우 강한 영향을 미쳤다. 괴테(Johann Wolfgang von Goethe)의 유명한 작품 『파우스트(Faust)』에서도 연금술에 의해 창조된 호문쿨루스가 영과 육체가 합치되지 못한 상태로 나타났기 때문으로 표현되고 있다.

골렘(Golem)

유대민족의 설화에 나오는 골렘은 무생물인 진흙으로 만들어진, 인간을 닮은 존재다. 골렘은 성경에 신의 눈에 차지 않은 불완전한 인간으로 기술되고 있다(시편 139:16, 형질). 오늘날에는 골렘이 '바보' 또는 '무능한 자'를 의미한다. 유대인 정신문화의 원천인 『탈무드』에는 아담도 원래 골렘 상태로 창조되었다고 했다. 다른 골렘들도 진흙으로부터 창조되었는데 이들은 대화 능력이 없는 것이 특징이었다.

중세에는 골렘에 능력을 부여할 수 있는 방안의 개발이 유행했다. 골렘사상이 유대인 사회에 널리 퍼지게 된 것은 유럽의 반유대 정서에 맞서 자신들을 보호하는 존재로 골렘을 수용했기 때문이다. 골렘을 영리하지는 않아도 시키는 대로 우직하게 실천하는 충성스러운 존재로 받아들였다. 대표적으로 메리 셸리(Mary Shelley)의 『프랑켄슈타인(Frankenstein)』이 있다. 이런 개념이 현대에까지 영향을 미쳐 <터미네이터>의 주인공이나 마법사의 제자 등이 모두 골렘을 형상화한 것으로 이해되고 있다.

툴파(Tulpa)

툴파는 인도 철학, 특히 불교사상에서 비롯된 개념으로 완전하고 영적이며 정신적인 단련에 의해 창조되는 존재다. 용어 자체는 티베트어의 '건설, 제조'를 의미하는 단어(sprul-pa)에서 유래되어 '마술적 환상' '유령' '상상(想像)' '환생'으로 연계되기도 한다. 대표적으로는 달라이라마의 승계가 바로 이러한 툴파에 의해 환생되어 이루어진다고 보았다. 부처가 여러 군데 한꺼번에 현시할 수 있는 것도 바로 이러한 툴파를 통한 분신이 가능하기 때문이라고 설명하고 있다.

6. 인조인간: 축복인가, 재앙인가

서양의 연금술 발전에 종교적 색채가 도입되어 큰 변혁이 일어났다. 종래까지 비금속을 귀금속으로 바꾸려는 노력과 각 개인의 수명을 연장해 불로장생을 추구하려던 노력에 집중해 왔는데, 모든 존재의 근원이 동일한 원소들로 이루어졌고, 이들을 자유자재로 변환할 수 있는 현자의 돌이라는 마법의 물질을 상정하면서 이 물질의 추구가 핵심이 되었다.

현자의 돌은 생명현상도 단순히 고치거나 연장하는 데 그치지 않고 새롭게 창조해낼 수 있을 것이라는 대담한 가정을 했다. 따라서 인간의 본질에 대한 도전을 생각하게 되었다. 인간의 근원이 정자 속에 아주 작은 형태로 온전하게 들어 있다는 생각은 그 원류를 거슬러가다 보면 아담에까지 이르게 되고, 아담이 낙원 에덴동산에서 쫓겨나는 원죄를 지었기 때문에 인류의 원죄는 불가항력적 사건이라고 보았다. 이를 해결하기 위해서는 원죄가 없는 순수하고 과오가 전혀 없는 인간을 창조하는 것만이 해결책이라 전제하고 이를 도모하는 일을 목표로 삼게 되었다.

이러한 개념에서 비롯되어 호문쿨루스나 타크윈과 같은 존재가 설정되었다. 이에 덧붙여 별도로 자신의 의지 없이 오로지 창조한 사람의 의지대로만 움직일 수 있는 골렘이라는 존재를 추가로 상상해 이후 인간의 생각에 큰 영향을 미쳤다. 이와 비슷하게 영적으로 승계되는 툴파라는 존재, 또는 『서유기』에 나오는 손오공이 자신의 머리카락으로 만들어낸 수많은 아바타(Avatar) 이야기는 인조인간의 창조가 고대로부터 인류의 뇌리에 깊숙이 새겨져 있는 현상이었음을 보여준다.

연금술을 통해 인간은 무구지순의 완벽한 인간을 창조하려는 노력과 인간에게 절대 순종하는 우직하고 충실한 종으로서의 인간 유사 생명체를 창조하려는 이중적인 목표가 있었음을 알 수 있다.

오늘날 인조인간의 창조가 차원을 달리해 구체적으로 현실화되고 있는 것은 바로 로봇공학 기술과 생명과학 기술의 발전 덕분이다. 인간의 기능을 단순히 대행하는 정도가 아니라 정보를 수집하고 판단해 작동할 수 있는 로봇의 개발과 인간의 신체기능을 직접 극대화하는 유전자조작 방법의 등장은 서양 연금술의 연장선상에서 이해될 수 있다. 그러나 이러한 인조인간의 창조 또는 출현이 인류에게 재앙이 될지, 축복이 될지에 대해서는 새로운 각도에서 심도 있게 논의할 필요가 있다.

연금술의 몰락

무려 1,000년 이상 학계와 종교계를 지배해 왔던 연금술의 허상이 드러나게 된 계기는 연금술에서 가장 중요한 수은의 실험 결과에 대한 문제제기 사건을 들 수 있다. 연금술의 핵심 물질인 수은을 반복 증류하면 색과 상이 변화해 다른 물질로 바뀐다고 믿어 왔는데 부르하베(Herman Boerhaave)라는 네덜란드 학자가 일정량의 수은을 무려 15년 동안 용기 안에서 가열해도 아무런 변화가 없었다고 밝혔다. 자그마치 500번 이상을 증류해도 아무것도 바뀌지 않았다는 사실이 발표되면서 연금술사들의 허구성이 과학적으로 명확하게 지적되었고 연금술에 대한 신뢰도 크게 떨어지고 말았다.

그때까지 연금술사들은 연소하는 물질 안에는 연소제가 들어 있고 연소되는 과정에서 빠져나간다고 굳게 믿어 왔다. 이때 등장한 학자가 바로 라부아지에다. 그는 금속을 연소시키면 공기의 질량이 가벼워지는 만큼 금속의 무게가 증가함을 입증해 연소제라는 특수 존재를 상정한 연금술사들의 허무맹랑한 주장이 거짓임을 밝혔다. 또한 금속을 변환할 수 있다는 것은 부조리하며 물질의 연소나 생물의 호흡이 결국 공기중의 산소를 흡수한다는 점에서 동일함을 밝혔다. 물을 분해하면 수소 2부피와 산소 1부피가 생성됨을 밝혀 액체가 두 가지 기체로 이루어질 수 있다는 사실을 상상조차 할 수 없었던 연금술사들에게 엄청난 충격을 주었다. 이후 영국의 돌턴이 각각의 원소가 일정한 비율로 결합할 때만 다른 물질로 변할 수 있음을 증명해 연금술에서 주장해 왔던 물질의 변환에 관한 모든 주장이 허무하게 무너지는 결과를 빚었다.

이러한 사건은 수천 년 동안 인류 사고방식의 근본이었던 운명론적이고 추상적인 개념의 시대에서 객관적 자료에 근거한 실증적 사고와 논리의 시대로 전환하게 되는 결정적 계기가 되었다. 연금술 시대의 비밀주의와 신비주의는 결국 1,000여 년에 걸쳐 인류의 이성을 어지럽혔고 발전을 저해하는 결과를 낳았다.

제6장 인간의 공간한계 탈출: 불로촌

변화를 두려워 말고

변하지 못함을 두려워하라(不怕變 怕不變)

-중국 격언

1. 불로촌 신화와 탐험

인간에게는 불가능하지만 신에게는 가능한 불로장생이 거론되면서 신들이 사는 공간에 대한 신화도 시작되었다. 인간도 신이 사는 장소에 살게 되면 불로장생의 혜택을 받을 수 있다는 기대에 불로촌에 대한 전설이 널리 확대된 것이다. 신들이 사는 곳은 속세와는 여러모로 다르고, 인간이 쉽게 접근할 수 없을 것이라는 기대와 상상을 했다.

우선 거론된 불로촌은 에덴동산이다. 노화, 질병, 죽음이 없는 풍요와 기쁨의 땅, 바로 낙원이다. 구약성경 창세기에 나오는 '에덴(Eden) 동산'의 히브리어 표기는 '동방의 에덴에 있는 정원'이란 의미다. 들판이나 평원을 뜻하는 아카드어 에디누(edinu)에서 유래되었으며, 에디누는 '풍요로움'이라는 뜻의 수메르어 에덴(eden)에서 유래되어 '풍요로운 들판'이라는 의미를 담고 있다. 사막화되고 있는 메소포타미아 지방에서 물이 풍부하고 과일과 곡식이 풍요로운 에덴동산은 꿈의 장소였을 것이다.

마사초 <낙원의 추방>

다음에 등장하는 곳이 파라다이스다. 파라다이스는 원래 페르시아어로 '정원'을 의미하는 '파이리-다에자(pairi-daeza)'에서 유래되었다. 히브리어 파르데스는 이 단어의 영향을 받아 구약성경과 후기 유대교 문헌에서 구체적으로 과수원이나 정원을 나타낸다.

낙원으로서의 파라다이스는 히브리어 구약성경이 그리스어로 번역되는 과정에 탄생했다. B.C. 200년경 구약성경이 그리스어로 번역될 때 창세기에 등장하는 에덴동산이 바로 파라데이소스로 대체되었고, 비로소 파라다이스가 단순한 정원이 아닌 하나님이 만든 최초의 지상낙원의 의미로 사용되기 시작했다. 그리스어 구약성경을 자주 인용했던 신약성경에서 파라다이스는 초월적 의미의 낙원으로 통용되었고, 파라다이스가 종말에 건설되며 생명나무가 있는 낙원으로 묘사되고 있다. 이는 곧 인간이 추방되었던 태초의 에덴동산이 종말에 다시 회복되는 것을 상징한다고 볼 수 있다.

메소포타미아 수메르 신화 엔키와 닌후르삭(Enki and Ninhursag)

에 등장하는 지상 낙원은 딜문(Dilmun)이다. 딜문은 순수하고 깨끗하며 빛나는 땅으로, 맹수나 혐오스러운 동물이 설치지 않고, 질병이나 노화, 죽음이 없는 기쁨의 땅이다. 오늘날 바레인 지역이 과거에는 딜문으로 여겨졌는데, 고대부터 중계무역의 중심지로 물산이 풍부한 낙원으로 묘사되었다. 페르시아인들은 북쪽 지하에 '이마의 땅(The Land of Yima)'이 있으며, 게르만족도 북쪽에 '살아 있는 자들의 땅(The Land of the Living Men)'이라는 불로장생할 수 있는 특별한 공간이 있다고 믿었다.

낙원으로 거론되는 또 다른 곳으로 엘리시온(Elysion)이 있다. 호메로스에 따르면, 서방 대지의 끝으로 오케아노스강 근처에 있다. 기후가 온난하고 향기가 충만하며, 헤시오도스가 언급한 '지복자의 섬'으로 영웅들이 사는 곳이었다. 나중에는 행실이 올바른 인간이 죽은 뒤에 옮겨 사는 명계의 일부로 생각되었다. 프랑스 대통령의 관저 엘리제궁(Palais de l'Élysée)과 '엘리시온의 들판'이라는 의미의 샹젤리제(Champs-Élysées) 거리도 여기에서 유래한 것이다.

또한 '헤스페리데스' 정원은 헤라가 가이아로부터 제우스와의 결혼선물로 받은 황금 사과나무를 심어 라돈이라는 뱀과 세 명의 요정에게 지키게 한 곳이다. 서쪽 멀리 위치해 아름답고 포근하며 과일이 풍성하게 열리는 이상향의 대명사가 되었다. 이곳을 찾는 작업은 르네상스 시대까지 미지 탐험이나 서부개척의 근원적 목표가 되기도 했다. 헤라클레스의 12가지 과업 중의 하나도 바로 이 정원의 사과를 훔치는 것이었다.

플라톤이 언급한 이상향은 아틀란티스섬으로 『티마이오스(Timaeus)』와 『크리티아스(Critias)』에 서술했다. 아틀란티스는 반신

카일라스산(수미산)

족(半神族)이 사는 '복자의 섬(The Isles of the Blest)'으로 B.C. 8000~9000년 이베리아 반도와 아프리카를 가르는 헤라클레스의 기둥 너머 대서양에 위치한 곡식, 과일, 광물 등이 풍요로운 이상향이라고 했다. 정치도 포세이돈의 아들인 10명의 왕이 법에 따라 집행했으며, 덕을 소중히 여기고 재물에 오염되지 않은 겸손한 마음을 유지했다. 지진으로 영원히 바닷속에 수장되고 말았지만 탐험가들에게는 여전히 매력적인 곳으로 남아 있다. 후일 프랜시스 베이컨(Francis Bacon)이 책에서 언급한 '신아틀란티스'라는 이상향은 이 아틀란티스를 모방했을 만큼 유럽인들에게 큰 영향을 미쳤다.

동양에서도 중국의 서왕모가 산다는 요지(瑤池)나 티베트의 카일라스산 정상에 있는 강린포체(Ganrinpoche)를 시바의 궁전으로 여겼고, 인도 신화에는 극락(極樂)이라는 개념이 있었다. 캘리포니아 근처 부족인 모독족의 신 쿠무시가 딸들을 위해 지었다는 구름 위의 신전이나, 그리스 신들이 모여 살았다는 올림포스도 마찬가지 개념이다. 이런 곳들은 신을 위한 장소이며 인간이 도달할 수 없는 아득한 곳으로 대개 하늘이나 하늘과 가까운 높은 산꼭대기에 존재한다고 여겼다.

불로촌을 찾기 위한 노력은 근대에 이르러 대양시대가 열리면서 구체적인 탐험으로 이루어지기도 했다. 불로촌의 존재는 종교적 측면에서도 매우 중요한 사안이었다. 죽은 뒤에 가야 할 곳, 더 이상 고통, 질병, 가난, 고독, 외로움이 없고 영원한 삶이 보장되는 곳이었다.

2. 성배 미스터리

기독교 중심의 유럽 사회에서 최근까지도 추진되어 온 대표적인 불로장생 추구 사례는 예수님의 성배(Holy Grail)와 젊음의 샘(Fountain of Youth)을 찾는 작업이었다. 이 두 가지 주제는 아직도 서구인들의 마음에 깊은 미련으로 남아 있다.

작가 댄 브라운(Dan Brown)이 『다빈치 코드(The Da Vinci Code)』를 출간해 선풍적인 인기를 끌었다. 루브르 박물관에서 일어난 살인사건을 계기로 다빈치의 그림 <최후의 만찬>과 <모나리자> 속 암호를 풀면서 기독교를 둘러싼 비밀에 접근하는 과정을 그리고 있다. 이 과정에 성배가 등장하고, 그것이 예수님과 막달라 마리아의 사랑으로 이루어진 혈통과 관련이 있다는 내용으로 기독교계의 반발을 사기도 했다. 성배는 서구 사회에서 큰 관심을 끌어온 지고지순한 보물이기에 반발이 있을 수밖에 없다.

성배에 관한 유명한 전설로는 아서왕 이야기가 있다. 아서왕은 잉글랜드의 전설적인 영웅으로 원탁의 기사들과 명검 엑스칼리버를 휘두르며 수많은 무훈을 세웠다. 용감하고 위풍당당하며 사람들을 배려할 줄 알았던 그는 부하들뿐 아니라 온 백성의 존경과 사랑을 받았다. 성배를 찾으면 모든 문제가 풀린다는 마법사 멀린의 이야기를 듣고 아서왕은 원탁의 기사들과 함께 성배를 찾으려 노력한다.

일부 서구인들은 아직도 성배가 예수와 관련된 컵이나 잔으로 알고 있다. 성배는 최후의 만찬 때 예수가 자신의 피를 상징한 포도주를 마실 때 사용했던 잔이자, 십자가에 매달린 예수의 피를 받았던 잔이라고 생각해 왔다. 그 잔을 요셉(Joseph d'Arimathie)이 예수의 환영으로부터 직접 받아 유럽으로 가져왔다고 전해진다. 성배를 소유하면 치료와 재생의 능력이 생기고, 신과 의사 소통할 수 있으며, 영원한 젊음과 행복, 필요한 것은 무엇이든 불러낼 수 있는 능력이 생긴다고 믿었다.

한편, 성배가 특정한 물건이 아니라 왕가의 혈통, 즉 예수의 친족을 의미한다는 설도 있고, 현자의 돌이라는 설도 있다. 성배에 관한 여러 이야기를 종합해 보면 '신비하고 비밀스러우며, 찾기 위해서는 대단한 노력을 기울여야 하는 무엇'이다. 특히 유럽을 석권했던 기독교 신앙과 맞물려 영생과 건강, 행복 그리고 소원성취를 가능케 해줄 것으로 기대되었던 성배 찾기는 기독교계 유럽인들에게 최고의 열망이었다. 성배를 찾는 것은 불로촌을 찾는 것과 같은 일이었다.

3. 젊음의 샘 탐험

서구 문화권에서 불로장생 추구의 또 다른 대표적 목표는 '젊음의 샘'에 대한 탐험이었다. 젊음의 샘은 물을 마시거나 목욕을 하면 젊음을 되찾는다는 샘으로 B.C. 5세기 헤로도투스의 저술에 등장한 이래 알렉산더 대왕의 정벌, 십자군 전쟁 때까지 확대되다가 16세기경 대양시대가 열리면서 그 실체에 대한 탐험이 본격화되었다. 당시 화가 루카스(Lucas Cranach the Elder)가 <젊음의 샘>이라는 그림을 그려 널리 알려지게 되었다.

헤로도투스는 장수촌을 찾아가 그들을 장수하게 했다고 언급한 젊음의 샘에 대해 다음과 같이 기록했다.

루카스 크라나흐 <젊음의 샘>

"어식민(魚食民, Ichthyophagi)이 장수 나라의 왕에게 주민들의 수명과 식이습관을 묻자 그는 대부분의 주민들이 120년을 살며 어떤 사람들은 그보다 더 오래 살고, 주민들은 고기는 삶아먹으며 주로 우유를 마신다고 했다. 어식민이 주민의 장수에 대해 의혹을 보이자 왕은 그를 샘으로 데려가 세수를 시켰다. 그러자 오일에 목욕한 것처럼 피부가 매끈하고 윤기가 돌았다. 샘에서는 제비꽃 향이 났으며 어떤 물질도 떠 있지 않았고 물은 부드러웠다. 주민들이 장수한 것은 바로 이 물을 매일 사용했기 때문일 것이다."

젊음의 샘 전설은 예수님이 아픈 자를 낫게 해준 요한복음의 베데스다(Bethesda) 우물과 연계되어 많은 사람들에게 실체적 사실로 느끼게 했다. 베데스다 샘물을 마시거나 몸을 씻으면 모든 질병이 낫고 젊음이 회복된다고 했다. 세계에서 제일 큰 건강연구소인 미국국립보건원(National Institutes of Health)이 위치한 곳이 바로 워싱턴 근교의 베데스다인 점도 이와 연관이 있다.

한편, 스페인은 중남미 정복과 더불어 그 지역 원주민 사이에 퍼져 있는 황금의 도시 엘도라도(El Dorado)와 불로촌 비미니(Bimini)의 전설을 바탕으로 본격적 탐험대를 조직해 카리브해 연안을 찾아 다니게 했다. 영원한 행복의 도시에 있을 젊음의 샘에 대한 유혹이 이들을 유카탄 반도의 마야, 바하마 지역 등을 집중 조사하게 했다.

푸에르토리코의 초대 총독이었던 후안 퐁세 드 레온(Juan Ponce de León)은 직접 탐험대를 이끌고 전설 속의 비미니를 찾아나섰다. 중국 진시황의 불로초 탐구와 유사한 역사적 사건이었다. 따라서 퐁세 드 레온 총독을 제2의 진시황이라고 불러도 될 만하다. 이와 같은 성배와 젊음의 샘의 전설은 서양인들에게 대양시대를 여는 탐험과 개척에 큰 기회를 제공했다. 이러한 노력 덕분에 비록 목적은 다르지만 과거 시대와 전혀 다른 새로운 세계가 열리게 되었다.

4. 전설의 부활

서구 사회가 과학화, 문명화되었다고 하지만 불로장생을 추구하는 염원은 예나 지금이나 차이가 없다. 대양시대에 이르러 전 지구적 탐험이 이루어졌을 때도 불로장생을 위한 지역 또는 특수 약물이나 가용식물의 확보는 여전히 중요한 욕망이었다. 동양에서도 불로장생을 위한 지역 탐구가 일찍부터 있었지만 중단되고 불로장생술의 개발로 전환하게 되었다. 하지만 서양의 주도 세력은 주종교인 기독교 신앙과 맞물려 영생의 성배나 불로의 물질을 찾으려는 욕망을 대양시대까지 계속 유지했다.

대항해시대가 열리면서 유럽 왕족과 귀족의 마음을 열광적으로 사로잡은 것은 불사의 땅이 있을 것이라는 희망이었다. 그리스 신화의 헤스페리데스 정원이 머나먼 서쪽 어딘가에 있고, 플라톤이 말한 아틀란티스가 지브롤터를 넘어 대서양 어딘가에 있다는 전설은 서쪽으로의 대항해를 떠나게 하는 중대한 계기가 되었다.

번 존스 <헤스페리데스 정원>

마르코 폴로의 『동방견문록』에서 비롯된 콜럼버스의 아메리카 발견, 바스코 다 가마의 아프리카 개척, 마젤란의 세계 일주 등이 알려지면서 서구인들에게 미지의 황금과 불로장생 지역의 존재는 대양시대 탐험의 원동력이 되었다. 미국의 서부 개척에도 황금의 땅 엘도라도를 찾으려는 욕망이 겹쳐져 인간의 욕구 충족을 위한 탐험이 적극 추진되었다.

마젤란의 빅토리아호

당시 최고의 인기 작품이었던 조너선 스위프트(Jonathan Swift)의 『걸리버 여행기』는 1부 소인국 릴리퍼트(Lilliput), 2부 거인국 브롭딩낵(Brobdingnag), 3부 하늘나라 라퓨타(Laputa), 발니바르비(Balnibarbi), 럭낵(Luggnagg), 글럽덥드립(Glubbdubdrib), 지팡구(Zipangu), 4부 말의 나라 휴이넘(Houyhnhnm)으로 구성되었으며 당시 사회를 풍자하면서 인간의 염원을 담았다. 그중에서도 3부에서는 럭낵에 사는 불사의 스트럴드블럭인을 통해 장수인 세상의 문제점을 흥미롭게 묘사했다.

아직도 많은 서구인들이 성배를 언급한 소설이나 예술 작품에 열광하고 젊음의 샘과 관련한 사안에 흥미를 느낀다. 성배를 대체하거나 성배 역할을 할 수 있는 도구의 제작은 현대에도 시도되고 있으며, 젊음의 샘과 같은 효능이 있는 물질의 존재에 환상을 가지고 있다.

동양의 풍수사상과 미륵신앙

불로촌 탐구는 서양에만 국한된 것은 아니었다. 중국 한무제가 서역 경영에 매진한 것도 도교에서 거론되는 서왕모의 요지와 반도를 찾으려는 욕구가 강했기 때문이다.

동양권에서는 불로장생을 위한 특별한 지역과 공간에 대한 욕망이 대항해를 통한 새로운 공간 개척이라는 서양의 개념과는 다르게 발전했다. 거주공간에 음양오행의 철학적 의미를 부여해 죽은 자가 사는 음택과 산 자가 사는 양택의 개념이 등장했다. 이는 풍수사상으로 발전해 중국, 우리나라, 일본 등의 동양권에 큰 영향을 미쳤다.

'풍수'는 '바람을 막고 물을 얻는다'는 뜻인 장풍득수(藏風得水)의 줄인 말이다. 생명을 불어넣는 지기(地氣)를 살핀다는 개념으로 산세(山勢), 지세(地勢), 수세(水勢)를 판단해 인간의 길흉화복에 연결해 자연의 영향을 받으며 사는 인간의 본질을 나타내는 것이다. 이러한 개념은 중국 고대 복희씨 때의 황하수에서 나왔다는 하도(河圖), 하우씨(夏禹氏) 시대 낙수(洛水)에서 나왔다는 낙서(洛書)에 근거한 도참설이 혼합되었다. 이어서 음양오행 이론이 가미돼 상호 보완적으로 발전했다. 우리나라의 경우 도선국사의 음양지리설과 풍수상지법이 고려와 조선에 큰 영향을 주었다.

한편, 한·중·일 세 나라에 오랫동안 큰 영향을 미친 불교의 미륵신앙은 불교 전래 초기부터 민중에게 미래에 대한 기대와 희망을 가지게 했다. 부처님 멸후 56억 7,000만 년 뒤에 도솔천에서 세상에 내려와 민중을 구원해 이상향인 용화세계(龍華世界)를 이룬다는 사상은 국가의 위기 때마다 부각되었다. 구한말의 동학, 증산교, 원불교 등이 불교에서 파급되었으며 여전히 우리 민중에게는 이상향을 기대하게 하고 있다. 이런 사상들은 단순한 개인의 영욕과 안위를 떠나 국가의 흥망성쇠에도 큰 영향을 주었다.

동양의 풍수 개념의 결정적 폐해는 거주 공간에 대해 서양의 확대적 개척과 달리 공간 제한적인 사고를 가져오게 한 것이다. 죽은 자가 가는 음택 또는 산 자가 살아야 하는 양택이 바로 주변의 산하에서 찾을 수 있는 곳이었다. 뿐만 아니라 미륵신앙과 같은 수십억 년 뒤의 미래를 기약하는 사상은 당장의 구체적 노력에서 탈피하게 했다. 따라서 동양권에서는 이상향을 찾기 위해 굳이 대탐험과 대항해를 서둘러야 할 필요가 절실하지 않았다고 본다.

이와 같이 신화시대의 전설들은 인간의 마음에 깊이 새겨진 채 전해져 욕망을 충족하려는 후세에게 큰 영향을 미치고, 미지의 세계를 개척하게 함으로써 인류 역사 발전에 기여했다.

MAGNUM OPUS 2.0

—

제3부

—

시간과 노화

제7장 시간 개념의 혁명: 절대성을 벗어나 상대성으로

제8장 노화학설의 백가쟁명

제9장 장수유전자 논란

제10장 노화 통일장 이론

제7장 시간 개념의 혁명: 절대성을 벗어나 상대성으로

과거를 지배하는 사람이 미래를 지배하고,

현재를 지배하는 사람이 과거를 지배한다

— 조지 오웰

1. 시간 개념의 변화

불로장생이라는 생물학적 개념을 논의할 때 선결되어야 할 의문은 시간에 대한 인식이다. 시간이란 무엇이고 어떻게 생명현상에 굴레를 씌우고 있으며 방향과 귀착점은 무엇인가?

계절의 변화, 밤과 낮의 리듬에 매인 생명체는 일방적으로 흐르는 시간이라는 변화의 틀에 순응해야만 했다. 결과적으로 수명이라는 생명의 한계에 대해서도 불가항력으로 수용해 왔을 뿐이다.

시간이란 무엇인가? 이 명제는 철학자, 물리학자, 생명과학자뿐 아니라 일반인 모두에게 중요한 과제였다. 시간의 문제를 해결하는 데 선결 조건은 시간을 측정할 수 있는 방법의 발명이었다. 해시계, 물시계, 모래시계 등 일찍부터 여러 가지 시간 측정 장치가 개발되어 왔다. 시간을 측정해서 알리는 일은 국가 권력의 중요한 일이기도 했다. 시간을 장악해야 국민을 통솔할 수 있었기 때문에 정확한 시간 측정은 권력 핵심부의 통치 업무 중 하나였다. 일반인에게는 시간 측정이 쉬운 일이 아니었다.

시간 측정 분야에 획기적인 전기가 마련된 것은 호이겐스(하위헌스, Christian Huygens)에 의한 진자시계의 고안 및 제작이었다. 진자시계를 통해 정확한 계시가 가능해지고 일반인에게도 저렴하게 보편화돼 시간 개념을 정착시키고 보급하는 결정적 전환점이 되었다. 시간에 대한 또 다른 인식의 혁신은 물질의 속도를 정의함에 있어 이동거리를 시간으로 나눈 것이다. 거리라는 공간과 소요되는 시간의 상호작용을 수치화할 수 있다는 사실은 물리학적 사고에 큰 전환점이 되었다. 이와 같이 시간을 객관적, 수학적으로 측정하고 활용할 수 있게 된 사건은 인류 문명의 발전에 엄청난 기여를 했다.

그러나 시간 개념에서 가장 문제시되는 철학적 문제는 방향성이었다. 시간의 일방성과 순환성, 그리고 정방향과 역방향 문제가 논란의 중심이었다. 환상적이고 돈키호테적인 질문이라고 할 수도 있지만 측정 가능한 자연현상을 물리적으로 설명하는 데 시간과 관련한 모순적인 일들이 나타났기 때문이다. 실제 감각적으로 느꼈던 시간과 측정 가능치를 활용한 시공간 요소로서의 물리적 시간과는 상당한 괴리가 있었다. 현대과학의 꽃이라는 첨단 양자역학 세계에서 제기된 하이젠베르그(Werner Karl Heisenberg)의 불확정성 원리(Uncertainty Principle)는 시간과 에너지, 그리고 위치와 운동량이 불확정적이라 정확한 계측이 불가능하다고 했다. 더 나아가 슈뢰딩거(Erwin Schroedinger)는 파동함수를 기반으로 한 방정식을 발표하면서 그는 '아무 데나 있고 어디에도 없다'라는 유명한 명제를 발표해 시간 속의 존재를 실제 측정된 위치의 존재가 아닌 확률상의 존재로 바꾸었다.

아인슈타인도 상대성 이론에서 시공간의 4차원성을 주장하며 시간의 상대화를 주창하기에 이르렀다. 시공간(spacetime)은 휘어진 상태이며 이를 결정하는 요인이 물질의 분포라고 제안했다. 중력장이 크면 시간이 천천히 가는 시간지연(time dilation)이 일어나며, 시간의 시작은 우주의 대폭발(Big Bang)이라고 했다. 체적이 제로이고 무한대의 질량을 갖는 시공의 점이 폭발하는 순간을 시간이 시작되는 특이점이라고 정의했다. 나아가 거대 중력을 갖는 초고밀도 극한점(Black Hole)에 이르면 시간은 다시 종말을 맞게 된다는 논지를 폈다. 블랙홀을 회피하는 이러한 회피경로(White Hole)의 존재도 있다고 가정했다. 유명한 쌍둥이 우주여행의 사례를 들며 우주를 빛의 속도로 여행하고 돌아온 쌍둥이 중 한 명은 늙지 않지만 지상에 남아 있는 다른 형제는 늙어버린다는 시간의 상대성을 제창했다. 이러한 이론으로 시간에 대한 절대성이 무너지고, 현대 물리학에서 시간이란 상대적이고 확률적인 현상임이 제기되면서 인간의 사고에 큰 영향을 미쳤다.

시간의 철학사: 절대성 논란

시간에 대한 철학적 고찰은 인류에게는 선사시대부터 무한한 상상과 꿈의 대상이었다. 영국의 대표적 고대 거석 기념물인 스톤헨지도 일설에 따르면 천문대였으며 춘분과 추분을 정확히 측정할 수 있다고 했다. 우리나라도 신라시대의 첨성대가 천문관측용으로 지어졌다고 알려져 있다. 멕시코의 많은 유적은 마야인들이 가졌던 고유한 시간 개념을 중심으로 이루어져 있음을 보여준다. 마야가 스페인의 극소수 병사들에게 허무하게 무너진 것도 원주민이 신봉해 온, 260년마다 반복되는 라마트(Lamat) 달력 주기에 따라 그들을 구제하기 위해 찾아온다는 신에 대한 기다림의 신앙 때문이었다는 설도 있다. 고대인의 시간에 대한 절대적 복종을 보여주는 사례다.

철학 중심시대가 되면서 시간에 대한 구체적 논쟁이 시작되었다. 아리스토텔레스는 시간의 고유성과 회귀성을 다음과 같이 설명했다.

"모든 자연적인 움직임을 가지는 사물이나 생겨났다 없어지는 것에는 원인이 있다. 왜냐하면 시간 자체도 원이라 생각되며 모든 사물은 시간에 의해 구별되고 마치 원과 같이 끝나면 다시 시작되기 때문이다."

플라톤은 그의 저서 『티마이오스』에서 태고에 조물주가 혼돈에 형태와 질서를 부여할 때 시간이 출현했다고 하며, 존재(Being)와 생성(Becoming)을 구분했다. 존재의 세계는 영원불변하므로 사고의 도움으로 이해될 수 있는 진짜 현실세계이며, 생성의 세계는 시간의 영역으로 비합리적 감각의 대상이며 절대로 완전한 실체가 아니라는 이론을 주창했다. 그의 철학은 파르메데스와 제논으로 이어져 소피스트들의 논쟁의 대상이 되었다. 후일 많은 논란 속에서 칸트(Immanuel Kant)는 시간의 주관성을 강조했다.

"시간은 객관적인 것이 아니다. 그것은 물질도, 사건도 그리고 어떤 관계도 아닌 인간 지성의 본질 때문에 필요해진 어떤 주관적 조건이다."

시간에 대한 논쟁은 수학자와 물리학자의 등장으로 더욱 격화되었다. 뉴턴은 『프린키피아』에서 시간의 불가피성과 절대성을 설명했다.

"절대적이며 진정하고 수학적인 시간은 자신의 본성에 의해서……. 외부적인 다른 것과는 아무 상관없이 고르게 흐르고 있다."

물리학계는 시간의 불가피성을 설명하기 위해 '엔트로피 증가'라는 열역학 제2법칙을 근거로 시간의 방향성을 설명하려고 시도했다. 열역학 제2법칙은 무질서를 향한 단조로운 퇴보가 아니라 우주는 이를 이용해 창조하고 진화하며 실체를 내보일 수 있다고 했다. 결과적으로 비가역성 역설이 제안되고 평형으로부터 멀리 떨어져 일어나는 비가역적인 과정은 거시적 조직화를 만들어낸다고 추론했다. 반면, 수학자인 푸앙카레(Jules-Henri Poincaré)는 '푸앙카레 재귀정리(Poincaré Recurrence Theorem)'라는 개념을 통해 수학적 공식에 의한 새로운 시간의 반복성이론을 제안했다.

"어떤 고립계도 시간이 충분히 주어지면 초기상태로 돌아가며 실제로 시간이 무한히 주어질 경우 이를 무한히 반복할 수 있다."

시간과 존재의 상관성

하이데거(Martin Heidegger)는 그의 명저 『존재와 시간(Sein und Zeit)』에서 시간과 존재를 연계하는 핵심은 마음씀에 있다고 했다. 현존재(Dasein)는 시간 속에 존재하며 누구의 도움도 없이 홀로 죽음과 대면해야 하는 유한한 자신의 존재를 불안 속에서 자각해야 한다고 보았다. 인간의 의지에 따른 판단과 책임을 강조한 것이다. 이러한 논지는 그동안 제기되었던 시간의 절대성에 대한 부인이며 물리적 시간의 상대성, 윤회성 또는 회귀성에 대한 반박이었다. 시간에 대한 이러한 해묵은 철학적 논쟁은 여전히 결론을 짓지 못하고 있다. 실질적으로는 생명체가 가지는 수명의 한계 여부에 대한 논쟁이 제기되면서 새로운 국면을 맞았다. 생명체의 수명을 시간의 종속물로 여겨 온 종래의 논지에 대응하여, 첨단물리학에서 거론되는 시간 개념은 역방향성, 중력장에 의한 지연성, 그리고 회귀성 등을 내포하게 되어 새로운 국면으로 이끌고 있다. 그 결과 생명과학과 물리학도들에게 생명한계의 돌파 가능성을 추정하게 하면서 이를 성취하고자 하는 동기부여가 되고 있다.

2. 존재와 생성

최근 가공할 만한 과학기술의 발전으로 신화시대부터 가져왔던 인간이라는 존재에 대한 새로운 인식의 필요성이 대두되었다. 수명한계의 존재에서 한계부재의 새로운 생명체로의 전환이 예고되면서 인간 존재의 의미와 변화의 방향에 심사숙고해야 할 때가 된 것이다.

인류 문명이 시작된 이래 인간과 다른 영장류가 차별화된 이유에 대한 여러 가지 학설이 있다. 공통적으로 인정한 것은 인간의 직립보행과 손과 머리의 활용, 도구의 사용, 불의 이용과 언어 개발과 망자의 매장이다. 이 중에서 언어를 문자화했다는 점에 특별한 의미를 두고 있다. 언어의 문자화를 통해 경험과 지식이 후대로 승계 발전할 수 있다는 것은 오직 인류만이 이루어낸 쾌거다. 이와 같이 대대로 이어지는 문화적 연속체를 도킨스(Clinton R. Dawkins)는 생명체의 물질적 단위인 유전자(Gene)에 대응해 '밈(Meme)'이라고 정의했다. 인류 역사에서 지속적으로 승계된 밈은 문자의 발명이 그 축을 이룬다.

문자는 처음에는 시간 계산, 상업적 필요에 의한 상호 간의 계약, 점복(占卜) 등의 표현에 주로 사용되었지만 이내 세상의 창조, 인간의 탄생, 국가의 건립 등에 관한 신화들을 기록하는 데 사용되었다. 이어

문명의 발달에 따라 인간의 존재에 대한 논의가 시작되었고, 사람이 살아가는 이치와 이유에 대한 다양한 의견들이 쏟아지고 기록되기 시작했다. 이러한 논쟁이 가장 치열했던 역사적 장소가 메소포타미아, 그리스, 인도 그리고 중국이었고, 다양한 곳에서 인간에 대한 중요한 철학적 개념이 화려하게 꽃을 피웠다.

철학자의 존재 논쟁

그리스 철학은 로마를 거쳐 기독교 문명에 결정적 역할을 했으며 현대사회에까지 큰 영향을 미치고 있다. 그중 존재의 근원과 본질에 대한 논쟁의 핵심은 '나는 누구이며 어디로부터 와서 어디로 가는가?'라는 질문이다. 존재의 본질에 대한 논의에서는 존재의 절대 무변과 상시 변화에 대한 논쟁이 중심이었다. 존재와 대립하는 생성이란 개념은 고대 그리스의 헤라클리투스(Heraclitus of Hephesus)가 B.C. 6세기, 세상에는 변화와 생성 이외에 어느 것도 변함 없이 그대로 있지 않다고 주장했다.

파르메니데스(Parmenides of Magna Grecia)는 이에 대응해 개체가 살아가는 과정에서 보이는 생성 변화는 허상이며 대자연 속에는 절대진리인 순수 완벽하고 영원한 존재가 있다고 반박했다. 생성의 의미에는 '…으로부터, …을 향하여, …으로 변하는'과 같은 '운동'과 '발전'이라는 뜻이 내포되어 있으며, 변하는 시공간에서 일어나는 일체의 사상을 의미한다. 그리스 철학에서 생성의 본질은 '어제의 강물을 다시는 만날 수 없다'는 개념으로부터 이어지는 흐름이다.

생성의 기본은 변화다. 모든 것이 변한다는 논리이기에 절대성을 믿는 이들에게는 이에 대한 반발이 생기고 변화하지 않는 존재를 상

고갱 <우리는 어디서 왔고, 어디에 있고, 어디로 가는가>

정하지 않을 수 없었다. 생성에는 반드시 목적지가 있어야 한다고 생각했기 때문이다. 생성이 무한정 무작위로 진행된다면 존재의 의미가 없어지고 여러모로 불편해질 것이라고 인식했다. 플라톤은 그의 저서 『티마이오스』에서 조물주(造物主)를 설정해 이상적인 영원한 세상과 인간이 노력하는 세상으로 구분, 존재와 생성을 함께 수용하는 제안을 했다.

기독교가 주도했던 중세에는 플라톤의 목적론적이고 결정론적인 존재 인식이 수용되었고 당시 철학과 사상계를 주도했다. 근대에 이르러 철학자 니체는 고대 그리스 헤라클리투스의 주장을 적극적으로 수용, 이러한 사고에 전환을 가져왔다. 그는 기존의 대부분의 철학자들이 존재를 세상의 실체로 가정하고 생성 변화에 대한 두려움을 회피하기 위해 비겁하게 안락한 영원의 세계를 설정했다고 비판했다.

다윈의 진화론: 변화와 적응

존재에 대한 다양한 이론들을 통합하고 매듭짓는 결정적인 사건은 생물학계에서 발생했다. 바로 다윈(Charles Darwin)의 등장이었다. 그는 자연생태계에 대한 엄청난 양의 직접적인 관찰과 근거를 중심으로 한 논리적 추론을 내세워 생물체가 환경의 변화에 적응을 통해 적자생존(適者生存)한다는 진화론을 발표했다.

찰스 다윈

이후 진화론은 문명세계에 인간의 존재에 대한 근원적 개념을 새롭게 하는 분기점이 되었다. 실제적 관찰과 논리적 사고를 우선하는 학문적 풍조를 일으켰으며, 추론과 목적론이 주도했던 생물학계에 혁명적인 선풍을 일으켰다. 다윈 이전에도 진화를 주장한 학자들이 있었지만 다윈의 진화론이 미친 파급효과가 결정적인 이유는 어느 누구도 반박할 수 없는 방대한 실제 관측 자료 때문이었다. 현대적 의미의 과학적 분석은 미흡하지만 그가 발표한 『종의 기원』에서 생명체의 다양한 종(種)이 창조주에 의해 처음부터 결정되어 만들어진 것이 아님을 분명하게 한 주장은 탁월한 소견이었다.

진화론의 핵심은 환경의 변화에 적응해 생존경쟁에서 살아남은 것들만 자연선택되어 새로운 종으로 진화한다는 것이다. 기독교적 목적적인 결정론의 생명관이 팽배해 있던 당시로서는 충격적인 발상이었다. 그는 철학의 영역에 머물러 있던 생물 종의 다양성과 그 기원을 기존의 창조주에 의한 의도적 행위가 아닌 적응과 생존경쟁의 논리로 설명했다. 생명의 본질이 변화에 대한 적응이고, 적응을 잘한 개체가 결국 살아남는다는 이 이론은 적응의 단순한 기능적 변화뿐 아니라 개체의 형태적·유전적 변화를 내포한다는 의미에서 생물학계에 혁신적인 변화를 가져왔다.

창조적 진화

오랫동안 풍미되어 온 생명의 생기론(生氣論)은 다윈 이후 더 이상 언급하는 것이 금기시되었다. 그런 시점에 베르그송(Henri-Louis Bergson)이 생철학(生哲學)을 주장하면서 존재와 생성의 관계가 새롭게 인식되었다. 그는 대철학자인 칸트에 의해 단절된 자연과학과 형이상학 사이를 소통하는 역할을 했다는 평을 받고 있다. 자신의 저서인 『창조적 진화(Creative Evolution)』에서 데카르트(René Descartes)의 정신과 물질의 이원론을 계승하면서도 두 관계를 자신만의 독자적인 관점에서 해명했다. 변화의 근원인 시간이 공간화된 시간이 아닌 참된 시간으로 지속한다고 제안했다. '있다'는 것은 오직 우리의 체험을 통한 경험이나 느낌으로만 알 수 있으며, 현재라는 의식 속에는 과거나 미래도 모두 포함되어 있다고 했다. 그래서 모든 것이 변하는 현재의 시간이야말로 우주의 가장 본질적인 것으로 보았다.

베르그송은 인간과 사회에 대해서도 '시간', '변화', '운동'에 중점을 두고 재해석했다. 폐쇄적인 종교는 사라지고 개방적 종교가 필연적으로 살아남으며, 도덕 역시 고정되어 있는 기존 체계보다 시시각각 변화되어 가는 유기체적 도덕의 우수성을 제창했다. 폐쇄된 사회보다는 변화하고 움직이는 '열린 사회'를 주장했다.

베르그송은 기계론과 목적론을 모두 비판하면서 생물체 진화에 생의 비약(life force)을 통한 창조적 진화라는 개념을 도입했다. 생명의 진화는 결코 기계론적인 수동적 적응도 아니고, 목적론적인 능동적 적응도 아닌 창조적 적응이며, 생명체는 피동적·피창조적 존재가 아니고, 우연의 선택에 따르는 적응의 결과도 아니라고 보았다. 생명은 스스로 자체의 능력에 의해 진화하는 존재라는 생철학이 부활하면서 생성의 의미와 현재의 가치가 중요시되고, 변화가 바로 생명의 본질임이 다시 부각되는 계기가 되었다.

이러한 존재와 생성, 그리고 변화와 적응이 제기하는 숙제는 과연 인간의 수명, 특히 최대수명이 연장될 수 있는가? 그리고 인간의 생존과 삶의 패턴이 얼마나 달라질 수 있는가를 예측하는 데 있다. 과학의 발달에 따라 인간의 수명을 무한대 연장할 수 있을까? 이는 결코 막연하고 모호한 질문이 아니라 이미 제기된 구체적 상황이다.

3. 초인의 등장

니체(Friedrich Nietzsche)가 한 '신은 죽었다(Gott ist Tod)'라는 말은 처음에는 매우 불경스럽게 들려 상당한 반감을 불러일으키는 것이 사실이다. 일방적으로 유물론적인 논지로만 세상을 본다는 생각 때문이다. 그러나 이 말은 염세적 사고가 아니라 인간의 존재성에 대한 강한 자부심과 책임감 표출의 반어적 표현이다.

18세기 들어 산업사회로 전환되고 인간 사회에 엄청난 변화가 일면서 인간 본질에 대한 의문이 제기되었다. 이에 대한 철학적 탐구가 진행되면서 데카르트의 기계론적 생명관이 주도하자 상당한 철학자들은 이를 수긍할 수 없었다. 그들은 인간의 실존에 대한 새로운 탐구와 도전을 시작했다. 키에르케고르(Søren Aabye Kierkegaard)는 인간은 '이것이냐 저것이냐(Entweder Oder)'의 갈림길에서 존재로서 자아의 중요성과 자아가 세계와 맺어야 하는 관계를 강조했다.

하이데거는 인간의 존재성을 현존재(現存在), 공존재(共存在) 그리고 죽음으로의 존재(Sein zum Tode) 개념으로 정리하고 인간은 시간적 한계 속에서 선택할 수 없는 숙명을 지니고 있다고 주장했다. 이러한 상황에서 니체의 등장은 신선했다. 고대 문헌을 전공한 그는 다양한 고전과 신화를 숙독하고 검토하던 중 계시를 받았다. 『짜라투스트라는 이렇게 말했다(Also sprach Zarathustra)』라는 저술에서 조로아스터교의 전통에 특별한 관심을 기울였고, 인간은 선과 악의 기로에서 스스로 선택해야 하며, 선택의 결과를 신의 탓으로 돌려서는 안 되고 자신의 책임으로 받아들여야 한다고 제창했다. 엄정한 결정을 통해 올바르게 살아간다면 생명은 유한하고 고정되어 있는 존재가 아니라 얼마든지 변하고 새로워질 수 있는 생성체가 될 수 있다고 주창했다. 그러한 상태의 인간을 초인이라 부르고 자신의 강한 의지로 결정할 수 있는 힘을 지닌 인간 능력의 극대화와 생명의 회귀성을 찬양했다.

니체는 결코 허무주의자가 아니었다. 인간은 각자가 초인으로서 자신의 운명을 철저히 책임지고 사랑해야 한다는 운명애(運命愛, amor fati)를 갈파했다. 자신의 책임하에 운명을 이겨나가면 초인이 될 수 있다는 니체의 주장이 다시 빛을 본 것은 20세기가 지나면서다.

원래 세상 만물의 존재성에 대해서 가변성을 부각한 철학자는 그리스의 헤라클리투스다. 그는 『자연에 대해(About Nature)』라는 저술에서 '모든 것은 강물처럼 변한다.'라고 언급했다. 어떤 것도 그대로 있을 수 없고 반드시 변하며, 세상 어떤 것도 어제의 자리에 어제의 모습으로 남아 있을 수 없기 때문에 변화를 받아들이고 이에 대처해 살아가야 한다는 주장이었다. 존재의 고정성에서 탈피, 변화에 의한 생성을 주창하며 생성은 발전과 진화를 위한 바탕이 될 수 있다고 보았다.

헤라클리투스의 이러한 개념은 당시에도 절대불변의 영원한 존재를 믿었던 파르메니데스로부터 격렬한 비판을 받았고, 이후 플라톤 철학을 이어받은 기독교 시대에는 냉대를 받을 수밖에 없었다. 특정 존재의 절대성을 신봉하는 것이 중요했던 시기였기 때문이다. 니체는 헤라클리투스의 생성 개념을 승계해 혼돈의 세계에서 생성을 통한 변화와 혁신이 세상을 이끄는 원동력이라고 설파했다. 이런 철학적 개념은 21세기 들어 인간이 만든 인공지능이 인간의 능력을 추월할 수 있지 않겠느냐는 위기감이 고조되는 상황에서 다시금 부각되기 시작했다.

특이점 논쟁

초인 개념이 21세기 들어 새롭게 부각된 것은 과학기술의 혁명 때문이다. 그동안 니체의 주장은 기독교계의 강한 비판을 받아 왔고, 정치적으로는 나치즘이나 파시즘의 사상적 배경이라는 의혹을 사면서 많은 저항과 거부감이 일었다. 특히 니체의 이론을 선호한 히틀러가 이를 원용해 아리안족의 선민의식을 강조했다 하여 논란을 야기하기도 했다. 더욱이 니체가 주창한 생명의 회귀성이나 초인 개념은 현실성이 없는 사념 속의 억지 주장에 불과하다는 강한 비판을 받았다.

그런데 최근 과학기술, 전자공학, 컴퓨터공학 그리고 생명공학의 비약적 발전에 따라 인공지능이 발전하고, 특이점(Point of Singularity)의 도래가 주창되면서 니체의 철학적 개념들이 새롭게 해석되었다.

특이점은 문명의 발전과정에서 가상 지점을 뜻하는 용어다. 기술의 변화 속도가 가속화하면서 그 영향의 범위가 넓어져 인간의 생활이 되돌릴 수 없을 정도로 변화되는 시점을 뜻한다. 물리학에서 말하는 완전히 새로운 세상이 열리는 빅뱅이나 블랙홀이 그런 개념이다. 실제로는 수학적으로 일정 값을 점점 작은 수로 나누기 시작해 제로에 가까운 수로 나누면 거의 무한에 가까워지며, 막상 제로로 나누게 되면 바로 무한이 되어 숫자가 없어져 버리는 상황과 같은 의미가 바로 특이점이다. 어떤 한계가 지나면 과거와는 전혀 다른 새로운 세계, 즉 사상의 지평선을 넘어서게 된다는 것으로, 미래학자 커즈와일(Ray Kurzweil)이 『특이점이 온다(Singularity is Near)』라는 저서에서 주창하여 많은 관심을 끌고 있다. 그는 특이점은 인공지능의 발달이 인간의 지능을 추월하게 되는 시점을 지칭하며, 그러한 시기가 21세기 중반경에는 도래할 것으로 주장했다.

특이점주의자들 주장의 근거는 GNR(유전공학Genetic Engineering, 나노공학Nanotechnology, 로봇공학Robotic Technology)의 발전에 있다. 이러한 기술들의 발전으로 인공지능 기술이 진보하고 인간지능이 확장되며 광범위한 데이터베이스 활용이 가능해지고 유전자 제어도 가능해진다고 보았다. 결국 특이점이 올 수밖에 없다고 생각하는 객관적 근거는 반도체와 정보기술의 발전 속도가 무어의 법칙(Moore's Rule)보다 더 빠른 속도로 진행하고 있다는 것이다. 단순한 집적기술에서 퀀텀 컴퓨팅, 3D 집적, 뉴로모픽 칩(neuromorphic chip) 등 전혀 새로운 기술의 등장으로 IT 기술의 발전은 예상보다 훨씬 빠르게 진행되고 있다. 로봇이 인간의 역할을 대체할 수 있게 된다는 점이다. 단순히 기계적 역할뿐 아니라 현장에서 직접 판단하고 대응하는 역할을 하며 인간들과의 교감도 이루어질 수 있기 때문이다.

또한 인간에게 직접적으로 유전적조작을 적용하는 술기가 가능해져가고 있다. 새롭게 개발된 Crispr Cas9이라는 유전자조작 방법은 정확도와 정밀도에서 과거 유전자조작의 문제점을 크게 개선함으로써 활용 가능성이 부각되고 있다. 그러나 이러한 가능성에 대해서는 부정적 시각과 비판도 극심해 기술적 한계성은 물론 종교적이고 윤리적인 문제가 심각하게 거론되고 있다.

특이점 과학과 초인의 부활

과학기술의 발전에 따라 특이점이 온다면 지금까지와는 전혀 다른 모습의 인류가 등장할 것이다. 인체의 모든 장기와 조직 부위를 인공물로 대체해 생체 기능을 극대화하고 수명을 연장하는 사이보그를 트랜스휴먼(Transhuman)이라고 한다. 이미 세상에는 트랜스휴먼에 준하는 각종 의료공학적 대체물로 보완된 사람들이 흔하다. 더 나아가 인간의 지능마저 인공지능으로 대체하게 될 경우 전혀 다른 차원의 인류가 생길 것이고 이를 포스트휴먼(Posthuman)이라 하여 새로운 인류의 도래가 예상되고 있다.

트랜스휴먼이나 포스트휴먼의 등장은 그동안 인간에게 주어진 신체를 최선을 다해 가꾸고 돌보아 오래 유지하고자 노력해 온 인류에게는 매우 충격적이고 혁명적인 사건이 아닐 수 없다. 실제로 드라마와 영화의 주인공으로 인기를 끌었던 600만불의 사나이, 원더우먼, 슈퍼맨, 로보캅, 아이언맨, 배트맨은 트랜스휴먼과 포스트휴먼의 출현이 낯설지 않게 한다. 이런 상황에서 특이점주의자들은 과학기술의 혁신적 방법에 의해 인류를 변화시킬 수 있다는 가능성의 철학적 근원으로 니체의 초인과 영원 회귀성 개념을 수용한다. 인간이란 존재로 정체되는 것이 아니라 새로운 후생인류로 생성되어 가고 있다는 게 그들의 주장이다.

이러한 세상이 도래하면 인간의 불로장생 개념은 전혀 다른 차원으로 바뀔 수밖에 없다. 실제로 그러한 세상이 점점 다가오고 있음을 부정할 수 없기에 더욱 미래에 대한 대비가 절실한 것이다.

영생 추구

특이점이 거론되고 초인의 개념이 등장하면서 인류에게도 죽음의 극복 또는 영생의 가능성이 대두되었다. 인간이 죽음을 피하고 영원히 살 수 있다는 생각은 매우 도전적이다. 그동안 인류가 추구해 온 불로장생은 결실을 맺지 못한 채 수많은 시행착오를 겪었다. 엄청난 경제적 낭비와 인적 소모를 가져왔으며 수많은 허위의 사건들이 지배층을 기만하고 민중을 현혹해 왔다. 이러한 논쟁이 보다 구체화되고 과학적 논거를 가지게 되면서 새로운 국면으로 들어섰다.

인간이 선사시대 이래 영생을 추구해 온 것은 성취 여부를 떠나 엄연한 역사적 사실이었다. 사람들이 불멸의 존재가 되기 위해 취해 온 방법은 실제 불멸성과 상징적 불멸성으로 나누어 볼 수 있다.

실제 불멸성(Literal Immortality)이란 육체적으로 결코 죽지 않거나 자신의 어떤 핵심 부위가 죽은 후에도 살아남는다는 믿음이다. 연금술이나 사후 세계나 영혼의 세계를 믿는 것이다. 상징적 불멸성(Symbolic Immortality)은 자신이 숨을 거둔 뒤에도 어떤 존재의 일부로 남거나 자신을 나타내는 상징적 자취가 영원히 지속된다는 믿음이다. 인류가 문화적으로는 어느 정도 상징적 불멸성을 성취했다고 인정할 수 있겠으나 실제 불멸성의 성취는 요원하다.

불멸을 논의하려면 '영원'의 의미를 분명히 해야 한다. 영원(eternity)은 무한정 또는 정할 수 없는 시간을 의미한다. 고전 철학에서 영원은 시간과 공간 밖에 존재하는 것이며, 일반적인 의미의 영원은 영구(sempiternity)에 해당한다. 영원은 뱀이 꼬리를 입으로 물고 있는 '우로보로스(Ouroboros)'라는 형태로 상징화되고 있다. 티베트 불교에서는 '무한한 매듭(Endless Knot)'을 영원의 상징으로 한다. 수학적으로 표기할 때는 8자를 옆으로 누인 형태(∞)다.

우로보로스

한편, 영생(Eternal Life)이란 개념은 기독교 신앙에서 강조한 것으로, 인간을 구원해 사후 부활함으로써 신들과 함께 영원한 삶을 살게 하는 것이다. 죽게 되면 육체에서 영혼이 분리되었다가 예수가 재림하는 구원의 때에 새롭게 환생해 영원히 천국에서 살게 된다는 믿음이다. 영생을 추구하는 기독교에서도 교파마다 죽은 다음 천국으로 가는 방법이 다르다. 가톨릭에서는 초자연적인 공간으로 연옥이 있다. 비록 문제없이 죽더라도 생전의 죄를 완전히 사면받지 못한 채 죽은 자의 경우 정죄 기간을 가지는 장소다.

하라리(Yuval Harari)는 『사피엔스(Sapiens)』라는 저서에서 인류 역사 발전이 인지혁명, 농업혁명, 산업혁명, 정보혁명의 순으로 이루어졌다고 논증하고 그 다음 단계로 미래 인류의 모습을 '호모 데우스(Homo Deus)'로 그렸다. 그는 과학기술의 발전으로 인간이 수명한계를 극복하고 공간을 제어하게 되면 죽음이라는 운명에서 해방될 수 있을 것이라고 설파했다.

서양철학에서 인간과 신이 차별화되는 가장 중요한 요소는 죽음에의 종속성 여부다. 인간이 신에 버금가는 신체적 능력을 갖추는 것이 가능할 것이라고 상상해 길가메시, 헤라클레스, 아킬레스와 같은 반신반인의 강한 인간을 신화시대부터 등장시켜 왔다. 그러면서도 죽음이라는 운명에 대해서는 신은 죽음으로부터 자유롭기 때문에 영생을 할 수 있지만 인간은 결코 죽음을 피할 수 없다고 보았다. 인간이 신에 버금갈 만큼 수명을 연장해 죽음에서 벗어난다면 신의 영역으로 진입, 더 이상 호모 사피엔스가 아닌 호모 데우스로 바뀐다는 것이다. 이와 같이 인간과 신의 경계였던 수명한계가 허물어져 무한한 시간과 공간으로 인간의 역량을 확장할 수 있게 되면 인류는 호모 데우스 상태로 현재와 차원이 전혀 다른 새로운 세상에 들어설 것이다.

제8장 노화학설의 백가쟁명

생각하건대 모든 변화의 근본은 하나의 음양일 따름입니다.

기(氣)가 움직이면 양(陽)이 되고, 멈추면 음(陰)이 됩니다.

한번 움직이고 한번 멈추는 것은 기(氣)이고,

움직이게 하고 멈추게 하는 것은 이(理)입니다

— 율곡 이이 「천도책」

1. 불로장생 추구의 흐름

인류가 지상에 출현하면서부터 지녀 온 가장 큰 욕망은 죽지 않고 오래 사는 것이었다. 생존은 생명체의 일차 염원이지만 더 큰 욕망은 보다 오래 살아남는 것이었다. 온갖 위해환경 속에서 목숨을 부지하고, 가족과 자손을 보존하는 일차적 목표를 넘어 생활이 안정되자 보다 오래 살기 위해 많은 노력을 기울였다.

역사시대 초기의 기록이나 신화는 대부분 불로장생을 바라는 내용이었다. 호모 사피엔스가 다른 영장류와 차별화되는 것은 죽음을 신성시하고 단순한 세상과의 결별이 아닌 연속적 과정으로 받아들인데 있다. 의례를 통해 이승과 다른 저승을 설정하고 다시 만나서 함께 살아갈 수 있기를 기원했다. 또한 죽지 않고 영원히 젊은 삶을 상상하면서 신화를 창조하고 종교를 창안했다. 신화적 상상을 단계적으로 발전시켜 다양한 연단술과 연금술 등의 술법을 통한 수명연장 방안을 개발하는 데 총력을 기울여 왔다.

하지만 이러한 술기가 제대로 발전하기까지는 오랜 시간을 기다려야만 했다. 생명의 본질에 대한 본격적인 연구개발이 이루어지기까지 많은 시행착오가 있었기 때문이다. 근대에 이르러 생명의 본질인 유전자의 정체가 밝혀지고 이를 제어 조정할 수 있는 방법들이 개발되면서 인류의 불로장생의 염원은 새로운 전기를 맞이했다. 그러나 이러한 노력에 제동이 걸린 것은 아직도 '인간은 왜 늙는가?'라는 노화의 본질에 대한 이해가 제대로 이루어지지 못하고 있기 때문이다.

2. 노화속도의 측정

노화의 본질에 대한 본격적인 논의에 앞서 중요한 문제는 노화의 속도를 객관적으로 측정할 수 있는 도구가 아직 만족스럽지 못하다는 점이다. 우선 노화속도의 척도로 '수명비교'가 거론된다. 인류 역사는 수명 30~70세 시대를 거쳐 현재는 80세 시대를 맞이했다. 이 상황에서 수명 30세 시대의 30세인 사람과 수명 80세 시대의 30세인 사람의 노화 패턴이 같을지, 다를지는 기본적 의문이다.

그러나 많은 증거에서 다르지 않다고 밝혀져 왔다. 그러면 체력 조건의 변화가 노화속도의 척도가 될 수 있을까? 실제로 임상에서 외모와 체력 상태 및 생리기능을 검사해 대상자의 연대적 연령과 다른 생리적 연령이 있다고 보고하고 있다. 그러나 이러한 연령의 상태는 생활습관이나 환경적 요인에 의해 언제든지 변화할 수 있기에 보편적 노화척도로 신뢰받지 못하고 있다. 이 밖에도 체온, 기억력 또는 생식력 등으로 비교하기도 하지만 너무도 많은 변수가 있어서 일괄 적용하기에는 만족스럽지 못하다. 개인의 노화속도를 측정해 제시하기 위해서는 보다 총체적인 생리적, 체력적, 신체구조적, 인지적 생체기능과 구조를 종합한 지표가 시급하게 마련되어야 한다.

반면, 집단을 대상으로 한 노화속도의 비교는 비교적 단순하다. 집단노화에서 제기되는 평균수명과 최대수명의 측정이 용이하기 때문이다. 특정 연령의 사망률 변화추이는 집단의 신체 상태를 밝혀주는 좋은 비교지표가 될 수 있다. 선진 산업국가에 사는 사람이나 잘 보호되는 환경에 사는 동물들은 태어날 때의 사망률이 높지만 바로 크게 떨어졌다가 이후 차차 증가해 나이가 많아지면서 급속히 증가한다. 그러나 야생 동물이나 미개발 발전도상국에서는 태어날 때의 높은 사망률이 떨어지지 않고 계속 높은 상태를 유지한다. 이러한 연령별 사망률 패턴은 집단의 노화속도를 비교하는 데 간접적인 척도가 될 수 있다.

남가주대학의 핀치(Caleb Finch)는 인간의 노화를 비교하기 위한 수학적 방법을 고안했다. 선진국 여성의 사망률 패턴을 사례로 보면 태어난 첫해는 사망률이 1,000분의 1이지만 10세가 되면 처음의 4분의 1로 줄어들고 12세부터 증가한다. 30대 초반이 되면 신생아와 같은 수준이 되고 이후 점차 높아지다가 연령의 증가에 따라 2, 4, 8, 16배와 같이 기하급수적으로 증가한다. 그래서 그는 사망률 배가시간(mortality doubling time)이라는 지표를 인간과 동물 집단의 노화속도의 척도로 이용할 것을 제안했다. 사망률 배가시간은 현대인의 경우 8년이며, 동물의 경우 쥐는 3개월이고 초파리는 열흘이다.

그런데 놀라운 사실은 이러한 사망률 배가시간이 인간의 경우 1980년대 미국 여성이나 제2차 세계대전 중의 오스트레일리아 시민 또는 자바섬에 포로로 잡힌 오스트레일리아인이나 상관없이 모두 8년으로 같았다. 오늘날보다 사망률이 150배는 높았을 것으로 추정되는 석기시대 인간의 사망률 배가시간도 역시 8년이라는 것이다.

다만, 인간의 경우 남성과 여성이 사망률에 일정한 차이를 보인다. 예를 들면 여아보다 남아의 임신 중 유산율이 높으며, 11~23세에 이르는 기간에 남성 사망률이 10배나 급속히 증가한다. 이후 줄어들어 결국 사망률 배가시간이 8년으로 귀착된다. 사춘기에 해당하는 이러한 남성 사망률 증가 시기를 '테스토스테론 치매기' 또는 '테스토스테론 독성기'라고 한다. 이는 여성의 생리현상과는 다른, 남성의 테스토스테론 급증에 따른 충동적 행동의 결과다. 이 기간 동안에 일어난 남성 사망의 2/3가 사고와 자살이다. 그러나 이후 남성도 여성과 사망률 배가시간이 동일해져 간다. 사회적 환경에 따라 사춘기까지의 사망률은 차이를 보이지만 성년 이후에는 일정해진다.

현대인의 노화

20세기라는 100년의 기간에 선진국에서는 기대수명이 30년 이상 급증했다. 인류의 기대수명이 20세기 초에는 50대를 넘지 못했는데 세기말에 80세에 육박한 것이다. 기대수명이 증가하면서 반대로 '인간의 노화속도가 늦추어졌는가'라는 의문은 매우 큰 숙제다. 수명에 영향을 준 환경이나 생활방식의 변화가 노화속도를 지연시킬 수 있었는지 의문을 가지지 않을 수 없기 때문이다.

수명 패턴을 분석해 보면 근대를 지나 현대에 이르면서 가장 큰 차이는 유아와 소아기의 높은 사망률인 초기 사망률에 있다. 선진국에서 영아 사망률이 1%밖에 되지 않을 때 브라질 열대우림 원시족의 영아 사망률은 50%였다. 성인 이후의 사망률 배가시간의 차이는 크게 부각되지 않고 있다. 인간 수명의 차이는 환경요인에 의한 것이지 생물학적으로 인간이 노쇠하는 속도에 차이가 나서 그런 것은 아니라는 점이다. 수명 30세 시대 30세가 수명 80세 시대의 80세와 같을 수는 없다는 것이다.

종합해 보면 인간은 수천 년 동안 수명을 연장할 수 있을 만큼 환경생태를 개선하는 데 성공했으나 노화속도를 개선하는 데는 성공하지 못했다고 볼 수밖에 없다. 그러나 개인별 노화속도에는 차이가 있다고 인정하지 않을 수 없다. 여성의 경우 폐경 연령이나 최종 출산연령 등의 현저한 차이가 보고되면서 노화속도의 개인별 차이에 대한 원인 분석에 새로운 관심이 기울고 있다.

3. 인간이 늙어야 하는 이유

노화가 일어나는 이유를 논의함에 앞서 생명체로서 노화현상의 목적이 무엇일지 살펴보고자 한다. 생명체가 보여주는 대사적 특성은 완벽함에 있다. 체내에서 진행되는 모든 대사 과정이 무리없이 최고 효율성과 무오류의 조화를 이루면서 진행된다. 뿐만 아니라 생체 구조 역시 순환계, 호흡계, 내분비계, 근골격계, 소화계, 뇌인지계 어느 것 하나 군더더기 없이 유기적으로 작동하도록 갖추어져 있다. 신체의 구조와 기능은 철저한 제어와 조정을 통해 생명현상을 원활하게 이끈다. 따라서 나이가 들면서 초래되는 노화현상 역시 어떤 의미에서는 목적에 맞는 이유가 있을 것으로 기대되었다.

'인간은 늙어야만 하는가?'라는 질문에 답하기 위해 목적적 측면에서 거론되는 대표적인 이론으로 종의 이익 이론, 생명활동속도 이론 그리고 노화의 진화 이론이 있다.

종의 이익 이론은 생명현상이 보편적으로 이익이 되는 방향으로 간다는 가정하에 노화가 개체에게는 아니더라도 적어도 전체에게라도 이익이 될 수 있으리라는 것이다. 노화와 죽음을 통해서 새로운 유전자 조합에 의한 세대교체가 이루어질 수 있기 때문이라고 보았다.

그러나 이 논리는 노화와 죽음을 혼동하고 늙지 않는 개체는 영원히 살 것이라는 가정을 하고 있어 옳지 못하다. 개체에게 이익이 되는 것이 반드시 개체군 또는 종에 이익이 되지는 않으며 대립이 일어나기도 한다. 개체의 무한 증식이 집단인 종의 자원 확보에 한계를 가져오기 때문이다. 대표적인 사례가 정상세포와 암세포와의 관계다. 암세포의 무한 증식과 불멸이 개체에는 크게 불리하게 작용하기 때문이다. 따라서 이 이론은 배제될 수밖에 없다.

생명활동속도 이론은 에너지 소비속도와 그에 따른 생화학 반응의 속도가 노화를 일으키고 조절한다는 것이다. 이 이론의 바탕에는 생명은 본질적인 측면에서 생화학적 결함이 있어 자기제한적이며 파멸적 운명을 지닌다는 개념이 있다. 독일의 루브너(Max Rubner)가 동물의 에너지 사용 패턴을 알면 성장과 노화속도를 설명할 수 있다고 발표했다. 다섯 가지 동물을 대상으로 측정한 결과 체중과 수명 간의 상관관계를 보고했다. 예를 들면 450g짜리 기니피그와 450kg의 말 사이에는 체중 차이가 1,000배 나지만 수명은 기니피그 6년, 말 30년으로 조직의 그램당 에너지 소비는 거의 유사하다고 한다. 이후 대사속도를 제한하면 수명을 연장할 수 있다고 가정해 냉각한 실내에서 키운 곤충이 더 오래 산다든지, 차가운 물에 살게 하면 물벼룩이 더 오래 산다는 등의 발표가 쏟아져 나왔다.

존스홉킨스대학의 펄(Raymond Pearl)은 '게으른 사람이 가장 오래 사는 이유'라는 칼럼을 발표해 화제를 불러 모았다. 변온동물이 사는 온도를 낮추어 에너지 소비속도를 떨어뜨리면 더 오래 산다는 점, 영국의 직업군별 수명 자료에서 광부와 같이 심한 육체노동을 하는 사람들이 변호사나 성직자에 비해 사망률이 높다는 점 등을 예로 들었다. 노동의 조건이나 생활환경의 차이에 의한 단순한 대사속도의 차이가 수명 결정요인임을 강조한 것이다.

새처(George Sacher)는 포유류의 체중, 대사속도, 수명 등을 정밀하게 측정, 상호 간의 연관관계를 규명해 체중 증가와 함께 수명이 증가하는 요인은 대사속도가 떨어지기 때문이라고 했다. 반면, 코넬대학의 맥케이(Clive McCay)는 노화속도가 대사속도보다 성장속도에 기인한다는 주장을 했는데, 적게 먹어 성장이 지연되면 수명이 연장된다는 새로운 의견이었다. 이후 체중, 식사량, 수명, 대사속도들을 연계해 노화를 설명하는 주요 이론이 되었다.

하먼(Denham Harmon)은 대사가 증가하면 부작용으로 유해산소가 많이 발생해 생체 조직이 손상되어 노화가 초래된다고 제안, 생체활동속도 이론에 힘을 실어주었다. 그러나 이들 이론에 대한 반증들이 차차 쏟아져 나왔다. 간단한 예로, 동일한 체중을 가진 포유류인 쥐와 박쥐의 수명 차이가 10배 이상 나며, 유대류의 대사속도는 같은 크기 포유류의 70~80%에 불과하지만 수명은 짧고, 조류는 대사속도가 포유류의 2배 이상 되지만 수명은 같은 체중의 포유류에 비해 보통 3배 이상 된다는 반증들이 나왔다.

인간의 경우, 체구를 비교할 때 유사한 동물보다 수명이 4배 이상이나 된다. 하지만 실제 대사속도는 일반적 포유류가 일생 동안 조직 1g당 200~300칼로리를 소비하는 반면 인간은 800여 칼로리를 소비하고도 가장 오래 산다는 사실도 지적되었다. 인간의 특성을 설명하기 위해 인간이 털이 없는 점, 엄지손가락이 발전한 점, 그리고 뇌가 크다는 점을 일부 학자들이 강조해 부연하기도 했지만 이러한 설명에도 불구하고 노화의 생명활동속도 이론은 점차 그 위상이 떨어지고 있다.

진화에 의한 노화이론의 시작은 홀데인(J. B. S. Haldane)에서 비롯된다. 불완전한 유전자의 영향력이 헌팅턴병 유전자처럼 중년이 되어서야 드러난다면 일생 동안의 생식에 미치는 영향이 적을 수밖에 없기에 그러한 유전자를 제거하는 자연선택의 효력은 높지 않을 것으로 예상했다. 이런 개념을 노화에 구체적으로 적용한 사람은 메다워(Peter Medawar) 박사다. 생애 후반기에 작용하는 유전자에 자연선택의 힘이 약해지는 현상이 노화의 진화에 미치는 영향을 두 가지 가능성으로 설명했다. 하나는 생애 후반에 신체에 영향을 미치는 유전자들은 자연선택의 영향을 적게 받으므로 유해한 유전자일지라도 자연선택에 의해 제거되지 않을 것이다. 이런 유전자는 결국 생애 후반에 신체의 다양한 부위에 나쁜 영향을 줄 것이다.

다른 하나는 복합적인 영향을 미치는 유전자들이 있다는 것이다. 자연선택의 영향이 강한 생애 초반에는 유익한 영향을 미치지만 자연선택이 약한 노년에는 해로운 영향을 미치더라도 이를 자연선택이 제거하지 못할 것을 주장하면서 노화의 진화설을 부각시켰다. 윌리엄스(George Williams)는 이러한 이론을 한 단계 발전시킨 유전자의 길항적 다면성(antagonistic pleiotrpy)을 발표해 노화이론을 새롭게 했다. 어떤 유전자가 생애 초기에는 생체에 유익한 작용을 하지만 노년에는 유해한 작용을 해 동일한 유전자라도 생애주기에 따라 생체에 미치는 영향이 크게 달라질 수 있음을 주장했다.

예를 들면, 칼슘이 젊어서는 뼈를 강화하고 중요한 기능을 하지만 늙어서는 동맥경화를 유도하는 현상이 있다. 또한 테스토스테론의 경우, 젊어서는 활동성을 증진하고 생식능력을 높여주지만 나이가 들어서는 면역계를 억제하고 전립선암이나 동맥경화를 촉진하는 점 등을 사례로 들 수 있다.

다른 예로는 p53유전자와 같이 젊어서는 암을 예방하는 효력을 발휘하지만 늙으면 조직 구성세포의 사멸을 통한 노화의 유도를 촉진한다고 보는 경우다. 이후 로즈(Michael Rose)는 초파리를 대상으로 세대를 거듭하면서 늦게 생산된 알에서 다음 세대가 태어나도록 12 세대 이상을 지속하자 보통 초파리에 비해 수명이 10% 이상 길어진 개체를 얻을 수 있었다고 했다. 이러한 성과들은 노화의 진화 이론을 수용하도록 이끌고 있다.

4. 노화 유발의 분자적 요인

생체에 노화를 초래할 수 있다고 공통적으로 인정되는 요인으로는 분자적으로는 생체분자와 조직을 녹슬도록 하는 주요인으로 생체 호흡에 없어서는 안 되는 산소에 의한 산화적 손상과 생체 대사에 필수적인 포도당에 의한 당손상이 대표적이다. 이들은 생명현상에 반드시 필요한 분자들이지만 부득이 생체에 손상을 초래할 수 있는 소지가 있기 때문이다. 생체에너지 방정식은 간단하다.

'포도당 + 산소 = 에너지 + 이산화탄소 + 물'

포도당과 산소는 생명에너지를 만드는 데 절대적이며 이 두 가지 필수요인이 생체노화를 초래하는 주범이기도 하다. 호흡으로 체내에 들어온 산소를 가장 많이 직접적으로 활용하는 세포 소기관은 미토콘드리아다. 그런데 대사를 위한 산소 이용 과정에서 부산물인 유해산소종 산소자유라디칼(H_2O_2, hydroxyl radical, singlet oxygen)을 생성할 수밖에 없다. 전체 산소 소모량의 2~5%가 자유라디칼을 생성해 세포내 DNA, RNA, 단백질, 지질, 당 등 모든 성분에 무작위로 산화적 손상을 초래할 수 있다.

UC버클리대학의 에임즈(Bruce Ames)가 추정한 바에 따르면, 자유라디칼은 세포내 DNA에 1일 1만 회 정도 손상을 준다. 인체의 세포 수 100조(兆) 개를 곱해보면 생체가 받는 유해산소 손상은 천문학적이다. 더욱이 생체 중요 구성성분인 철분이 펜톤반응(Fenton reaction)이라고 불리는 작용기전을 통해 유해산소종의 생성을 촉진한다.

유해산소종은 박테리아를 살균하는 데는 크게 기여할 수 있다. 식세포 속에서 생성된 과산화수소와 같은 약한 유해산소가 박테리아의 철분을 만나면 살균효과를 발휘할 정도로 강력해지는 유해산소종을 생성한다.

그런데 늙으면 식세포에서 과산화수소가 대량으로 방출돼 손상을 가속한다. 세포들은 정상적으로 이러한 유해산소를 제거하거나 생성을 억제하는 방어체계를 철저하게 갖추고 있다. 슈퍼옥사이드 디스뮤타아제(superoxide dismutase), 글루타치온 퍼옥시다아제(glutathione peroxidase), 카탈라아제(catalase)와 같은 효소와 글루타치온, 퍼옥시리독신(peroxyredoxin), 비타민 C와 E 등의 항산화성 물질이 복잡하지만 효율적인 시스템을 가동해 생체를 산화적 손상으로부터 보호하고 있다. 이러한 시스템이 원활히 작동하지 못하면 유해산소종이 세포와 조직에 손상을 일으켜 결국 노화를 초래하는 것으로 보고 있다.

포도당의 경우 1912년 프랑스의 마일라드(Louis Maillard)가 포도당과 단백질이 섞인 상태에서 열을 가하면 갈색으로 변하는 현상을 발견하고 이를 자신의 이름을 따서 '마일라드 반응'이라고 했다. 이 반응은 식품화학자들에게는 음식을 외관상 맛있어 보이게 하는 요인으로 알려졌다. 포도당의 카르보닐기가 단백질 구성성분인 아미노산의 아미노기와 화학적으로 결합해 황색이나 갈색으로 변하는 반응이다.

이런 반응이 생체 내 정상 체온에서도 일어날 수 있음이 발견되었다. 당뇨병 환자에게서 포도당이 헤모글로빈에 결합되어 있는 HbA1C와 같은 당화혈색소가 발견되어 당뇨병의 진행 정도를 진단하는 방안으로 이용되기도 한다. 세라미(Anthony Cerami)는 노화의 주범이 체내에 느린 속도로 일어나는 마일라드 반응에 의해 갈색화 산물이 축적되는 것이라고 주장했다. 당결합에 의해 생체 내에 생성되는 물질을 AGE(고도당화물질, Advanced Glycosylation Endproduct)라고 명명했다. 당과의 결합은 생체의 구조와 지지대를 이루는 단백질을 손상시킬 수 있다. 콜라겐의 경우 인대와 혈관벽, 피부 등을 이루는 유연한 단백질인데 당결합으로 그 기능을 원활하게 할 수 없게 된다. 생체 내 다른 생리작용을 하는 단백질들도 고도당화되면 기능을 제대로 할 수 없다. 이런 갈색화 산물이 신경섬유의 다발성 병변과 응집체인 플라크에서 발견되어 인과관계로서의 치매와의 상관성을 암시한다.

그러나 아직 생체에는 포도당에 의한 당화를 직접 억제하거나 저해하는 장치가 알려진 바 없다. 다만, 생체는 인슐린을 주인공으로 다양한 호르몬계를 가동해 혈당을 철저하게 유지하는 복잡한 항존성 시스템을 운영함으로써 혈액 내 또는 조직 내 고도당화를 방지한다. 이러한 시스템이 원활히 유지되지 못하면 노화가 촉진되는 것으로 보고 있다.

생체가 생명현상을 유지하기 위해서는 산소와 포도당을 반드시 소모해야 하는데, 산소와 포도당이 적절하게 조절되지 못하는 경우 생체에 위해를 가할 수밖에 없음이 밝혀졌다. 생명에 필수적인 물질들이 결과적으로 유해반응을 일으키는 필요악이 되는 현상으로 인해 생명유지 자체가 바로 노화의 요인이라는 가설이 제기되었다.

5. 노화학설의 난맥상

일반적으로 사람이 나이가 들어갈수록 더 건강해지고 더 커지고 더 강해지는 것을 자람(成長)이라고 한다. 그러나 어떤 나이를 지나면 갈수록 몸이 더 약해지고 기운이 없어지게 된다. 이를 늙음(老化)이라고 정의한다.

같은 나이 드는 현상에서 성장과 노화의 차이는 특정 연령의 한계점을 경계로 이루어진다. 영어 aging은 나이듦의 의미에서 가령(加

齡)으로 번역하기도 하고 늙음의 의미인 노화(老化)로 번역하기도 한다. 영어권에서도 의미의 혼선을 피하고자 노쇠(老衰)의 의미를 가진 senescence를 aging과 구별해 사용하기도 한다. 특정 연령부터 외모가 변하고 체력과 기억능이 나빠지고 생식능이 떨어지는 노화현상을 과학적으로 설명하기 위한 시도가 오랫동안 지속되어 왔지만 그 기전에 대한 구체적 결론은 내리지 못했다.

나이가 들면서 생명에 플러스적 변화가 오는 것이 아니라 마이너스적 변화가 초래된다는 점에서 노화현상은 '생물학적 역설(Biological Paradox)'이라고 주장하기도 한다. 1990년대 초 메드베데프(Zhores A. Medvedev)가 정리한 바에 따르면, 이미 300여 가지가 넘는 노화 관련 가설이 제기되었다. 이처럼 백가쟁명의 가설들이 존재하는 것은 여전히 노화의 본질에 대한 정설이 없기 때문이다.

노화를 설명하기 위해서는 우선 몇 가지 질문을 고려해야 한다. 노화현상이 생명체가 살아가는 과정의 필연적 변화인가, 우연적 변화인가? 생명체의 다양한 노화현상이 부분적 변화가 누적된 상향적(bottom-up) 결과인가, 일괄적으로 초래되는 하향적(top-down) 결과인가? 노화과정에서 번식과 생체 유지를 병행할 수 있는가, 아니면 상호 배치할 수밖에 없는가 등의 근원적 문제가 있다. 이러한 질문에 분자 · 세포 · 개체 · 사회환경 수준에서 다양한 설명과 가설이 제기되었지만 모두 노화현상의 일부만을 설명하는 데 그치고 있다.

우연이냐, 필연이냐

노화학설의 분류에서 가장 중요한 조건은 우연이냐, 필연이냐의 개념이다. 노화가 유전적으로 프로그램되어 필연적으로 결정된다는 이론과, 삶에서 환경으로부터 오는 스트레스에 의해 생체 내 구성물질들이 손상을 입어 초래된다는 이론으로 나눌 수 있다.

필연의 노화 프로그램설에는 수명 프로그램설(programmed longevity), 내분비 노화설(endocrine theory), 면역 노화설(immunological theory) 등이 있다. 수명 프로그램설은 모든 생명활동이 유전적으로 결정되듯 노화과정에서 초래되는 다양한 변화가 결국 유전적으로 결정되어 있다는 가설이다. 이 가설에서는 노화유전자의 규명이 가장 중요한 조건이다.

그동안 조로증에서 발견된 유전자들이 노화를 직접 유도하는 특정 유전자가 아닌, 정상적으로 작동하는 유전자가 돌연변이돼 노화를 초래하는 간접 노화유전자로 밝혀졌다. 대표적 조로증인 프로제리아(progeria)의 유전자로 발견된 *progerin*은 핵막기질의 laminA/C 변이가 일어난 유전자이고, 또 다른 조로증인 워너증후군(Werner's Syndrome)에서 발견된 *wrn*유전자는 DNA helicas의 변이된 형태임이 밝혀졌다. 노화를 직접 야기할 수 있는 직접 노화유전자는 찾아지지 않고 정상 유전자가 손상돼 노화가 초래되었다는 간접 노화유전자만 밝혀졌다. 이러한 상황에서 제기된 텔로미어 가설은 상당한 설득력을 얻어 생체의 수명을 결정하는 요인으로 거론되었다. 계대에 따라 크기가 줄어들 수밖에 없는 텔로미어가 세포의 노화를 촉진할 것으로 기대되어 왔으나 텔로미어 길이와 수명이 종간에 큰 차이가 있어 문제가 제기되었다.

내분비 노화설은 생체의 전반 기능을 총괄 제어하는 내분비선이 나이가 들어감에 따라 퇴화되어 결과적으로 호르몬 분비 감소가 노화를 초래한다는 가설이다. 이 역시 내분비선의 노화조건이 분명하게 밝혀지지 않아 이론에 한계가 있다.

면역 노화설도 마찬가지다. 나이가 들어감에 따라 면역계의 기능이 저하되어 생체 방어기능이 약해지면서 노화가 이루어진다는 가설이다. 특히 흉선의 퇴행에 따른 T세포 생성의 문제로 노화가 초래된다는 가설이지만 흉선의 조기 퇴행 원인은 알지 못하고 있다.

한편, 우연의 손상과오설에는 마모설(wear & tear theory), 활동률설(rate of living theory), 교차설(crosslinking theory), 유해산소설(free radical theory), 체세포돌연변이설(somatic mutation theory) 등이 있다.

마모설은 환경에서 비롯되는 제반 스트레스와 위해성 요인들에 의해 세포 내 물질이 손상되고 이를 수선 복구하는 기능에 한계가 있다는 가설이다. 마모 손상된 물질이 누적돼 노화가 초래된다는 것이다. 여기에는 각종 손상물질, 폐기물질의 누적이 강조되는데 대표적으로 지질단백질이 산화되어 응고된 리포푸신(lipofuscin), 뇌와 췌장 등의 조직에 침착되는 아밀로이드 등이다.

활동률설은 생체가 활동을 하면 할수록 문제가 발생하고 손상이 초래되기 때문이라는 가설이다. 특히 생체는 생애 중 사용할 수 있는 총 에너지에 한계가 있으므로 활동률을 조절해야 한다는 가설이다.

교차설은 나이가 들어가면서 생체 내 분자들이 교차결합을 형성한 결과 생체의 기능을 제한하고 형태를 변형시켜 노화를 초래한다는 가설이다. 이들 산화성 교차결합 물질은 단백질 분해효소에 의해 효율적으로 제거되지 못한다는 점이 중요한 근거다.

유해산소설은 생명현상에 필수적인 산소가 대사과정에서 사용된 양의 2~5%가 유해산소를 생성해 무작위한 산화를 초래해 결과적으로 세포손상의 주요인이 된다는 가설이다. 유해산소는 반드시 생체에 위해만 가하는 것이 아니라 증식 등의 중요한 과정에 필수적인 요소로 밝혀져 유용성과 위해성에 대한 개념이 달라지고 있다. 특히 항산화물질의 투여가 수명연장이나 노화 제어에 결정적 역할을 하지 못해 가설 자체가 비판의 대상이 되고 있다.

체세포 돌연변이설은 늙어가면서 여러 요인에 의해 체세포의 유전자군에 돌연변이가 초래되어 유전자가 정상적 조절과 기능을 하지 못하거나 그 발현이 달라져 노화된다는 가설이다. 그러나 노화에 따른 조직별 돌연변이율과 노화상태가 일치하지 않을 뿐 아니라, 부분적 돌연변이가 총체적으로 일정한 노화현상으로 귀착하지 않아서 역시 가설의 범위를 벗어나지 못하고 있다.

부분이냐, 전체냐

노화를 설명하기 위한 가설에서 제기되는 문제는 부분과 전체의 역할 분담이다. 노화가 세포의 부분적 변화에 기인하는가, 또는 생체 특정 부위의 노화가 결정하는가, 아니면 여러 가지 변화가 누적되어 세포 전체의 노화로 이어져 나가는가, 또는 생체 전체가 동시적으로 늙어가는가의 문제도 노화를 설명하는 데 중요한 걸림돌이다. 부분을 주장하는 측은 세포의 미토콘드리아, 리소좀, 세포막 등 개별 소기관의 노화가 중요하다며 각각 미토콘드리아 노화설, 리소좀 노화설, 세포막 노화설 등을 제창했다. 그리고 생체조직 중 뇌해마, 뇌내 분비선 특히 송과선, 뇌시상부, 뇌하수체 등의 노화가 궁극적으로 개체의 노화를 유발한다고 주장했다.

반면, 생체 전체 노화설을 주장하는 가설은 여러 가지 변화가 누적되어 개체가 통째로 노화된다는 가설이다. 예를 들면 호르몬이나 면역인자와 같은 생체 전신인자들이 생체 전체에 동시적으로 영향을 미쳐 노화가 된다는 주장이다. 그러나 노화효과의 요인으로서 부분과 전체 서로 간의 융합점을 찾는 작업은 아직 결론지을 수가 없다.

생식이냐, 생존이냐

노화의 또 다른 속성 중에 생식과 관련한 문제가 있다. 동물의 진화는 생식을 통해 대대로 이어져 선택과 적응의 과정을 거듭하면서 이루어진다. 생식을 마치면 대부분의 동물은 죽는다. 이를 통해 생식과 죽음이 서로 대체한다는 수명대가설이 등장했다. 생식을 통한 종의 번식을 위해 생식 후 희생하는 대부분의 동물은 생식기 이후의 삶이 짧을 수밖에 없다. 실제로 생식을 하지 않는 경우 수명연장의 사례는 많이 있다. 생식과 생존이 서로 대립하는 양상을 보여주는 것이다. 인간의 경우 생식기 이후의 생애가 점점 길어지면서 초래되는 노화는 인간에게 주어진 크나큰 생물학적 업보가 아닐 수 없다.

제9장 장수유전자 논란

아버지는 아들에게 옮겨진다

— 라틴 속담

노화기전을 유전적인 측면에서 설명하려는 노력은 아직 성공했다고 볼 수 없다. 조기노화를 초래하는 조로증 유전자들이 그 답이 될 수 있을 것으로 기대되었지만 진정한 노화유전자로 인정되지 못하고 있다. 현재로서는 노화유전자가 없다고 결론 내릴 수밖에 없다. 그러면 늙지 않게 하는 불로유전자는 있을까? 이 분야도 최근 논쟁이 일고 있다. 그 대신 장수를 결정하는 유전자는 있을까? 이 역시 아직 명쾌한 답을 내리기 어렵다. 그러나 '장수의 결정요인으로 유전자가 얼마나 중요한 역할을 할 것인가?'라는 질문은 유효하다.

기본적으로 어떤 생물의 장수도는 해당 종의 최대수명에 근접하게 생존한 경우로 정의한다. 특정 생물의 최대수명이란, 그 종의 확인된 개체 중에서 가장 오래 산 기록으로 정의한다. 흥미로운 사실은 생물의 최대수명은 그 생물의 평균수명과는 다르게 환경적 요인의 영향을 거의 받지 않고 일정하다는 사실이다. 일반적으로 인구의 고령화를 논의할 때 거론하는 평균수명은 개체의 출생 시 기대되는 수명과 유사한 의미이며, 이러한 평균수명은 시대적 상황, 생태환경 변화, 문화 발전 등에 민감한 영향을 받는다.

최근 전 세계적으로 평균수명이 빠르게 증가하는 경향을 보이고 있다. 미국과 유럽의 경우 평균수명이 단 1세기 만에 30년이나 급속 증가했는데, 인류 역사상 유례가 없는 일이다. 그동안 저개발 상태였던 아시아 지역도 최근 경제 성장과 더불어 고령화 속도가 빠르게 가속화하고 있다. 우리나라의 경우도 1960년에 52세였던 평균수명이 2008년에는 80세를 넘어 겨우 반세기 만에 30세가 증가했다. 이와 같은 사실은 적어도 지역의 평균수명은 환경, 생태, 사회적 시스템의 영향을 크게 받고 있음을 보여준다.

생물학적으로 흥미로운 점은 왜 수많은 동물이 각기 고유한 수명이 있으며, 동물의 종에 따라 왜 현저하게 차이가 나는가다. 비슷한 생태 여건에 살지만 종에 따라 수명이 제각각 다른 이유는 고유한 유전적 특성에서 그 해답을 찾는 것이 쉬울 것으로 기대되었다. 실제로 여러 종의 동물에서 이미 다양한 유전자가 장수와 관련 있을 것으로 밝혀졌다. 그러나 실제로 동물 간의 수명 차이에 영향을 줄 수 있는 것은 복잡한 유전적 특성과 재해, 기후, 사고, 질병, 가난 등의 환경요인도 중요하지만 결국 개체별 노화현상의 차이 때문이라는 주장이 제기되었다.

일반적으로 노화는 개체가 최대 생식능력을 발휘한 다음, 시간의 경과에 따라 적응력을 상실해 가는 과정이라고 정의되어 왔다. 그러나 이러한 적응력 상실을 구체적으로 측정해 노화의 단계를 표시할 수 있는 적절한 방법은 아직 없다. 보편타당한 생물학적 노화지표로 공인할 수 있는 시스템이 없다는 것은 그만큼 노화현상이 복잡하기 때문이다. 현재까지 거론되거나 활용되고 있는 대부분의 노화 측정 지표들은 노화에 따라 흔하게 나타나는 질병의 지표와 혼선을 일으켜 개체의 진정한 노화현상에 대한 평가는 아직 어렵다.

1. 수명한계와 노화

노화를 진화론의 기본 개념인 합목적적 프로그램에 의한 적응과 보다 나은 것을 선택하는 과정을 통해 이루어진 유전적 현상이라고 인정하기가 어렵다. 노화현상이 갖는 생물학적 이익이 분명하지 않으며, 노화현상은 대체로 생물이 생식능력을 상실한 다음 나타나는 현상이라 노화에 의해 선택된 개체의 특성이 차세대로 계속 이어져 나가기 어렵기 때문이다. 따라서 진화론적 측면에서는 자연도태를 회피한 유전자들이 영향을 미친 것으로밖에 볼 수 없다.

이러한 측면에서 노화유전자의 경우 길항적 다양성이라는 새로운 개념이 도입되었다. 젊을 때는 생체에 좋은 일을 하다가 늙으면 생체에 나쁜 영향을 미치는 유전자들 때문에 노화현상이 일어난다고 설명하는 개념이다. 실제로 많은 유전자들이 이와 같이 개체의 연령에 따라 다른 기능을 보인다는 점이 규명되면서 노화의 주요한 유전적 기전으로 새롭게 부각되고 있다. 이에 덧붙여 노화의 진화론적 논의 과정에서 새롭게 등장한 이론이 커크우드(Thomas Kirkwood)의 생체 희생설(Disposable Soma Theory of Aging)이다. 장수와 노화의 속도는 오로지 생체 보존과 번식이라는 대표적 현상 간의 거래에 의해 결정된다는 가설이다. 극적인 예로, 연어가 강을 거슬러 올라와 알을 낳고 죽는 현상에서 보듯이 생식과 생체 유지는 서로 교환되는 현상이라는 것이다. 자손을 얻으려면 자신은 결국 희생해야 하기에 수명이 결정된다는 이론이다.

반면, 대부분의 노화 가설은 생체 손상의 축적으로 노화가 초래된다고 보고 있다. 그러나 생체보호 시스템이 이러한 노화과정을 지연할 수 있을 것으로 기대해 생체의 수명을 연장해 주는 장수보장 유전자군이 있다고 가정한다. 이러한 유전자군은 개체의 성장이나 발육과는 상관없이 오로지 생체의 생존을 연장해 주는 것으로 정의된다. 환경적으로 초래되는 생체의 손상을 다양하게 수선하거나 보수·복원해 주는 유전자군의 활동을 강조하며, 진화적으로 이러한 유전자군의 선택이 노화속도를 조절하고 장수를 결정한다고 주장한다.

2. 장수와 노화 관련 유전자군

장수와 노화를 결정하는 유전자를 찾는 작업은 생명과학계의 중요한 핵심 과제 중 하나였다. 종간 수명이 다르고 동식물 간에도 수명이 다른 이유를 찾는 것 역시 매우 어려는 일이었다. 또한 수명을 비교하는 과정에서 생명체의 구성요소인 세포수명과 개체수명 간의 상관성을 찾는 과정도 간단하지 않았다.

세포노화라는 개념은 헤이플릭이 세포배양 시 계대 한계가 있다는 헤이플릭 한계를 발표하기 전만 해도 인정받지 못했다. 그전에는 노벨상을 수상한 카렐(Alexis Carrel)이 태아의 세포에서 분리한 체세포를 대상으로 무한정 계대할 수 있다고 주장한 가설이 주도했기 때문에 세포에 수명한계가 있다는 헤이플릭의 주장은 처음에는 인정받지 못했다. 대부분의 세포배양이 암세포를 대상으로 이루어졌고, 1951년 자궁암으로 사망한 여인(Henrietta Lacks)의 암 조직에서 유래한 HeLa 세포주가 지금까지도 무한정 번창해 수많은 생명과학과 산업발전에 활용되고 있다는 것은 세포의 무한한 생명력을 과시하는 대표적인 사례다.

정상세포가 일정한 수명을 가진다는 주장은 매우 신선한 충격이었다. 이후 이 이론이 인정되고 세포의 수명한계가 수용되면서 노화연구는 새로운 국면으로 접어들었다. 역발상으로 정상세포를 불멸화하는 방안도 추진되었다. 암유전자, 바이러스유전자, 텔로머레이즈 유전자 등을 이입하는 방법으로 정상세포를 불멸화 또는 암화할 수 있는 방안이 차례로 개발, 완성되었다. 이와 같이 영구적으로 계대할 수 있는 세포를 세포주(細胞株, cell line)라고 한다.

미국 NCI(국립암연구소) 임종식 박사는 바이러스성 T 항원과 암유전자 K-ras를 이입해 인간섬유아세포와 유각상피세포를 인위적으로 불멸화 및 암화하는 데 성공했으며 인체 암 발생기전 연구와 암 모델 개발에도 크게 기여했다. 정상세포가 기본적으로 노화하지만, 이를 인공적으로 조작처리하면 불멸화 또는 암화할 수 있다는 실험적 성과는 생명현상을 인위적으로 제어할 수 있음을 보여준 업적이다.

단세포 생물인 박테리아나 효모의 경우처럼 대칭적 분열을 하는 경우는 노화한다는 징후가 전혀 없다. 대조적으로 비대칭적 분열을 하는 경우에 어미세포는 늙고 딸세포는 젊음을 이어가게 된다. 이런 패턴은 줄기세포나 생식세포의 경우에도 유사하다. 예외적으로 다세포 생물 중에서도 아무리 증식해도 노화의 징후를 보이지 않는 종이 있다. 대표적인 종으로는 히드라(hydra)가 있다. 히드라는 민물에서 살며 아무리 분열해도 노화의 표징이 없다. 해파리는 유성생식 후 전환분화로 세포를 보충하는 방법을 취하고 있다. 가재는 연령에 따라 쇠약해지는 증거가 없고 나이가 많을수록 출산력이 강해지는 것으로 알려졌다. 가재는 다른 척추동물들과 달리 텔로머레이즈를 발현해 수컷은 31년, 암컷은 54년의 수명을 갖는다. 다만, 갑각류 껍데기의 훼손이 사망요인이 된다.

또 다른 불로장생 생명체로 플라나리아(planaria)가 있다. 플라나리아는 유성생식과 무성생식을 모두 활용해 거의 무한정 증식을 한다. 이와 같이 특수한 장수패턴을 보이는 동물들의 핵심 장수요인으로 텔로미어 길이를 유지해 주는 텔로머레이즈 활성이 가장 주목받아 왔다. 그러나 이것만으로는 설명하기가 크게 미흡하다. 이 밖에도 아무리 연령이 들어도 노화의 표증이 잘 나타나지 않는 동식물들이 보고되고 있다. 육봉어 205년, 도롱뇽붙이 102년, 거북 138년, 홍해성게 200년, 대합 507년, 브리스틀콘송 4,713년 등이다. 이들이 왜 다른 동식물과 달리 수명이 길고 노화증후가 보이지 않는지는 학계의 미스터리다. 최근에는 같은 몸무게인데도 일반 쥐보다 수명이 10배 이상 되는 벌거숭이두더쥐의 수명이 새롭게 관심을 끌고 있다.

일반적으로 유전현상을 분석해 보면 생체는 노화하기 위해 프로그램되어 있다고 보기 어렵다. 반면, 세포 유지와 스트레스 반응 등을 통해 생체를 보다 더 오래 살아남게 하기 위해 프로그램되어 있다고 볼 수 있다. 최근 다양한 연구 결과에서 나온 바와 같이 수명에 영향을 주는 유전자군이나, 이와 관련된 작용계들은 생체의 손상 제어와 관련 있다는 공통적인 특성을 보이고 있다. 비록 특정 단일 유전자의 조작에 의해 수명의 변화가 초래되는 사례들이 보고되기도 하지만 수명 결정요인이 단순한 특정 유전자라기보다 다양한 복합적 유전자군의 상호작용에 의한 가능성이 더 높을 것으로 인정되고 있다.

내재적 노화현상이나 외부적 환경생태 요인에도 불구하고, 생리적 기능저하나 노화 관련 질병 감수성의 증가 등을 포함한 양상은 상당수 유전적 성향을 보여주고 있다. 이러한 유전적 성향은 장수나 노화와 같은 생리적 현상에 영향을 주는 표현형질 특이적 패턴을 보인다. 또한 노화에 따른 질병이나 기능저하 관련 유전자 연구도 중요하지만 반대로 건강한 노화상태를 유지하는 유전자에 대한 연구도 관심을 끌고 있다. 노화의 긍정적 표현형질로는 초장수, 심혈관기능, 인지능 등과 같은 생체기능의 장기간 유지, 또는 노인성 질환에 대한 저항능 등이 대상이 될 수 있으며, 이러한 유전적 특성이 장수인자로 연계될 것은 자명하다.

실제로 구체적인 장수 관련 유전자 연구는 예쁜 꼬마 선충과 초파리를 비롯하여, 포유동물인 생쥐와 쥐 실험을 통해 많이 이루어지고 있다. 다양한 동물 모델에서 유사한 결론이 나온다는 점에서 노화와 장수의 유전적 특성이 보편적으로 작동하는 현상임을 알 수 있다. 대사제어에 관련된 인슐린 신호전달 시스템과 그에 관련된 유전자군이나, 스트레스 제어와 관련한 일련의 유전자군이 수명 조절과 관련 있음이 차례로 밝혀졌다. 생식이나 성장과 관련한 시스템은 유해산소계와 관련이 높아 조직손상을 야기하고, 암을 억제하기 위한 목적으로 p53 유전자의 발현을 증가함으로써 노화를 초래하는 현상이 보고되었다.

생체보존 기능의 증진은 생체를 역경에서 살아남도록 하지만 생식기능을 보류해 보다 나은 상황까지 후손 증가를 연기하는 대가를 치러야 한다는 사실이 밝혀졌다. 장수요인으로 알려진 식이제한도 이와 비슷하게 생식능을 제한하고 신체 크기를 제한함으로써 장수라는 목적을 달성한다는 주장도 있다. 노화현상이 다른 생체현상과 유전적 측면에서 상호 교환성 또는 대가성 반응의 결과임을 시사하는 주장이다.

그러나 노화와 장수, 수명과 생식 등의 유전적 고찰에 대한 새로운 비판적 의견들이 나오고 있다. 그동안 시행되어 온 대부분의 수명 관련 연구는 선충이나 초파리를 대상으로 해당 유전자군이 밝혀져 왔다. 이러한 동물들은 포유동물과는 전혀 달리 조직세포가 모두 증식기를 벗어난 상태이기 때문에 기본적으로 여러 조직에서 다발적 증식을 계속 진행하고 있는 포유동물과는 생리적 특성이 다르다는 점이 지적되었다. 그리고 식이제한 실험군이 보여주는 수많은 수명연장 효과도 오직 폐쇄 공간에서 생육한 동물들에 한해 적용될 뿐이고 실제 야생 조건에서는 그 효과가 입증되지 않고 오히려 반대로 나왔다는 일부 실험 결과가 보고되면서 장수의 식이제한 가설의 한계를 드러내고 있다. 이는 식이제한이 장수를 보장한다는 기존의 개념을 뒤흔드는 상황이 되었다. 이러한 점에서 보다 다양한 집단을 대상으로 하는 대단위적 장수유전체 분석 연구가 새롭게 주목받고 있다.

조로유전자(早老遺傳子)

사람을 대상으로 수명을 단축하고 노화를 촉진하는 유전자군을 분석하는 일들이 주목을 받아왔다. 왜냐하면 사람을 대상으로 하는 장수 추적 연구가 쉽지 않기도 하거니와 사람의 장수는 관여하는 요인들이 복합적이기 때문이다.

반면, 노화가 일찍 일어나고 수명이 비정상적으로 짧은 조로증에 대한 임상적 자료는 비교적 단기간에 손쉽게 확보될 수 있기에 많은 연구가 집중되었다. 인간의 조로증 질환은 공식적으로는 부분적 조로증후군(Segmental Progeroid Syndrome)으로 분류한다. 조로증의 경우, 노화의 보편적인 변화가 한꺼번에 나타나지 않고 질병에 따라 서로 다른 부위별로 차별적인 노화현상이 나타나기 때문이다. 유전적 단명 조로질환은 여러 가지 상이한 유전자들에 의해 초래되면서도 공통점은 대부분 생체 유전체의 안정화에 관련하는 유전자들로 그 유전자 부위에 돌연변이가 일어나 나타나는 현상이다(p.165 참고). 유전체 유지에 관여하는 p53의 과발현도 노화를 촉진함이 밝혀져 유전체 보존이 노화과정에 매우 중요한 요인임을 보여주고 있다.

불로유전자(不老遺傳子)

나이가 들어도 전혀 노화증후가 없는 특별한 사례들이 보고되어 관심을 끌고 있다. 미국 메릴랜드에서 태어난 그린버그(Brooke Greenberg)는 20세가 되도록 성장이 안 되고 갓난아이 상태에 머물러 있었으며, 신체 각 조직에서 노화증후를 보이지 않았다. 유전적 검사나 임상의학적 검사에서 특별한 원인을 찾지 못해 X증후군(Syndrome X)이라고 진단되었다. 그녀의 개체 장기는 발달이 유기적이지 못한 불균형발달의 특성을 보였다. 유사한 사례들이 더 발견되면서 이러한 질환을 새로운 질병군 유태복합증후군(幼態複合症候群)이라고 명명했다.

한편, 동물실험에서는 TMEM63B의 변이를 통해 유사한 증후가 발견되었다. 이러한 증후군은 여성에게서만 발견되어 X염색체와의 관계가 부각되고 있다. 성장 중단뿐 아니라 조직구성세포의 노화징후가 없어 불로유전자로서의 유전적 특성 가능성이 검토되고 있다.

장수유전자(長壽遺傳子)

장수와 관련한 직접적인 유전자는 백세인과 같은 초장수인의 연구를 통해 밝혀지고 있다. 장수요인 중 유전자 효과는 0.1~0.3 정도로 추산되고 있으나 초장수의 경우는 유전적 성향이 더욱 높을 것으로 기대된다. 백세인과 일반 노인층(70대)의 자식들이 90대까지 생존할 확률을 비교해 보면 4배 정도 차이가 난다.

미국 백세인 가족 연구에서 백세인의 자식 중 백세인이 될 가능성이 일반인들의 자식보다, 남녀 각각 17배 또는 8배 정도 더 높았다. 이러한 통계는 장수, 특히 초장수의 경우 유전적 성향이 매우 높다는 점을 보여준다. 이와 비슷한 결과들이 다른 여러 조사에서도 나타나고 있지만 장수인이 가진 유전자의 특성이 어떤지에 대해서는 불명확하다.

과연 장수유전자가 노화에 따른 질병 감수성을 완화시키는 데 기여하고 있을까? 또는 이러한 유전자가 진정 생물학적 노화기전을 제어하는 데 기여할 수 있는지 근원적인 의문은 아직 해결되지 않았다.

장수유전자를 규명하기 위한 많은 노력을 통해 주목받아 온 유전자 부위는 4번 염색체였다. 여기서 밝혀진 MTTP(microsomal triglyceride transfer protein) 유전자는 수명과 관계가 높을 것으로 추정되었다. 이러한 유전자는 지단백(lipoprotein) 생성에 관여하기 때문에 노인에게서 문제되는 심혈관질환 발생에 영향을 미칠 것으로 보인다. 아울러 초장수인에게서 관찰되는 HDL(좋은 콜레스테롤)과 LDL(나쁜 콜레스테롤)의 입자 크기와 관련한 CETP(cholesterol ester transfer protein) 유전자, 그리고 치매 등과 관련되어 알려진 ApoE 유전자 변형 등과 모두 상관되어 있다는 사실은 지질대사 관련 유전자가 장수에 미치는 역할을 말해준다. 뿐만 아니라 동물실험에서 장수 관련 유전자로 지목되어 왔던 인슐린/IGF 시스템 관련 유전자군도 초장수인 연구에서 IGF의 혈중 농도, IGF 반응계의 SNP(Single Nucleotide Polymorphism) 변이 등이 밝혀졌다.

최근에는 전 세계적 규모의 초장수인 조사에서 인종에 상관없이 RNA 편집 시스템 관련 유전자 중 ADAR B1/B2가 지목되어 장수의 유전효과에 대한 새로운 가능성이 제기되었다. 동물 및 사람에 이르는 수많은 연구 결과 수명과 장수에 유전적 영향이 상당하며, 초장수 요인으로는 보다 더 강한 영향을 미치는 것으로 추론되고 있다.

참고로, 한국의 백세인 연구에서 발견된 특이 장수유전자 패턴은 서양 백세인에게서 유의하게 나오는 HLA, ACE, APOE, MTTP, CETP 등과 유의하지 않았으며, 특히 서양의 백세인에게서 높게 나온 apoE4가 한국인의 장수도와는 유의하지 않았으나 치매와는 유의한 상관관계가 나타났다.

반면, 한국의 백세인은 DNA repair system인 hMLH1, LYN, BRCA1과 p53, FHIT, mtDNA, caveolin1 등의 유전자형이 장수와 유의한 상관관계를 보였다. 흥미로운 점은 ALDH2 유전자형이 한국의 백세인 중 남성에게서만 의미있게 발견되어 음주습관과의 관계도 주목받고 있다. 서양인의 장수도와 관련이 깊은 지방 관련 지단백질의 유전자 패턴이 한국인에게서 유의하게 나타나지 않은 것은 과거 전통사회에서 살아온 한국인의 지질 관련 질환의 빈도가 높지 않았음을 보여준다. 이와 같은 지역별 장수유전자의 차이는 서로 다른 환경생태와 문화적 배경에 가장 합당한 유전형이 선택되어 장수에 기여했음을 의미한다.

3. 장수의 유전적 연구의 한계

장수의 결정요인이 유전자라고 결론지으려면 정확한 장수유전자의 규명이 선결요건이다. 이러한 유전자를 조절해 장수를 촉진하려면 표적이 분명해야만 어떠한 방법이든 개발할 수 있기 때문이다. 그러나 현재까지 밝혀진 노화와 장수 관련 유전자는 매우 다양하며 영향 분석이 쉽지 않다. 일반적으로 스트레스 반응 또는 대사반응에 관련하거나, 유전체의 보존에 관련하는 불특정 유전자군의 패턴을 보이고 있다. 이러한 표적의 불확실성은 유전자를 대상으로 한 노화 및 장수현상 제어의 실용화를 어렵게 한다. 보다 더 근원적으로는 실제로 생체에 유전자조작을 수행할 수 있는가 하는 문제가 있다. 윤리적 측면에서의 문제는 차치하고라도 기술적으로도 충분히 만족스럽지 못하기 때문이다.

개체를 대상으로 특정 유전자를 특정 표적세포까지 안전하게 운반해 유전자를 오류 없이 완벽하게 치환 또는 수선하는 일도 현재의 기술적 수준으로는 미흡하다. 더욱이 노화의 경우 일반적인 질병이나 암 등과 달리 장기간의 지속적 효과를 기대해야 하기 때문에 이러한 유전자 운반체계의 안전성과 안정성은 큰 문제가 아닐 수 없다.

또 다른 문제는 생체 내에 초래된 노화현상 자체의 불특정성이다. 일반적으로 특정 질환은 특정한 유전자의 이상에서 기인함이 밝혀졌고, 암의 경우 최초 시작된 암세포 클론에서의 증식과 전이의 결과이기 때문에 표적이 분명해져 일정한 방안의 강구가 가능하다. 그러나 노화의 경우는 일정한 조직에서 일정한 속도로 노화된다면 별 문제 없지만 실제 노화현상은 장기, 조직, 세포에 따라 일어나는 속도와 부위가 다르기 때문에 유전적인 조작을 통해 이들을 한꺼번에 교정한다는 것은 현실적으로 불가능하다. 표적의 불특정성, 운반체계의 불안정성과 비안전성, 조직의 다양성 때문에 현재 수준에서 유전적 제어에 의한 노화와 장수에 대한 접근법은 제한적일 수밖에 없다. 이러한 문제점들 때문에 노화와 장수 관련 유전자 연구의 목표는 문제되는 유전자의 규명도 시급하지만 방법상의 실제적 제한점이 많다. 그 해결방안으로 유전자 자체의 교정보다는 해당 유전자의 문제점을 해결하기 위한 안전한 의료 또는 생활패턴 교정 등 개선 보완책의 개발이 보다 우선적일 수밖에 없다.

4. 장수의 복합요인

집을 지을 때 기초와 기둥 그리고 지붕을 모두 튼튼하게 하듯이 사람이 장수하려면 이와 유사한 조건들을 갖추어야 한다.

장수집짓기를 위한 기초 요인은 개인과 환경의 고정변수들이다. 개인이 마음대로 조절할 수 없는 요인이다. 밑바탕을 이루는 고정 요인으로는 먼저 유전적 특성을 들 수 있다. 생체의 기본 속성이 유전적 영향에 의해 크게 결정되기 때문이다. 다음으로 남녀 성별의 차이다. 성별에 따라 평생 생활관습과 범주가 달라지기 때문이다. 또한 개인의 성격을 들 수 있는데, 성격에 따라 생활패턴이 크게 달라지기 때문이다. 그 밖에 사회문화 요인과 생태환경 요인을 들 수 있다.

장수집짓기를 위한 기둥 요인으로는 개인적 노력에 따라 변화할 수 있는 가변 요인인 운동, 영양, 관계, 참여를 들 수 있다. 집짓는 과정에서 기둥이 전체의 균형을 잡듯이, 장수 과정에도 이들 네 가지 요인의 안정되고 균형있는 설정이 중요하다.

장수집짓기의 지붕 요인으로는 개인이 할 수 없는 사회적 요인들이 있다. 사회환경 요인인 복지지원 체계, 의료시혜 및 사회 간접시설 등과 정치적·경제적 안정 등이다. 이러한 장수집짓기 모델의 기초 요인과 기둥 요인 및 지붕 요인들 간에도 상호 보완 작용이 있다. 전통적 식습관과 개인적 유전자 패턴과의 상호작용, 신체활동 증진을 통한 유전적 또는 성별 차이에 따른 장수효과의 보완, 개인적 생활습관의 문제점에 대한 사회적 요인에 의한 보완 등 여러 가지다.

뿐만 아니라 장수에 미치는 지역 사회의 노력과 정치적 안정도 중요한 요인이다. 개인의 노력도 중요하지만 지역사회의 생태문화 환경과 사회정치적 상황도 장수에 영향을 미치기 때문이다. 이러한 연유로 장수지역이 등장하고 시대의 변화와 정치상황에 따라 지역별 또는 국가별 장수도에 큰 차이가 나는 것이다.

제10장 노화 통일장 이론

건전한 정신은 건강한 육체에서 나온다

— 유베날리스

노화현상은 개체적 수준에서 눈에 띄는 기능저하와 형태적 변화에 따른 판별은 용이하나, 이를 세포나 분자 수준에서 명확하게 정의하기는 어렵다. 노화현상을 설명하기 위해 다양한 가설들이 제기되었지만 어떠한 학설도 정설로 인정되지 못하는 이유는 대부분의 학설이 노화현상의 특정 부분만 강조해 설명하는 양상설(樣相說)에 불과하기 때문이다.

노화현상에 대해 유전자, 세포, 조직, 개체의 각각 다른 수준에서 설명하거나 기능적·형태적 측면에 국한해 설명하기도 하고, 생물체의 종(種)에 따른 차이를 강조하는 등 다양한 학설이 있지만 포괄적인 해석이 미흡한 상황이다. 일반적으로 유전적 요인에 의한 결정론적 지견과 환경적 요인에 의한 누적적 손상효과에 따른 지견이 큰 줄기를 이루고 있으나, 노화현상의 다양한 측면을 설명하기에는 크게 부족하다.

1. 노화의 기존 통념 비판

일반적인 노화현상은 공통적인 특성을 나타내고 있다. 이를 스트렐러(Bernard Strehler)는 다음과 같이 정리했다.

노화란 첫째, 누구에게나 예외없이 보편적으로 나타나는 현상이며, 둘째, 생체 내에서 지속적이고 일방적으로 진행되는 변화이며, 셋째, 생명체 고유의 내재적 변화에 따른 불가피한 현상이며, 넷째, 노화에 따른 변화는 대부분 기능 저하를 동반하는 형태적 퇴행현상이다. 이 정의는 스트렐러의 4원칙(Strehler's 4 Principles)으로 통용되며, 이후 노화에 대한 이론의 배경이 되었다.

스트렐러 원칙은 노화가 기본적으로 누구나, 어쩔 수 없이, 돌이킬 수 없는 기능저하와 형태변화를 동반하는 변화임을 강조하고 있다. 이러한 이론에 따라 노화현상은 필연성과 비가역성을 바탕으로 하는 결정론적인 시각이 지배하게 되었다. 따라서 객관적이고 논리적인 분석을 통해 노화의 고식적 개념을 혁파해야만 보다 구체적인 대응 방안을 강구할 수 있을 것이다.

노화와 죽음

노화하면, 무엇보다 죽음과의 관계를 연상하게 된다. 노화는 숙명적인 과정에 따라 죽음에 이르는 전 단계로 인식되었고, 그 결과 노화동물, 노화세포는 외부의 독성 자극을 받으면 어떠한 경우에도 젊은 동물이나 세포보다 손상을 많이 받고 쉽게 죽게 될 것으로 여겨져 왔다. 그러나 저자가 '노화세포 또는 개체가 젊은 세포 또는 개체보다 더 잘 죽는다?'라는 가설을 세우고 이를 검정하기 위해 시험관내 및 동물실험을 해본 결과는 의외였다. 인체 유래 섬유아세포를 계대배양하면 세포의 노화가 초래된다. 이들 세포에 자외선이나 강한 화학물질을 투여해 젊은 세포와 늙은 세포의 생존력을 비교해 본 결과 젊은 세포들은 쉽게 사멸이 유도되는 데 반해, 노화세포는 강한 저항능을 나타내는 것이 발견되었다.

이러한 현상은 세포 수준뿐 아니라 개체 수준에서 비교했을 때도 마찬가지였다. 젊은 동물과 늙은 동물을 대상으로 DNA 손상유도물질을 복강에 투여한 다음 간 조직에서의 세포사멸유도 정도를 비교해 본 결과 역시 젊은 동물에서는 세포사멸이 왕성하게 유도된 반면, 늙은 동물에서는 사멸이 거의 일어나지 않았다. 이러한 현상은 노화된 세포나 개체가 외부 자극에 대해 젊은 세포나 개체들보다 오히려 사멸유도에 강한 저항능을 가지고 있다는 의미다. 노화의 생물학적 의의가 숙명적인 죽음의 전 단계가 아니라 생존을 위한 환경에의 적응적 변화 단계임을 보여준다. 노화는 환경적 스트레스에 대응해 생존하기 위한 자기 보호적 변화지, 불가피한 죽음의 과정이 아니라는 점을 분명히 하고 있다. 이러한 새로운 발견은 생명체는 '늙으면 죽는다, 또는 죽어야 한다'는 명제를 강하게 거부하고 있으며 오히려 살아남기 위해 최선을 다하는 과정이 노화현상임을 밝혀주었다.

노화의 비가역성과 불가피성

노화세포는 사멸 유도에 대한 저항성과 더불어 성장인자에 대한 저항성을 가지고 있다. 세포가 늙으면 성장인자를 처리해도 증식이 유도되지 않는다는 특성은 노화의 비가역성을 설명하는 주요인이다. 노화세포의 기능저하, 성장인자 반응저하 요인으로 저자는 새로운 지견을 제안했다. 세포막에 위치하는 카베올린1(caveolin1)이 노화에 따라 증가함으로써 이 단백질과 결합할 수 있는 각종 신호수용체의 기능을 제어해 전반적인 신호전달능 저하가 초래됨을 밝혔다. 아울러 세포막 수용체 의존성 엔도사이토시스의 다른 주역인 클라트린 시스템에서는 암피피신이라는 인자가 노화로 인해 소실됨에 따라 성장인자들에 의한 세포 내 신호전달 기능이 이루어지지 못함도 발견했다.

반면, 카베올린 저하를 유도하거나 암피피신을 주입해 보충해 주었을 때, 노화세포의 기능이 회복되고 형태적 변형도 회복될 수 있었다. 최근에는 여러 가지 약물을 검색해 노화세포를 젊은 상태로 회복을 유도하는 물질을 찾던 중 엉뚱하게 ATM 저해제로 알려진 물질이 리소좀 pH를 낮추어 활성화함으로써 대사기능을 회복시켜 노화가 회복되는 현상을 발견했다. 뿐만 아니라 ROCK 저해제는 미토콘드리아의 유해산소 발생을 억제해 세포의 노화가 회복되는 현상을 차례로 발견해 보고했다.

한편, 체세포 복제 방법이 보편화되는 과정에서 늙은 개체 또는 늙은 세포의 핵을 난자에 이입해 복제를 유도한 경우에도 정상적인 개체를 유도할 수 있었다. 또한 유전전사인자를 이입해 만능유도 줄기세포를 조제하는 경우에도 늙은 세포 또는 백세인과 같은 초고령자의 세포를 가지고도 줄기세포가 유도될 수 있다. 이러한 최근의 성과는 이 분야에 혁신적인 개념을 도입하는 데 충분하다. 그동안 노화를 비가역적이고 불가피한 보편적 현상으로 인식해 왔던 개념을 바꾸어야 함을 시사하는 사례다.

노화세포의 복원 가능성은 세포의 노화가 환경적으로 적응하기 위한 생존수단으로 유도되었다는 시각에서 더 나아가, 노화세포도 일정한 조건만 갖추면 능동적 증식 또는 기능회복을 할 수 있는 복원능을 가지고 있음을 시사한다. 노화는 단순한 생존전략을 위한 현상이 아니며, 노화세포 또한 복원 잠재력을 지니고 있음이 밝혀졌다. 실험적 연구뿐 아니라 인간의 노화 종적관찰연구를 통해서도 이런 개념의 변화가 지적되었다. 인간이 연령 증가에 따라 일률적으로 생리기능이 저하되기만 하는 것이 아니라 개체별로 차이가 현저하며 노력에 따라 기능이 회복되는 예가 많이 보고되고 있다. 각 개체의 능동적 대처의 중요성을 보여주는 사례를 통해 노화에 대한 결정론적 시각에서 벗어나야 할 때임을 알 수 있다. 따라서 '노화에 따른 기능저하 및 형태변화는 비가역적이거나 불가피하지 않다'라고 바뀌어야 한다.

노화의 보편성

노화현상은 보편적인 것 같지만, 시간성의 측면에서 보면 개인별 차이가 매우 큰 것을 알 수 있다. 노화 종적관찰연구에서 노화의 정도는 개인별로 큰 차이를 보이지만 개개인 내에서도 장기별로도 매우 다르다. 이런 사실은 노화의 결정론적 보편성에 큰 의문을 제기한다. 백세인으로 대표되는 초장수인 조사 결과는 더욱 이러한 인식을 바꾸지 않을 수 없게 한다. 노화 종적관찰연구에서 예견되는 연령 증가에 따른 기능저하 및 형태변화의 패턴이 초장수인들에게서는 예외적으로 전혀 다르게 나타난다.

백세인의 건강상태는 일반 노인들과 달리 상당히 건강한 패턴을 보이며, 백세인의 숫자도 지역적으로 또는 성별로 유의한 차이를 보이고 있다. 예를 들면 우리나라 호남, 제주 지역은 여성 장수도가 높고, 영동 및 영남 북부 지방은 남성 장수도가 높다는 사실은 환경과 문화의 차이가 장수도에 영향을 미치고 있음을 보여준다.

남성과 여성의 장수에 따른 신체적·생리적 기능의 변화를 비교해 보면 여성은 연령 증가에 따라 신체, 생리 기능이 지속적으로 저하 감소되는 패턴이 분명하나 남성의 경우에는 크게 변화되지 않는 양상을 보인다. 이러한 차이는 다시 한 번 노화현상의 적응적 특성을 강조하고 있다. 노화의 보편적 원리보다 차별적 특성이 매우 강하게 작동되고 있음을 설명해 주는 것이다. 차별성에 문화적·생태적 환경 및 성별의 차이가 중요한 영향을 미친다는 것을 알 수 있다. 따라서 '노화는 보편적'이라는 개념도 '노화는 차별적'이라는 개념으로 바뀌어야 한다.

노화와 장수의 요인: 개체성과 환경성의 상호작용

장수인자를 밝히기 위한 많은 노력에도 불구하고 적절한 해답은 아직 없다. 지금까지는 개인 당사자의 개체성이 강조되고, 유전적 요인을 밝히기 위해 수많은 유전자들과 그 다형성이 거론되었다. 일부 의미있는 유전자들이 발견되기도 했지만 그 결과만으로 인간의 장수에 대해 설명하기는 지극히 미흡하다.

장수인들의 생활패턴과 식생활, 심리적·성격적 차이와 같이 장수인의 또 다른 개체적 특성에 대한 많은 연구가 병행해 추진되어 왔음에도 불구하고 공통적 장수요인을 밝히는 데는 아직 완벽하게 성공하지 못하고 있다. 나아가 장수인들의 개체적 특성과 더불어 장수인들이 살아온 환경적·사회적·문화적 차이에 따른 장수도의 변화가 주목받고 있다. 실제로 지역사회에서의 장수도는 시대 발전에 따라 크게 변화했다. 이처럼 인간의 노화와 장수에 미치는 요인으로는 개인의 유전적 특성이나 생활패턴의 차이로 대표되는 개인성과 사회문화적 요인과 지역생태적 특성으로 대표되는 공공성이 상호작용하고 있음을 밝히는 것도 매우 중요하다. 특히 최근의 4차 산업혁명을 통한 빅데이터의 활용은 방법론상 막연하고 제한적이었던 이 분야 연구에도 크게 기여할 것으로 기대된다.

2. 노화에 대한 인식과 대응방안의 전환

노화현상은 세포 계대 또는 연령 증가에 따라 나타나지만, 이러한 시간적 요인만이 아니라 공간적 요인인 물리학적·화학적·생물학적 자극에 의해서도 손쉽게 인위적으로 유도될 수 있다. 여러 가지 스트레스 자극에 의해 유도되는 노화현상은 '스트레스 유도 노화촉진현상'으로 구별되며, 적어도 외견상으로는 본질적인 생체 고유의 노화현상과 큰 차이가 없다. 이와 같이 노화현상이 시간적 인자만이 아니라 공간적 인자에 의해서도 유도될 수 있다는 사실은 노화가 환경적 또는 생태적 요소에 의해 영향을 받을 수 있음을 강하게 시사한다.

노화장 개념

어떠한 원인에 의해서든지 노화현상으로 인한 여러 가지 분자적 변화 현상을 최신 기법을 이용해 분석해 보면, 대사계, 신호전달계, 스트레스 반응계를 비롯한 반응 시스템과 형태를 조율하는 세포골격 구조 등에 다양한 변화가 있다. 이러한 변화들은 반드시 노화에 의해서만 유도되는 것이 아니다. 생체가 살아가는 환경요인에 의해 얼마든지 일어날 수 있는 보편적 반응성 시스템의 산물이다.

따라서 노화현상이란, 시간 경과에 따른 생체의 숙명적 변화라기보다 시공간적 외적요인에 따른 반응적 적응현상의 일환이라고 해도 과언이 아니다. 노화현상을 환경의 변화에 따른 반응적 적응현상으로 이해하면, 세포 또는 조직 내에 초래되는 다양한 변화 양상을 총괄해 노화장(老化場, aging field)이라는 개념으로 규정해 볼 수 있다.

노화장의 변화는 외적 자극으로부터 생체를 보호하면서 생존을 위해 적응해가는 과정이며, 환경요건의 변동에 따라 순응적으로 변화할 수 있는 가능성을 설명해 준다. 이러한 추론은 세포나 개체의 노화에 주변 기질의 영향, 그리고 환경의 조건이 매우 중요함을 의미한다. 더불어 종래 노화학설에서 문제가 되었던 노화의 종간·개체 간 차이 및 개체 내에서의 장기나 조직 간의 노화속도의 차이를 설명하는 데도 도움이 될 수 있다.

노화 대응방안 전환: '바꾸자'와 '고치자'

스트렐러 박사가 정의한 '노화현상이 비가역적이고 불가피하고 보편적이며 기능저하를 동반한 변화인가'에 대한 반문을 제기할 때가 되었다. 앞서 말한 바와 같이 노화에 대해 제기된 여러 가지 명제들은 보편타당한 진리로 수용하기에는 어려움이 많으며 오직 부분적·양상적 측면에서 설명이 가능한 가설의 단계임을 보여준다. 세포 수준에서뿐 아니라 개체 수준에서도 노화현상이 회복될 수 있는 방법들이 제기되고 있다. 또한 노화현상이 불가피한 반응이 아니라 환경적 변화에 적응하기 위한 생존수단으로 이해됨에 따라 새로운 노화 제어 방법의 가능성을 암시한다.

노화란 개념은 종래의 제한된 계대에 의한 시간적 종속 개념이 아니라, 보다 시공간적으로 확대된 개념으로 발전되어야 하며, 비가역적 불가피한 변화가 아닌 능동적·가역적으로 이해되어야 할 필요가 있다. 노화에 대한 인식이 혁명적으로 전환되어야 하는 것이다.

아울러 노화에 대한 인식이 바뀌면 대응방안도 혁신적으로 바뀌어야 한다. 결정론적 시각에서 볼 때, 노화현상이 불가피하고 비가역적이며, 기능적·형태적으로 변질되고 저하된 결과라면, 유전자, 세포, 조직, 장기를 새로운 것으로 바꾸는 수밖에 없을 것이다. 실제로 지금까지 응용되고 있는 대부분의 노화에 대한 대응방안은 이와 같은 바꾸기 원칙(Replace Principle)에 준해 추구되었다.

최근 노화현상이 생존과정에서 접하게 되는 여러 가지 환경적 요인에 대한 적응적·반응적 대응의 결과로 초래되는 현상이며 기능적 측면에서 회복 가능성이 있다는 사실들이 보고되기 시작했다. 그 결과 노화에 대한 대처방안으로 바꾸기가 아닌 고치기 원칙(Restore Principle)이 새롭게 제안되고 있다. 노화된 세포나 조직 또는 장기를 무조건 바꾸는 것이 아니라 보다 나은 방향으로 고칠 수 있도록 최선을 다하는 것이다.

3. 노화해법의 생명원리

노화현상을 설명하기 위해서는 생존을 위한 보편적 생명원리에 대한 이해가 선행되어야 한다. 생존을 위해서는 생명체의 대사, 면역, 소화, 순환, 내분비 활동, 인지 등 모든 생리기능이 관계가 있지만, 무엇보다 외적 자극, 스트레스에 대한 생체의 반응 제어기구와 내적 변화를 조율해 온전하게 생명을 보존하는 생리적 보호기구의 작동이 필요하다. 외부적인 독성 자극 또는 스트레스로부터 생체를 보호하기 위해 생명체가 가지는 대표적인 생리적 작동 시스템의 속성을 정리해 보면 실무율(悉無律), 항존성(恒存性), 응내성(應耐性)이라는 특성이 있다. 그리고 생체의 선택과 포기에 의한 대가를 지불하는 방식인 대가성(代價性)을 활용해 생명현상을 유지하고 있다.

실무율(悉無律)

실무율은 자극이 왔을 때 신경세포가 작동하는 기전으로, 일정한 강도에 이르지 못한 자극에 대해서는 전혀 반응하지 않고 무시해 버리지만 일단 특정 강도의 역치를 넘은 자극에 대해서는 일정하게 반응하는 현상이다. 조건이 될 때만 일정하게 반응한다는 의미에서 생체반응의 '~이냐, 아니냐(all or none)'라는 특성을 보인다. 자극 강도에 대한 반응은 진폭은 동일하게 작동하되 강도에 따라 반응 빈도만 증가하는 반응체계다. 자극에 대해 반응하는 진폭을 일정하게 해줌으로써 생체를 당황하지 않도록 보호하며, 자극 강도의 차이에 대해서 반응 빈도 조절로 대응한다는 점이 매우 중요하다. 자질구레한 자극들에 대한 반응을 생략함으로써 생체에너지의 소모를 막고 생체의 반응 피로도를 덜어주는 방안이다. 역치 이하의 자극들은 무시하고, 일정 강도 이상의 자극이 왔을 때만 정해진 틀 내에서 안정적으로 반응하며, 반응 빈도로만 대응한다는 것은 생체가 무리한 반응을 자제하고 안정된 반응을 할 수 있는 중요한 피로방지 및 안정유지의 생체보호수단이라 하겠다.

항존성(恒存性)

항존성은 환경적·위해적 변동 요인 속에서 생체 내부의 상태를 일정하게 유지해주는 속성이다. 바깥 환경이 덥거나 춥더라도 상관없이 체온은 36.5°C를 유지하고, 과식하거나 금식하더라도 기본혈당은 90mg%를 유지하며, 대사적 조건이 변하더라도 혈중 산성도는 반드시 pH7.4를 지키고, 생체는 1기압 상태를 유지해야만 한다. 이러한 생체의 생리적 안정기구는 몸을 언제나 일정한 상태로 유지시켜 어떤 환경적 변화에도 생명을 온전하게 유지·보존하는 중요한 대응방안이다. 생체 내부환경의 안정적 유지를 통해 생체를 보호하는 안전보호 시스템이다.

응내성(應耐性)

응내성은 방사능 민감성을 연구하는 과정에서 저강도 방사능에 자주 노출하면 결국 강한 방사능에도 생존하는 저항성을 갖는다는 실험적 사실에서 기인한 개념이다. 이 현상은 단순히 방사능에 대한 저항성에 그치지 않고, 독성 화학물질 또는 열과 같은 물리적·화학적 요인에 대해서도 적용될 수 있다는 점에서 관심을 끌고 있다. 소량의 독성물질 상용이 결국 독약에 대한 저항성을 가지게 했다는 보고들이 나오면서 화제가 되었다.

역사적으로 보면, 고대 아나톨리아 폰투스 왕국의 미트리다테스(Mithridates)왕은 로마와 대항해 국가를 지킨 영웅이었지만 항상 암살 음모에 시달려 평소 소량의 극약을 상복했다. 막상 반란에 의해 패망하자 자살하려고 독약을 먹었지만 죽지 않아 결국 부하에게 자신을 죽여달라고 부탁했다는 유명한 고사가 있다.

응내성 현상이 학계의 관심을 끌게 된 것은 특정 요인에 의한 내성 유도가 다른 불특정 요인에 의한 독성 자극에 대해서도 보편적으로 적용될 가능성이 시사되면서다. 굳이 약물과 같은 자극이 아니더라도 일상생활에서 늘상 겪게 되는 활동들도 자극 스트레스로 작용할 수 있다. 일상의 규칙적 운동이 장수에 도움을 준다거나, 목욕을 좋아하는 일본인이 장수하는 이유가 평상시의 지속적 열 자극 때문이라는 주장이나, 일상의 소량 음주가 사망률 감소에 긍정적 영향을 준다는 등의 보고가 이를 뒷받침하고 있다. 소식의 장수효과도 평상시 소식에 따른 대사적 스트레스가 쌓여 응내성 작용을 했기 때문이라는 주장도 있다. 규칙적인 일상생활에서 작은 스트레스가 궁극적으로 외부의 강한 위기적 스트레스에 대한 생존능을 높여준다는 응내성은 생리적으로 가동하는 중요한 생체대응의 보호 방안이다.

트레이드 오프(대가성代價性·교환성交換性)

생명체를 존재의 측면에서 살펴보면 단적으로 번식과 생존이 가장 중요한 목표다. 모든 생명체는 보다 많은 자손을 낳아서 번창하고자 하는 근원적 욕구가 있다. 도킨스(Richard Dawkins)는 이를 '이기적 유전자(the selfish gene)'라고 표현했다. 생명체에는 자신이 가진 유전자를 맹목적으로 증폭해 자손을 번창하도록 프로그램되어 있다는 표현은 사회적 반향과 반발을 일으키기도 했다. 생명의 기계적·유물론적 입장을 유전자적 수준에서 강조해 철학적·종교적으로 격심한 논쟁을 일으켰다. 생명의 본질을 단순한 유물론적 측면으로 수용하고 싶지는 않지만, 번창의 개념은 생명체로서의 종 단위에서 보면 이해되는 현상이다.

한편, 생명체의 또 다른 의의이자 본질적 욕구는 생존이다. 생존을 극대화해 장수를 이루는 것은 개체 단위 생명체의 절대적인 소명이다. 장수를 위한 처절한 노력들이 인류 역사 발전과 더불어 지금까지 추구되어 왔다.

생명체의 수명확대 과정에서 새롭게 부각된 중요한 사실은 생존과 번식이 상호 배타적으로 대립하고 있다는 점이다. 번식을 많이 하면 수명이 짧아지고, 번식을 줄이면 수명이 길어질 수 있다는 것이다. 생식을 포기하면 그 대가로 생존을 얻을 수 있고, 생식을 늘리려면 생존을 포기하고 죽음을 받아들여야 한다는 대가성 또는 교환성(Trade-off theory)이 그것이다. 대표적인 사례로 연어와 같은 회귀성 어류가 바다에서 강으로 거슬러 올라와 산란장에 도착해 생식을 하고 죽는 현상이나, 하루살이 같은 벌레들이 하룻동안 교미하고 죽는다든지, 인간의 경우도 수녀나 환관이 상대적으로 더 오래 산다는 보고들은 이러한 번식과 수명과의 상호 배타적 관계를 상징한다. 동물실험의 경우에서도 소식 등의 방법으로 수명을 연장시킨 경우 새끼를 낳는 수가 극감하는 현상이 보고되었고, 인간의 경우도 장수사회가 되면서 출생률이 극감하는 결과들이 이러한 이론을 뒷받침해 주고 있다.

번식 또는 생식에 대해 생존 또는 장수라는 개념이 포용적 관계가 아니라 오히려 상호 배타적인 관계를 형성하는 현상은 생물계에서는 매우 흔한 사례다. 생식을 위해서 개체들의 수명을 제한하는 종 차원의 일이나 개체에서도 생존과 증식을 배제적으로 서로 교환하는 일은 생명체의 속성인 것이다.

4. 새로운 노화학설의 제안

노화의 4원칙인 보편성, 비가역성, 불가피성, 퇴행성에 대해 실험적으로 검정해 본 결과 반론의 여지가 많아졌다. 노화는 죽음의 전단계가 아니라 오히려 생존을 위한 대응방안으로 인식할 수 있다. 생존을 위해서는 실무율, 항존성, 응내성, 트레이드 오프가 필요한데 이러한 현상이 노화상태에서 원만하게 이루어져야 할 필요가 분명해졌다.

노화의 새로운 면모를 설명할 수 있는 방안을 강구하기 위해 노화현상의 공통점인 노화에 따른 반응성의 변화에 주목했다. 증식인자 반응 저하, 사멸유도인자 반응 저하, 취사선택의 엄정한 대가 지불, 자극에 대응한 일정 상태로의 회귀 등을 총괄적으로 설명할 수는 없을까?

생체물질의 핵내외 이동이 제한되면 결국 생리적으로 핵막장애가 생성되는 결과를 빚기 때문에 이를 바탕으로 저자는 '노화핵막장애설(Nuclear Barrier Hypothesis of Aging)'이라는 가설을 노화의 새로운 이론으로 제안했다. 노화의 원인으로 핵막 내외 물질이동 장애가 중요하다는 노화핵막장애설을 활용하면 여러 가지 현상이 설명될 수 있다. 노화세포가 증식을 못하는 이유로 증식 신호계의 핵내 이동차단, 노화세포가 세포사멸 저항성이 있는 이유로 사멸유도 신호계의 핵내 이동차단으로 설명이 가능하다.

또한 노화가 절대적 유전적 프로그램보다 환경적 요인의 영향을 받는 이유를 NCT(핵-세포질 이동체) 유전자의 총체적 조율자인 특정 전사인자의 환경 위해 감수성으로 이해할 수 있다. 나아가 노화세포가 생존원리로 가지는 항존성, 응내성의 성상도 핵막에서의 생체물질 출입의 통제로 설명할 수 있다. 노화세포가 증식을 포기하고 생존을 선택하는 이유도 핵막에서의 신호차단에 기인한 것으로 일괄 설명할 수 있다. 더욱이 노화이론의 숙제였던 우연과 필연의 갈등 과제는 유해산소, 영양상태, 방사능 등의 무작위적 스트레스가 일정한 유전자 전사인자의 단백질 상태를 조율해 전체적 유전체계에 영향을 줄 수 있다는 점에서 통합이 가능하다.

노화의 전체와 부분의 문제도 결국 환경인자의 영향을 가장 많이 받는 부위에서부터 핵막의 장애가 초래되어 전 조직으로 확산될 수 있다는 점에서 역시 통합이 가능하다. 노화에서의 증식과 생존의 문제도 성장인자와 사멸유도 인자의 신호체계의 핵내 이동제어를 통해 증식을 못하지만 사멸하지 않게 함으로써 증식과 생존을 교환한 결과를 가져온 것으로 설명될 수 있다. 이와 같이 노화에 따른 핵막에서의 출입 통제는 그동안 모순되고 이율배반적인 현상으로 간주되어 온 우연과 필연, 전체와 부분, 증식과 생존 등이 동시적으로 일어날 수 있음을 밝혔다. 이러한 노화핵막장애설은 노화이론을 설정하는데 장애가 되었던 다양한 문제들을 포괄적으로 설명할 수 있다는 점에서 노화학설 통합의 기초를 이루는 데 기여할 수 있다고 본다.

MAG NUM OPUS 2.0

제4부

Magnum Opus 2.0

제11장 현대판 불로초

오늘 최선을 다하라. 나중에 올 것은 믿지 마라

— 호라티우스

1. 불로초 개념의 전환

오래된 중국의 의서인 『신농본초경(神農本草經)』에는 365종의 식품을 상중하로 나누어 오래 먹어도 독이 없는 일상식을 상으로, 몸을 보호하기 위해 오래 쓰는 보약을 중으로, 급성병에 치료약으로 쓰고 오래 먹지 못하는 약성식품을 하로 분류했다. 장기간 독성 없이 먹을 수 있는 식품을 최우선으로 강조한 것이다.

선사시대부터 생명연장을 추구해 온 인류는 동서양을 막론하고 불로초로 기대되는 특정 식품에 집중적 관심을 기울여 무작정 섭취했다. 그 결과 효용에 대한 많은 문제가 제기되면서 불로초의 질적 문제보다 양적 문제가 중요하다는 반성을 하게 되었다.

불로장생을 추구하던 부유층과 권력층은 차차 특정 식품보다 과식과 운동부족 등이 수명과 건강상의 문제임을 자각하게 되었다. 이후 역설적으로 적게 먹는 소식이 중요한 불로장생법으로 등장했다. 소식에는 섭취량을 제한하는 의미의 소식(小食)과 정제하지 않은 식이를 섭취하자는 소식(素食)의 두 가지 방향이 있다.

식이제한(小食)

식이섭취량을 제한하는 소식의 경우 동양권에서는 도교사상이 파급되면서 신선사상과 더불어 음식을 제한하는 벽곡(辟穀)이 양생술의 하나로 널리 보급되었다. 절곡(絶穀), 휴량(休糧), 단곡(斷穀), 각립(却粒)이라고도 하며, 오곡을 먹지 않고 화식을 피하는 수행법으로 불로장생술의 대표적인 방법으로 발전되었다. 벽곡과 함께 복기(服氣), 도인(導引) 등의 방법으로 욕망을 단절하고 자연의 기(氣)를 수용하는 수행을 필수로 여겨 오랫동안 동양인에게 커다란 영향을 미쳤다. 소량의 음식을 오래 씹어먹는 방법과 식사 시 배를 60%만 채우거나(腹六分天壽), 80%만 채워야 한다는(腹八分目) 실천방안은 오늘날에도 동북아권에서 널리 유행하고 있다.

서양에서도 히포크라테스 시대부터 과식을 경계해 왔다. 히포크라테스는 일찍이 잠언집에서 식생활 개선을 강조했다. 현재에도 충분히 적용 가능한 식생활 원칙을 이미 고대에 제안한 것이다.

"적정 양보다 많은 음식을 섭취하면 병이 걸릴 수 있다. 우리는 음식을 먹는 횟수와 양, 식사시간 간의 간격에 대해 고려해야 한다. 그리고 습관, 계절, 지역 및 연령 등에 대해 생각하고 식이를 정해야 한다."

그러나 실제로 실생활에 적용할 수 있는 본격적인 소식에 대한 건강효과는 베니스의 코르나로(Luigi Cornaro)에 의해 제기되었다. 건강을 위해 소식한 결과 100세를 넘게 살았으며 자신의 경험을 바탕으로 『절제된 삶에 대하여(Discorsi Della Vita Sobria)』라는 저술을 통해 매일 350g의 식품과 414ml의 포도주를 제한적으로 섭취함으로써 건강수명을 유지할 수 있다고 했다. 최초로 음식물의 구체적인 양적 조절 개념을 소개한 그의 주장은 르네상스 이후 유럽인의 건강생활에 영향을 미쳤다.

풍문에 그쳤던 소식의 효용성이 과학적으로 규명되기 시작한 것은 1934년 코넬대학의 맥케이(Clive McCay)가 실험동물에서 식이제한만으로 수명을 2배 이상 연장할 수 있다고 한 보고가 효시다. 식이제한의 수명연장 효과가 객관적이고 실험적으로 입증된 최초의 계기였다.

인간에게 식이제한이 강제적으로 적용된 사례들은 역사적으로 무수히 발견할 수 있다. 제1차 세계대전 당시 전시로 인해 덴마크인들은 2년 동안 정부의 철저한 식량제한 배급통제를 받았으나 평소보다 덴마크인들의 사망률이 34%나 감소되는 결과를 가져왔다. 또한 제2차 세계대전 당시 근 4년 동안 식량배급을 철저하게 통제받아 온 노르웨이 오슬로 주민들의 사망률이 전쟁 전에 비해 30%나 감소했다는 결과도 있다.

한편, 오키나와는 백세인 비율이 인구 10만 명당 50명이 넘는 세계 최장수 지역이다. 지역주민의 영양섭취 조사에서 일본의 다른 지역보다 17%, 그리고 미국보다는 40% 더 적은 열량을 섭취하고 있음이 판명되었다. 이러한 결과들은 식이제한이 인간에게도 수명연장을 가져올 수 있는 구체적 증거로 거론되었다.

이와 같은 후향적 연구가 아닌, 전향적 연구를 통해 식이제한이 인간의 건강수명을 연장하는 효과에 대한 연구도 다양하게 추진되었다. 미국 NIA(국립노화연구소)가 주관해 추진한 CALERIE(장기간 식이제한의 종합분석) 프로젝트와 절식자협회가 추진한 CRON(적절영양 식이제한) 연구가 있다.

CALERIE 프로젝트에서 분석된 결과에서는 식이제한에 의해 긍정적 건강수명 효과가 일괄적인 결론을 내리기는 이르지만 비교적 유의한 효과가 있었다. 또한 하루 1,800Kcal 섭취라는 심한 식이제한 그룹을 대상으로 하는 CRON 연구에서는 대사개선, 심혈관기능 개선, 암억제 등의 긍정적 효과가 보고되었다. 인간 대상 연구성과의 객관성과 엄밀한 분석이 어려움을 고려해 인간 대신 영장류를 대상으로 식이제한의 수명연장 효과 실험을 20년 이상 지속한 결과가 보고되어 많은 관심을 끌었다. 유사한 방법으로 실시했지만 결과에는 약간의 차이가 있었다. UW(University of Wisconsin)의 결과는 소식의 수명연장 효과를 보고한 반면, NIA 연구 결과에서는 소식의 수명연장 효과가 없다고 해 학계에 논란을 일으켰다. 다만, NIA 연구 결과도 수명연장 효과는 보이지 않았지만 건강상태를 유지하는 데는 기여했음을 인정했다.

이와 같이 소식의 효과는 전반적으로 긍정적 효과가 인정되면서도 연령 또는 방법에 따른 효과의 차이와 소식으로 인한 생활 및 건강상의 문제점들이 거론되면서 식이제한의 질적·양적 방법에 대해서 보다 체계적인 접근이 요구되고 있다.

뿐만 아니라 소식을 실천하는 생활습관이 자기희생과 욕망을 억제하는 각오를 요구하기 때문에 여러 가지 변형 방법이 제안되고 있다. 예를 들면 식이의 전체적인 양을 줄이거나, 특정 성분만을 줄이는 방법, 또는 매일 하는 것이 아니라 격일 간격이든지, 하루 중 일정시간만 실행하는 간헐적 방법, 하루 1식이나 2식만 하는 방법 등 소식이라는 목적을 달성하기 위한 다양한 방법들이 거론되고 있다.

구석기 식단(素食)

팔레오 다이어트(paleo diet)로 알려진 구석기 식단은 비정제 식이의 대표적인 사례다. 200만 년 전 원시인과 비교할 때 현대인들의 유전적 및 신체생리 구조가 거의 그대로인데도 인류는 농업혁신과 산업혁명으로 식단의 재료와 조리방법이 현저하게 달라졌다. 이러한 변화에 대해 인류가 적응을 하지 못해 많은 건강상의 문제가 발생하고 있다는 가정에서 비롯되었다. 따라서 인류 식단의 원초인 팔레오 다이어트의 효용에 대한 관심과 기대가 높아졌으며 이를 수렵 채취인 다이어트, 동굴인 다이어트, 석기시대 다이어트 등으로 부르기도 한다.

팔레오 다이어트의 특성 중 하나는 단백질 섭취량의 증가다. 육류나 해산물 또는 다른 동물성 식품을 주식으로 단백질 섭취량을 늘리는 구성이기 때문이다. 다음은 탄수화물 급원의 개선이다. 현대인은 탄수화물을 주로 곡류에서 공급받는데, 팔레오 다이어트에서는 이를 엄격하게 제한하고 신선한 과일이나 채소로 칼로리의 40%를 섭취해 탄수화물 필요량을 채우도록 권장한다.

그리고 채소와 과일을 통한 식이섬유 섭취량의 증가다. 채소와 과일에는 통곡류보다 몇 배나 많은 식이섬유가 포함되어 있다. 또한 지방 섭취량의 증가인데, 팔레오 다이어트는 트랜스지방 같은 나쁜 지방 섭취를 줄이고 오메가3, 오메가6 불포화지방 같은 좋은 지방 섭취를 늘리고 있다. 다음은 염분 섭취량의 저하다. 구석기 시대 사람들의 신체는 칼륨이 염분보다 훨씬 높은 비율에 맞춰져 있었을 것으로 추정된다. 아울러 산도 균형의 유지다. 음식은 소화 과정에서 산화되거나 신장에 영향을 끼친다. 곡류, 콩류, 유제품, 소금의 섭취를 제한하고 채소, 과일의 섭취를 늘려 위험을 낮출 수 있다. 그리고 미량 영양소 섭취의 증가다.

그러나 이러한 팔레오 다이어트에 대한 우려의 목소리도 크다. 팔레오 다이어트의 가정 자체에 오류가 있으며, 인류가 농업혁명 이후 급진적 식단 변화에 적응하지 못했다는 근거가 없다는 주장이다. 구석기 시대인이 현대사회에서 많이 발병하는 질병에 걸리지 않은 이유는 오로지 그들이 병이 걸릴 만큼 오래 살지 않았기 때문이라는 반론이다. 실제 수렵 채취 생활을 하는 원시부족을 연구한 결과 남아프리카 그위(Gwi)족은 동물성 칼로리 섭취가 25%에 불과한 반면, 알래스카 누나미우트(Nunamiut)족은 99%에 달하는 등 차이가 크다며, 팔레오 다이어트의 신빙성에 의문을 제기하고 있다.

그러나 식품과 영양의 과잉섭취가 문제시되는 풍요로운 현대사회에서 구석기 식단은 상당한 설득력이 있다.

2. 불로장생 식단에서 건강장수 식단으로

산업사회로 발전하면서 지역사회나 일반가정에서 일상의 식생활에 큰 변화를 가져왔다. 급증하는 여행자와 이동하는 사람들에게 음식을 공급하는 시스템도 규모가 커지면서 음식의 질과 위생 문제가 중요하게 제기될 수밖에 없었다. 18세기 파리의 음식업자인 불랑제(Boulanger)가 부용(Bouillon)이라는 식당을 열어 일반인을 위해 최초로 위생적인 개인 식탁과 메뉴를 제공했다. 쇠고기와 달걀을 주재료로 한 수프를 개발해 레스토랑(restaurants)이라고 했는데, 그 의미는 restoratives(어원: restaurer)라는 회복제였다. 재료와 조리법 및 위생

상태의 혁신을 가져온 대중식당의 등장이었다. 이후 이러한 식당들이 우후죽순처럼 생겨났고 위생을 지키고 생체기능을 회복한다고 표방하는 건강식품이라는 새로운 장르가 개발되었다.

개인 요리사가 없고 보건상태가 열악했던 상황에서 개인별로 건강을 위한 음식을 제공한다는 대중식당의 등장은 획기적이었다. 식품을 통해 불로장생을 추구한 일부 부유층 계급이 아닌, 일반인도 건강장수를 보편적으로 기대할 수 있게 했다. 그럼으로써 식품산업의 보편화·대중화가 이루어지고 국가와 사회를 이끌어가는 방편으로 이용돼 전체적 건강증진에도 크게 기여했다.

3. 건강장수 식품의 부침

식품의 특성을 강조하고 식품이 함유하고 있는 의미를 부각시켜 인간의 불로장생 욕구를 충동하는 일은 오랜 옛날부터 오늘날까지 지속되고 있다. 당대의 석학이나 구루(Guru)가 앞장서서 특정 식재료나 식품을 강조할 경우 일반인들에게 신화처럼 퍼져나가 사회적 논란으로 심화되는 파장을 일으키게 된다. 그중 최근까지도 영향을 미치고 있는 식품 관련 논쟁의 몇 가지 사례를 들어본다.

메치니코프 박사의 허풍

러시아 출신 메치니코프(Ilya I. Mechnikov)는 박테리아를 백혈구가 식균 처리한다고 밝혀 노벨 화학상을 받았으며, 파스퇴르 사후 당시 최고 연구기관인 파스퇴르 연구소 소장직을 이어받을 정도의 최고

학자였다. 그는 생명을 무한정 연장하는 방안을 찾았다고 주장하며, 노인질환을 유발하는 박테리아와 이를 치료할 수 있는 유용한 생명 연장 박테리아를 발견했다고 했다. 대장에 서식하는 치명적인 박테리아가 인체의 자가중독을 유발하므로, 대장에서의 부패를 유발하는 질병을 제거하면 인간의 수명이 120세를 넘길 수 있다는 주장이었다.

메치니코프는 적극적으로 결장 제거수술을 권장했고 실제로 많은 사람들이 이 수술을 받았다. 또한 소극적으로는 식습관의 변화를 제안했다. 위험한 박테리아는 결장의 알칼리성 환경에 서식하므로 산을 분비하는 박테리아를 주입해 중화하면 이를 방지할 수 있다고 했다. 특히 100세 이상 장수인이 많이 살고 있다는 불가리아의 목동들이 자주 마시는 시큼한 요구르트에서 그 해답을 찾았다. 여기서 발견한 균주를 '불가리아 간균(Bacillus Vulgaris)'이라 명명하고 이 박테리아가 생성하는 많은 양의 젖산(lactic acid)을 활용하기를 권장했다.

그는 1907년 『생명의 연장(The Prolongation of Life)』이라는 저서에서 노화는 젖산으로 충분히 치료 가능한 자가중독이라고 발표했다. 백세인 비율이 미국은 10만 명당 1인인 데 비해 발칸반도의 불가리아, 루마니아, 세르비아 등은 2,000명당 1인이라는 수치를 제공하며 요구르트 섭취에 따른 장수효과를 크게 부각했다. 학자로서의 명성과 단호한 주장으로 그의 이론은 불로장생의 새로운 학설로 유럽과 미국에 큰 영향을 미쳤다.

그러나 그의 주장은 2가지 요인에 의해 논쟁에서 사라졌다.

첫째는 메치니코프 자신의 문제였다. 스스로 개선된 식생활을 실천한다며 날음식은 장에 위험한 미생물이 많기 때문에 과일은 물론 오로지 조리한 음식만 먹었다고 큰소리쳤는데, 71세의 나이에 심장병으로 사망했다. 요구르트를 먹는 식생활 개선으로 본인은 140세까지 장수할 거라던 주장은 무효가 되어버렸다.

둘째는 불가리아 목동들의 장수 통계가 잘못된 것으로 드러나면서 그의 주장은 근거가 없어졌다. 불가리아는 전통적으로 할아버지, 아버지, 아들이 모두 동일한 이름을 사용해 인구통계 조사원들이 사망자와 생존자를 혼동하는 실수를 범했던 것이다. 따라서 메치니코프가 주장한 불가리아인의 장수는 오도된 것으로 밝혀졌다.

이후 요구르트는 건강 기능성 식품으로 분류되면서 새로운 차원으로 발전했다. 최근에는 장내 세균의 새로운 역할이 부각되면서 활성균의 발견과 더불어 다시 산업적으로 부활하고 있다. 그러나 더 이상 메치니코프처럼 박테리아를 통한 수명연장이 가능하다고 주장하는 일은 없다.

비타민 광풍

건강을 추구하는 현대인에게 가장 큰 영향을 미치고 있는 것이 비타민이다. 20세기 초까지만 해도 인체에 필요한 영양소는 탄수화물, 지질, 단백질 3가지뿐이었다.

그런데 1911년 영국 리스터 연구소의 생화학자 풍크(Cashimir Funk)가 부족할 경우 각기병을 유발하는 수용성 보조인자를 분리해내는 데 성공했고, 이를 '비타민'이라고 명명했다. 이후 미국의 화학자 맥컬럼(Elmer McCollum)은 쥐를 대상으로 부족하면 눈병을 유발하고 성장을 저해하는 물질을 분리해 '지용성인자A'라고 명명했다. 이후 비타민A로 명칭을 바꾸고 풍크 박사의 비타민을 '비타민B'로 명명했다. 이들은 노벨 생리의학상을 받았으며, 이후 비타민C, D, E 등이 차례로 발견되면서 비타민 분야의 연구성과가 폭발적으로 증가했다. 더욱이 비타민이라는 용어 자체가 활력과 건강을 유지하기 위한 필수요소라는 의미를 가져 대중화에도 크게 성공했다.

20세기에 들어 식품 가공업계가 성장하는 과정에서 가공 중에 식품의 영양소 파괴가 진행되기 때문에 비타민 섭취를 추가해야 한다는 주장이 설득력을 가지면서 그 수요가 급증했다. 경제대공황, 제1, 2차 세계대전 등의 위기상황에서 국민 영양의 문제에 관심이 높아졌고, 비타민 강화 식품들이 차례로 등장하게 되었다.

모건(Agnes F. Morgan)은 비타민 복합체의 한 성분이 부족하면 실험용 쥐의 털이 하얗게 변하는 것을 관찰하고 비타민과 노화의 상관성을 처음 제기했다. 엔스버커(Stefan Ansbacher)는 그 성분이 바로 PABA(para-aminobenzoic acid)라며 회춘의 샘 성분을 찾았다고 해 큰 파장을 일으켰다. 흰머리가 검게 변하고 스태미나가 좋아졌다는 보고는 대중을 흥분시키기에 충분했다.

그러나 오래지 않아 이러한 비타민들이 가지고 있다는 효능들이 과장된 것으로 밝혀졌다. 이후 여러 가지 비타민에 대해 대규모 전향적 실험이 실시되어 암, 심장병 등의 만성질환 예방효과 등이 조사되었지만 대부분 그 효과는 확인되지 못했다. 그럼에도 불구하고 여전히 일반인들은 비타민이 질병을 예방하고 생리기능을 보완하며 활력을 줄 수 있을 것이라고 기대하는 비타마니아가 되어가고 있다.

폴링 박사의 속단

비타민 분야에서 최근까지 일반인의 가장 큰 관심을 끌면서 논쟁이 심한 것이 비타민C의 문제다. 대항해시대에 수많은 선원들이 괴혈병으로 사망했는데, 레몬주스나 신선한 채소로 병이 치유될 수 있음이 밝혀졌다. 이러한 물질은 수용성인자C로 명명되었고 괴혈병 억제 및 치료인자로서의 유효성분이 크게 주목받아 왔다.

헝가리의 게오르기(Albert Szent-Györgyi)는 동물의 부신에서 비타민C를 추출했고, 그 물질이 귤과 파프리카에 다량 함유되어 있음을 발견했다. 괴혈병을 억제할 수 있는 물질이라는 점에서 아스코르빈산(a+scurvy)이라고 명명했으며, 이 업적으로 노벨 생리학상을 수상했다. 비타민C는 생화학적 측면에서 많은 연구가 진행되었고 콜라겐, 카니틴, 신경전도물질 등의 생합성과 아미노산의 하나인 티로신의 분해에 중요한 보조인자로 기능하며 면역세포에 농축되어 식균작용과 사이토카인 생성에도 중요한 역할을 한다고 차례로 밝혀졌다.

비타민C는 구조가 단순하면서도 대부분의 식물에 다량 함유돼 있고 수용성이라는 점에서 기본적인 항산화 기능을 담당하는 대표적인 생리물질로 관심을 끌었다. 아울러 열에 취약하기 때문에 신선한 재료와 생식을 주장하는 집단에게는 식품재료 신선도의 중요한 지표로 널리 거론되고 있다. 이런 비타민C가 특별한 위상을 가지게 된 것은 20세기 최고의 석학으로 존경받는 폴링(Linus Pauling) 때문이다. 그는 1954년 단백질의 알파-헬릭스 구조를 발견해 노벨 화학상을, 1962년에는 핵확산 방지를 위한 노력으로 노벨 평화상을 받았다. 비타민C에 관한 책을 출간했는데 『비타민C와 감기, 독감』, 『비타민C와 암』 『기분이 더 좋아지고 장수하는 법』 등이다. 그는 일반인에게 비타민C의 고용량 요법을 추천하고, 독감뿐 아니라 암, 심혈관질환 등에도 좋은 효과가 있다고 주장해 엄청난 반향을 일으켰다. 본인도 매일 12g의 비타민C를 복용한다고 밝혀 이에 대한 논쟁을 격화시켰다. 이후 비타민C 효과에 대한 대규모 역학조사가 추진되었으나 기대했던 효과에는 크게 미치지 못했음이 밝혀졌다.

요구르트의 경우도 그러하고 일반 비타민이나 비타민C의 경우도 학계의 구루가 의학적 검정도 없이 일반인에게 강력 추천할 경우 얼마나 큰 파문이 이는지 되새겨 볼 문제다. 불로장생을 추구해 온 인류는 이러한 유혹에 쉽게 휩쓸리므로 각별히 조심해야 한다.

4. 지역 전통식단과 장수식단

인간이 불로장생을 추구하면서 특정 음식을 상복함으로써 장수를 이룰 수 있다면 더할 나위 없이 좋은 일일 것이다. 신화시대부터 단편적으로 거론되는 이런저런 식품이 현대에 이르러 과학적으로 일부 좋은 효과가 해명되기도 하지만, 결국 일상에서 매일 먹어야 하는 일용식품이 무엇보다 중요하다. 많은 논란에도 불구하고 건강을 추구하는 식단의 개발은 다양하게 시도되었다. 금욕주의자들과 종교적 영향으로 생활패턴 개선과 더불어 추진된 결과 미국을 중심으로 켈로그(Kellogg)를 비롯한 상업적 식단이 건강식으로 붐을 일으켰다. 그러나 진정한 의미에서의 장수식단으로는 만족할 만한 결론을 맺지 못했다.

지역조사를 통해 지역의 전통식단과 주민의 수명과 건강상태와의 상관관계가 거론되면서 건강장수 식단 연구에 새로운 경향이 일었다. 불로초 개념을 특정한 단일식품의 재료보다는 지역의 전통적 상용식단에 더 큰 의미를 두고 지역주민의 장수도와 상관관계를 조사

연구해 온 결과 지중해 식단, 그린랜드 식단, 오키나와 식단 등이 새롭게 부각되었으며, 아울러 우리나라 전통 식단의 건강효과에 대한 연구 결과들이 국제사회에서 인정받고 있다. 인간을 대상으로 하는 장기간의 대단위 지역 연구를 통해 나온 결과들은 신뢰도가 높을 수밖에 없다. 이러한 식단은 생활습관 변경을 통해 얼마든지 보정할 수 있고 직접적 효과를 기대할 수 있는 구체적 방안이어서 이에 대한 많은 연구가 집중되고 있다.

지중해 식단

지중해 식단이 특별히 각광을 받게 된 결정적 계기는 7개국 조사연구(Seven Countries Study)가 효시다. 이 프로젝트는 미네소타대학의 키즈(Ancel Keys)가 주도해 1955년에 세계 최초로 시작한 다국적 식품영양 비교연구로, 여러 나라의 주민을 직접 대상으로 하는 대단위 프로젝트였다. 프로젝트의 1차 목표는 서구인의 사망원인 중 가장 높은 심혈관질환에 의한 사망률을 저하시키기 위해 지역주민의 식단을 비교분석해 해결방안을 강구하는 데 있었다. 그 무렵 콜레스테롤의 생화학 성상이 밝혀졌고 이 성분이 동맥경화의 주요인이 될 수 있다고 여겨졌기 때문이다. 그래서 미국, 핀란드, 네덜란드, 이탈리아, 유고슬라비아, 그리스, 일본 등 7개국을 대상으로 각 나라에서 지역을 선택해 40~50대 전 주민을 종적 관찰했다. 그 결과를 1970년에 보고하기 시작해 현재 40년이 넘도록 지속하고 있다.

7개국 조사연구의 성과가 처음 발표되었을 때, 학계는 의외의 결과에 놀라지 않을 수 없었다. 모든 원인에 의한 주민 사망률이 가장 낮은 지역이 그리스였고, 다음으로 이탈리아, 네덜란드, 일본 등의 순서였다. 특히 심혈관질환 사망률, 만성폐쇄성 호흡기질환 및 암 사망률이 모두 대동소이하게 그리스, 이탈리아가 월등하게 낮아 그 원인분석에 집중했다. 이후 그리스, 이탈리아, 스페인 등의 식단을 총체적으로 '지중해 식단'이라는 이름으로 정의하고, 식단의 중요성에 대한 새로운 관점에서 조사하기 시작했다. 조사에서 밝혀진 지중해 식단의 특징을 요약하면 다음과 같다.

신선한 채소와 과일을 많이 섭취한다. 또한 곡물, 견과류 등을 통째로 섭취하고 올리브를 다량 섭취한다. 올리브오일을 제반 조리에 사용하고 생선을 비롯한 해산물과 닭, 양 등의 육류를 적당히 섭취하며 우육과 돈육의 섭취는 제한적으로 한다. 양의 젖으로 만든 페타치즈를 즐긴다. 소금보다 케이퍼, 오레가노, 타임, 올리브, 레몬 등으로 맛을 보강한다. 와인을 반주로 하며 가족, 친구들과 함께 식사를 즐긴다.

이러한 특성들이 과학적으로 특별히 주목을 받게 된 이유는 무엇보다 신선한 과일과 채소를 통해 각종 폴리페놀, 카로티노이드, 이소플라보노이드, 이소시아네이트 등의 항산화성 물질의 섭취가 월등하게 높다는 점이다. 그리고 섭취하는 칼로리의 30~40%가 지방인데 그중 70% 이상이 불포화지방산, 특히 올리브에서 나오는 올레산(oleic acid)과 알파리놀렌산(alpha linolenic acid)이라는 단일불포화지방산의 형태라는 점이다.

지중해 식단의 오메가6, 오메가3 지방산의 비율이 유럽이나 미국의 경우 20:1 정도인데 지중해 식단에서는 2:1 정도에 불과하다는 점이다. 또한 다양한 향신료를 사용해 소금의 함량을 낮추고, 와인을 즐김으로써 레스베라트롤(resveratrol)과 같은 파이토케미컬(phytochemical)을 보완했다는 점들이 부각되었다. 이는 항산화, 항염증, 면역증진, 돌연변이 억제 등의 효과를 상승적으로 발휘하기 때문에 암, 노화 등에 효과가 있을 것으로 기대되면서 그 위상이 높아졌다.

무엇보다 지중해 식단의 큰 의미는 현대사회에서 문제되는 생활습관병인 비만, 당뇨, 고혈압 및 암의 발생요인으로 보이는 체내 지방 축적에 대한 대응방법이다. 지중해 지역 사람들은 40% 이상의 열량을 지방으로 섭취함에도 불구하고 이를 극복할 수 있다는 사실이 주목을 받았다. 다른 지역은 주로 육류의 포화지방산과 오메가6 지방산 섭취가 높은 데 반해 지중해 지역의 식단은 과일, 올리브유, 생선을 통한 불포화지방산, 특히 오메가3 지방산 위주였다. 이러한 식단 구성이 건강상 긍정적 효과를 보이는 것으로 밝혀져 매우 큰 희망을 불러일으켰다. 오일을 제한해야만 하는 것이 아니라 적당히 먹어도 괜찮다는 가능성을 보여주어 식품업계도 활성화되고 사람들의 입맛 또한 살릴 수 있는 희망을 가지게 된 것이다.

프랑스인이 육류를 다량 먹는데도 심혈관질환으로 인한 사망률이 다른 유럽 국가에 비해 낮은 이유가 와인 섭취 때문이라는 현상을 '프랑스 역설(French Paradox)'이라고 한다. 지중해 지역 주민 역시 다량의 지방을 섭취하지만 주성분이 올리브유라서 심혈관질환으로 인한 사망률이 낮다고 보는 현상을 '지중해 역설(Mediterranean Paradox)'이라고 한다. 지중해 식단은 건강식단으로 표준화되고 세계적으로 유행했다. 최근 지중해 식단의 과학성을 다시 전향적 연구를 통해 새롭게 검정하려는 유럽연합의 연구성과는 인간의 건강수명을 연장하는 데 크게 도움이 될 것으로 기대된다.

그린랜드 식단

지중해 식단이 건강식단으로 거론되면서 지방 섭취의 유용성이 새롭게 부각되었다. 심혈관질환에 나쁜 영향을 주는 지방 섭취를 무조건 제한할 것이 아니라 올리브유 같은 단일불포화지방산을 꾸준히 섭취하는 것이 바람직하다는 보고가 나온 이래 식품업계와 영양학계는 안도의 숨을 내쉬었다. 더불어 파격적인 연구 결과가 우연히 나와 큰 파급효과를 가져왔다. 생선에 함유된 다중불포화지방산이 생리적으로, 그리고 질병 예방에도 유용한 효과를 보인다는 보고였다.

1970년대 덴마크 오덴사의과대학의 디어버그(Jörn Dyerberg)는 덴마크 통치령인 그린랜드의 보건소로 파견되어 주민들의 건강을 관리했다. 예나 지금이나 유럽과 같은 선진국에서는 심혈관질환이 사망의 가장 큰 요인이었다. 낙농국가인 덴마크에서는 육류와 우유류의 소비가 많아 고혈압, 심근경색 등과 같은 심혈관질환 발생률이 높아서 의사들도 특히 관심을 기울였다.

디어버그는 그린랜드 주민인 이누이트인에게 심혈관질환이 거의 없다는 사실을 발견하고 그 원인이 식생활에 있음을 직감했다. 이누이트인은 육류 섭취가 없는 대신 생선과 물개 등을 주로 먹고 채소는 별로 섭취하지 않는 사실에 주목했다. 그린랜드에 사는 이누이트인과 덴마크에 이주해 사는 이누이트인의 건강상태를 비교하고, 육류를 섭취하는 덴마크인과 어류를 섭취하는 그린랜드 주민의 질병패턴 비교, 심혈관질환 환자와 정상인의 혈액 소견 비교연구 등을 통해 어류 섭취가 심혈관 건강에 미치는 긍정적인 영향을 밝혀냈다.

이러한 발견은 영양학계의 대표적인 천우신조의 세렌디피티(serendipity)였다. 이후 어류 섭취와 어유(魚油)의 중요성이 부각되고, 세계적인 식품산업이 생성되는 계기가 되었다. 어유에서 발견된 PUFA는 오메가3 지방산인 DHA와 EPA였다. 특히 DHA와 EPA는 체내에서 생성되지 않는 필수지방산이라는 점에서 어류 섭취의 당위성이 크다. 주로 연어, 정어리, 참치, 꽁치 등 등푸른 생선에 많으며, 생선의 간에도 많이 들어 있다. 고혈압, 심근경색, 암, 당뇨, 관절염, 뇌신경 기능에도 중요한 역할을 할 뿐 아니라 우울증, 주의 집중 등의 정서적인 기능에도 영향을 끼치는 것으로 보고되었다.

반면, 육류에 포함된 PUFA는 주로 오메가6 지방산으로 오메가3 지방산과는 반대의 부정적 기능을 하는 것으로 알려졌다. 이에 섭취에 제한이 요구되면서 오메가6 지방산과 오메가3 지방산의 섭취 비율이 새삼 주목을 받았다. 이러한 근거로 생선 섭취가 또 다른 대표적인 건강식단으로 대두되었다.

오키나와 식단

1990년대 오키나와가 세계 최고 장수지역으로 부각되면서 지역 주민의 생활습관과 식생활에 대한 연구가 주목을 받아왔다. 오키나와 식단이 학계의 주목을 받은 것은 노화방지의 중요한 방안으로 식이제한에 의한 소식효과가 동물실험에서 크게 강조되던 시기였다. 실제 오키나와 주민의 총 섭취 열량이 미국인 평균 섭취 열량의 60~70% 수준에 불과하다는 사실이 부각되었다. 그래서 소식의 장수효과를 논의할 때마다 오키나와의 소식 식습관이 거론될 수밖에 없는 좋은 사례였다.

오키나와 주민이 상용하는 식재료 중에서 보라색고구마, 시콰사(히라미 레몬), 고야(여주), 쑥(萊) 등의 신선한 채소와 과일의 섭취, 두부를 즐기고 다시마를 비롯한 해조류를 선호하는 식단의 효과가 과학적으로 해석되면서 장점이 강조되었다. 더욱 흥미로운 점은 이 지역 주민들은 돼지고기를 선호하는데 반드시 삶고 찌는 방법으로 조리한다는 것이다. 같은 육식이라도 지방을 최소화해 섭취한다는 점에서 그 건강성이 부각되었다. 이 지역은 전통적으로 생선이나 육류를 요리할 때 굽는 조리가 없고, 신선하게 먹거나 삶거나 찌는 방식의 조리가 주를 이루었다.

그러나 신세대 오키나와 청장년층이 전통식단을 버리고 미국식 인스턴트 식단으로 바꾸면서 상황은 크게 달라졌다. 신세대는 굽기 위주의 육류 섭취를 하고, 도로망의 발달과 자동차 보급으로 많이 걷지 않게 되어 운동부족 현상까지 겹치면서 오키나와의 심혈관질환 이환율이 크게 증가해 지역장수도가 급격히 추락하고 있다. 이러한 사례는 인간의 장수에 사회환경과 개인의 생활습관의 변화가 모두 중요하다는 것을 보여준다. 이처럼 전통적인 장수지역임에도 불구하고 생활습관의 변화에 의해 수명이 짧아지는 단명화 현상을 '오키나와 역설(Okinawa Paradox)'이라고 부른다.

신화시대부터 불로촌의 중요한 조건 중 하나가 그 지역의 특별한 식품이었다. 특별한 공간에서 생성된 불로초라는 개념이 확대 발전해 이제는 전통적 장수지역의 식품이 현대판 불로초의 개념으로 수용되고 있다. 그런데 오키나와처럼 외부 문물의 영향에 의해 고유의 전통이 사라지면 결국 장수지역이라는 타이틀도 상실할 뿐 아니라 지역주민의 삶과 수명에 큰 영향을 줄 수밖에 없다.

한국의 전통식단

우리나라 백세인 연구과정에서도 장수요인을 분석하는 일은 매우 지난한 작업이었다. 식생활의 특징을 구분하기는 더욱 쉽지 않았다.

우리의 전통식단은 지역별로도 엇비슷하고 어디를 가나 밥, 국, 김치, 나물 그리고 한두 가지 밑반찬이 주를 이루고 있다. 그런데 장수지역을 군 단위에서 면 단위로 정밀하게 분석해 나가던 중 장수마을과 비장수마을의 식생활 패턴에서 차이가 나는 특별한 식품을 발견했다. 바로 들깻잎의 소비량이었다. 들깻잎은 날로도 먹지만 절여서 즐겨 먹는데 장수마을 주민들의 소비량이 비장수마을 주민들에 비해 훨씬 더 높았다. 그 효용에 대해 분석해 보니 들깨가 중요한 식물성 오메가3 지방산인 알파 리놀렌산(ALA)의 공급원이었다.

대표적인 오메가3 지방산에는 DHA, EPA 외에 ALA가 있다. ALA는 대사적으로 EPA가 되고 다시 DHA가 되는 오메가3 지방산의 핵심 원재료다. 전통적으로 들기름으로 나물을 무치고, 전을 지지고, 들깻잎을 날로 먹거나 된장, 간장에 절인 장아찌로, 또한 들깻가루는 보신탕, 추어탕 등에 듬뿍 넣어 먹어왔다. 어려운 상황에서도 우리 민족의 건강을 지키는 데 들깨가 큰 기여를 한 것으로 평가하지 않을 수 없다. 그린랜드 이누이트족의 생선 섭취에 버금가는 오메가3 지방산의 공급원이 바로 들깨라는 사실은 영양학적으로 흥미로운 일이다.

우리의 전통식품이 장수식품으로 인정받을 수 있는가에 대한 질문을 던져보았다. 전통식단의 주메뉴는 밥, 국, 김치, 나물, 젓갈에 불과하다. 육류가 부족해 영양학상 문제가 있을 것으로 보는 것은 당연했다. 특히 비타민B_{12}의 부족은 예견되었다. 비타민B_{12}는 식물성식품에는 없고 동물성식품에만 있기 때문이다. 비타민B_{12}는 조혈기능뿐 아니라 뇌신경 퇴화와 인지기능 저하 방지에 매우 중요한 것으로 알려져 있다. 노인들에게 반드시 보강해야 하는 영양소다. 선진국에서는 이미 노인 대상 우유에는 비타민B_{12}를 강화해 공급하는 방안이 추진되고 있다.

놀랍게도 우리나라 백세인의 혈중 비타민B_{12} 농도는 정상이었으며 오히려 육류를 많이 먹는 서양의 백세인보다 높았다. 비타민은 반드시 외부 섭취를 통해 공급될 수밖에 없다. 따라서 우리 식품 중에서 비타민B_{12} 급원을 찾는 과정에서 뜻밖의 결과를 얻었다. 된장, 청국장, 고추장, 김치 등 발효식품이었다. 원재료인 콩이나 채소 기본 상태에서는 발견되지 않았던 비타민B_{12}가 발효과정에서 생성된 것이다.

장수식품 가능성 여부를 검증하기 위해서 우리 식단을 다른 세계적 전통식단과 비교해 보았다. 대표적 장수식단인 지중해 식단은 과일과 채소의 섭취가 높았다. 신선한 채소와 해산물, 올리브유, 와인, 페타치즈를 많이 먹으며, 통밀 빵을 주로 먹는다.

우리의 전통식단은 과일의 비중이 낮고 채소 위주다. 채소도 대부분 데치거나 무친 나물 또는 김치 형식으로 삭혀서 섭취한다. 해산물로는 생선류와 해조류를 많이 섭취하고, 들기름이나 참기름을 즐기며, 술은 막걸리를 먹고, 된장, 간장, 고추장 같은 발효식품과 쌀밥을 먹어왔다. 외견상 전혀 다른 식단이지만 과학적으로 비교분석해 보면 흥미로운 결과를 얻을 수 있다. 과일 섭취가 상대적으로 부족하더라도 채소에는 돌연변이 억제능과 항산화능이 충분히 함유돼 있고, 데친 채소는 용량이 축소되어 훨씬 많은 양의 섭취를 가능하게 한다는 장점이 있다. 미역이나 김 등의 해조류에는 생리활성 물질이 풍부하고, 막걸리, 들기름, 참기름의 효능 또한 몸에 이롭다. 다양한 발효식품이 특징을 이루는 우리 전통식단의 식재료와 섭취 방법의 과학성이 부각되면서 장수식품으로서의 위상이 높아졌다.

전통식단과 발효식품

남도식품이 특별한 이유는 발효식품이 발달해 풍미를 내는 음식이 다양하기 때문이다. 식품을 보존하기 위해 소금을 사용하는 과정에서 자연스럽게 다양한 종류의 발효식품이 등장했다. 발효의 중요성은 술의 기원을 논의하면서 이미 거론되었다. 발효의 의미를 물질의 변화로 보고 바로 접신의 과정, 즉 식품이 영(靈)을 받는 과정으로 여겼다. 전통적으로 장을 담그거나, 메주를 쑬 때 몸을 정갈하게 하고 좋은 날을 잡아 조앙신에게 기도하는 마음으로 준비했다.

오늘날 발효식품은 그 지역 고유의 균주에 의해 독특한 맛과 향을 내는 것으로 설명된다. 옛날에는 특정 지역에서만 특별한 맛이 나는 음식이 나오는 까닭은 그 지역 토속신의 영을 받기 때문이라고 생각했다. 그래서 발효식품은 각 지역의 신화와 전설이 서린 음식이며 해당 주민만이 그 향취에 익숙해 느끼고 즐길 수 있었다.

세계적으로도 지역마다 고유의 발효식품이 있다. 그리스의 요거트와 지중해 지역의 다양한 치즈, 그리고 한·중·일의 된장, 간장, 고추장이 대표적이다. 냄새가 독한 발효식품으로는 부족한 소금을 사용해 생선을 발효시킨 스칸디나비아 지역의 청어절임과 일본의 구사야, 그리고 소금을 사용하지 않고 발효시킨 아이슬란드의 상어를 삭힌 하칼과 우리나라 남도의 삭힌 홍어, 중국의 취두부가 있다.

압권은 곰팡이와 구더기가 서린 채 먹어야 하는 이탈리아 사르데냐의 치즈 카수 마르주(Casu Marzu)다. 이러한 발효식품은 그 지역에서 나고 자라 익숙하지 않은 사람은 먹기 힘들지만 몇 번 시도를 하다 보면 은연중에 빠져들게 된다. 그만큼 발효식품에는 고유한 매력이 있다.

지난 세기 저명한 인류학자인 프랑스의 레비스트로스는 인류학에 구조주의 개념을 도입해 새로운 학문의 세계를 열었을 뿐 아니라 100세를 넘긴 장수인이다. 그는 인류를 식품 조리방법의 차이로 분류했다. 날것(The Raw)을 먹는 인류와 익힌 것(The Cooked)을 먹는 인류다. 날것을 먹는다는 것은 자연계에서 수확한 그대로 자르거나 찢거나 부수거나 갈거나 말려서 먹는 방법이고, 익혀 먹는다는 것은 끓이고, 데치고, 굽고, 찌고, 볶는 조리방식을 거쳐 먹는 방법이다. 그는 이러한 식이법을 바탕으로 날것을 먹는 부류는 야만이고, 익힌 것을 먹는 부류는 문명이라는 다소 과장된 분류를 했지만 인류를 구분한 자체가 인류학 분야에 큰 반향을 일으켰다.

그러나 인류학자인 서울대 전경수 교수가 지적한 것처럼 레비스트로스 박사가 실수한 것이 있다. 그분은 주로 서양사회와 뉴기니아, 아프리카 등지의 미개사회를 비교연구했기 때문에 삭힌 음식을 먹는 인류는 간과했다. 삭힌 음식은 바로 발효식품이다. 장기간 음식을 보존해야 하는 필요성 때문에 시작된 조리방법이지만 발효는 인류에게 맛과 영양 측면에서 차원이 다른 음식의 세계를 열어주었다.

그러나 발효식품은 정도의 차이는 있지만 기본적으로 냄새가 강하게 나기 때문에 위생에 문제가 있을 것으로 여겨졌다. 더러는 썩음(부패)과 삭힘(발효)을 구분하지 못한 채 발효식품을 먹는 사람들을 썩은 음식을 먹는다고 비하하기도 했다. 썩음과 삭힘의 차이는 근원이 균주의 종류에 있다. 유해한 균이 작용하면 썩게 되지만, 유익한 균주가 작동하면 삭기 때문이다. 발효를 유도하는 과정에 필요한 유익한 균주가 잘 자랄 수 있는 환경을 만들어 주어야 하기 때문에 정성을 들여 제조하는 집안의 발효식품이 다를 수밖에 없다.

발효과정에 절대적으로 필요한 것이 소금과 적절한 온도다. 소금 공급의 원활함과 식품보존 온도에 따라 발효조건이 달라지고 균주의 분포와 양상도 달라져 다양한 변화를 가져올 수 있다. 상하기 쉬운 생선을 주로 먹어야 하는 민족일수록 원시사회로부터 발효기술이 발전할 수밖에 없었다.

우리나라 전통식품 조사에서 밝혀진 바와 같이 비타민B_{12}를 공급해 주는 영양학적 보완식품이 될 수도 있다. 발효를 통해 수많은 영양소를 보충해 주며, 발효식품마다 고유한 향취를 통해 전통음식에 맛과 향을 더해 품격을 높이고 민족 고유의 정체성과 소속감을 높이는 데도 크게 기여하고 있다.

제12장 불로장생술의 발전

사람들이 다닌 길이 안전한 길이다

— 라틴 속담

1. 허구의 불로초보다 실천적 불로장생술

불로장생을 위해 천연의 불로초를 찾는 작업에 국가권력을 동원한 역사적 사례들이 있다. 진시황이 방사 서복을 시켜 대선단을 구성해 삼신산에서 불로초를 찾도록 한 일이나, 아메리카 대륙 발견 이후 스페인이 대규모 탐험대를 조직해 당시 원주민들에게 비미니로 알려진 '젊음의 샘'을 찾도록 한 일들이 대표적이다.

남미에는 불로장생의 마을인 빌카밤바(Vilcabamba) 전설이 여전히 남아 있다. 불로장생을 추구하는 인간의 욕구가 얼마나 끊임없이 지대하게 계속되었는지를 극명하게 보여주는 사례들이다. 이러한 노력들은 결국 무위에 그치고 말았는데도 불구하고 근세까지 끊임없이 지속되었다.

불로장생에 미련을 버리지 못한 인간들은 찾지 못한 천연 불로초 대신 결국 불로초에 해당하는 약물을 직접 조제하기 시작했다. 중국에서는 야금술의 발달과 더불어 수은, 비소, 유황을 비롯한 형상과 색채가 자유로이 변환하는 신비한 금속들을 위주로 단약(丹藥)을 만들고자 했다. 오랫동안 방사들의 비법으로 제조되어 16세기 무렵까지 황실을 비롯한 고관대작과 부자들이 단약을 사용해 왔다. 중국의 연단술은 아랍권으로 전파되어 유럽으로 전승되면서 차차 연금술로 발전했으며, 근대까지 이어져 내려와 인류 역사에서 2,000년 동안 학문과 과학의 중심 과제를 이루었다.

그러나 천연 또는 인공의 불로장생약이라고 불렸던 영약들은 수많은 부작용을 야기했다. 대표적으로 중국 황제들의 평균수명이 45세를 넘지 못하는 결과를 빚기도 했다. 이에 대한 반작용으로 불로초와 같은 천연 또는 인공 약제의 복용보다 차라리 신체를 직접 단련하는 것이 현명하다고 간주되면서 불로장생술 기법이 다양하게 개발되기 시작했다. 이를 체계화하고 생활에 실천했으며 나아가 종교적 위상으로까지 발전하는 데는 도교의 역할이 지대했다. 이러한 전통은 중국을 비롯한 동양권에 양생술로 전승되어 여전히 문화적·사회적으로 큰 영향을 미치고 있다.

2. 도교 불로장생술의 요체

중국의 5대 명산 중 하나로 무이산(武夷山)이 있다. 이곳은 자연, 생태, 문화 세 영역에서 모두 세계문화유산으로 선정될 만큼 특별한 지역이다. 그러나 무엇보다도 무이산이 우리나라에 특별한 영향을 미친 것은 공자, 맹자 이후 유학을 성리학의 형태로 완성해 유학의 법통을 이루게 한 주자(朱子, 본명 朱熹) 때문이다. 그가 학문을 완성하고 제자를 양성한 무이정사(武夷精舍)가 바로 무이산에 있다. 주자는 주변

무이구곡

계곡을 노래한 무이구곡가(武夷九曲歌)를 지어 그 지역의 환상적인 아름다움과 이상향의 모습을 표현했다. 주자의 행적을 추앙한 우리나라 성리학의 거두 퇴계 이황 선생은 도산 12곡가(陶山十二曲歌), 율곡 이이 선생은 고산구곡가(高山九曲歌), 우암 송시열 선생은 화양구곡(華陽九曲) 등을 노래했다. 조선조 유학자들에게 무이구곡은 선비들이 반드시 가고 싶어 하는 성리학의 성지였다.

그런데 이곳은 도교의 불로장생술 측면에서도 특별한 의미가 있다. 무이정사에서 왼쪽 옆길로 들어서면 거대한 암석으로 이루어진 도교 36성지 중의 하나이며, 도를 완성한 도사들이 승천하는 장소인 천유봉(天遊峰)이 있다. 그리고 천유봉 정상에는 실천도교의 상징인 팽조(彭祖)를 모시는 사당이 있다. 사당에는 팽조의 좌상과 그 양편으로 두 아들 팽무(彭武)와 팽이(彭夷)가 모셔져 있다. 무이산이라는 이름이 바로 팽조의 두 아들의 이름에서 연유했다. 이들은 무이산을 무대로 해 도교를 실천하는 삶을 살아 모범이 되었으며 800년 넘게 살았

무이산 천유봉의 팽조 사당

다고 전해진다. 팽조는 1,000년 가까이 살면서 부인을 49명이나 바꾸었고, 장생술의 일환인 방중술을 완성했다는 전설이 있을 만큼 특별한 관심을 끌고 있다.

팽조 사당 안쪽 기둥 양편에는 도교 불로장생술의 2가지 비결이 새겨져 있다. 하나는 은수서산수정양성 내장생불로극공(隱水棲山修精養性 乃長生不老極功)이고 다른 하나는 찬하복기토고납신 위익수연년요지(餐霞服氣吐故納新 爲益壽延年要旨)다.

맑은 물, 깊은 산에 숨어 살며 정기를 단련하고 본성을 다스리는 것이 불로장생의 최고 방안이며, 이슬 먹고 호흡을 다스리며 낡은 것을 뱉어 버리고 새 것을 받아들이는 것이 해를 거듭할수록 건강해지는 핵심 비결이라는 의미다. 불로장생술의 핵심 요건으로 산이 깊고 물과 공기가 청정한 지역에서 살며 몸과 마음을 열심히 단련해야 함을 강조하고 있다. 구체적으로는 소식하며 호흡을 거칠게 하지 말고 낡은 것을 버리고 새 것을 취하는 적극적인 쇄신의 삶을 살아야 하는 실천적 생활패턴을 강조하고 있다. 이런 가르침은 이후 수많은 도사들의 수련을 이끌었고 일반인에게까지 영향을 미쳐 도교적 수련의 삶을 생활습관화하게 하는 계기를 이루었다.

3. 불로장생술의 실천방안

도교의 불로장생술에 대한 구체적 실천방안은 여러 문파에 따라 일부 차이가 있으나 대략적으로 살펴보면 양생술로 대표되는 음식섭생의 섭양술(攝養術), 호흡조절의 복기술(腹氣術), 자연과의 합일을 지향하는 도인술(導引術), 남녀의 음양조화를 통한 방중술(房中術) 등으로 나누어 볼 수 있다.

대표적인 섭양술로는 소식과 생식을 위주로 하라는 벽곡, 신선이 되는 장생식 또는 단약과 같은 약물을 복용하라는 복이(福餌)가 있다. 약은 웅황(雄黃)이나 단사(丹砂)와 같은 광석, 지황(地黃)이나 영지(靈芝) 같은 천연식물 등으로 구별되며, 효능에 따라 수명연장으로 천신(天神)이 되는 상약(上藥), 양생(養生)의 중약(中藥), 질병치료와 요괴 구축의미의 하약(下藥)이 있다. 이 부분은 갈홍의 『포박자(抱朴子)』에 상세하게 기술되어 있다.

호흡조절의 복기술에는 기를 보존하기 위한 호흡조절의 조식(調息), 태아처럼 잔잔히 호흡하라는 태식(胎息), 나쁜 공기를 철저히 밸어내는 폐기(廢氣)와 토고(吐故), 새로운 맑은 공기를 마시는 납신(納新), 몸의 기가 잘 돌도록 운행하는 행기(行氣)가 있다. 이와 같이 호흡에 대한 수련을 강조했고 이를 통해 몸 안의 모든 노폐물을 제거하고 맑은 기운을 받아들이고자 했다. 이러한 호흡조절이 널리 유행해 단전호흡이 개발되었고 이를 이어받아 우리나라에도 단(丹)운동이 펼쳐지기도 했다. 이러한 호흡조절을 위해서는 맑은 공기가 최우선의 조건이므로 깊은 산속 또는 산봉우리에서 발가벗거나 얇은 옷만 걸친 채 풍욕(風浴)을 하며 자연과 합일을 추구했다.

신체의 단련을 위한 도인술로는 몸을 적절하게 활용해 기를 보존하기 위한 체조요법으로 역근경(力筋經), 팔단금(八段錦), 오금희(五禽戲) 등이 전해지고 있다. 도인술은 기공(氣功)으로 알려져 중국 공산당 정부 수립 이후 국민건강체조인 태극권(太極拳)과 같은 체조요법으로 통일되어 성행하고 있다. 또한 남녀 간의 육체적 결합을 적절히 활용해 정(精)을 보하고 기(氣)를 키우는 방중술이 있다. 그 기본 원리는 채음보양(採陰補陽)에 있으며 『소녀경』, 『채녀경』, 『황제내경』 등에 기록되어 일반에게도 널리 알려지게 되었다.

도교의 장생술은 도교 신봉자뿐 아니라 유학자들에게도 크게 영향을 미쳤다. 유학자들은 실천적 노력을 중요시해 노장학파가 선호하는 청정한 곳에서 은일하게 지내는 청정무위(淸靜無爲)보다 자신이 적극적으로 노력해 건강을 다지는 자강유위(自强有爲)를 생활규범으로 삼았다. 성리학을 집대성한 주자도 무이구곡에 살면서 팽조 사상의 영향을 크게 받았을 것으로 보인다.

"인간은 본성을 다해 주어진 몫을 다해야 한다. 덕을 쌓고 제대로 늙으면 1,200살까지도 살 수 있다(盡性以至於命 宿德老成, 守一處和千二百壽)."

주자도 위백양이 『주역참동계』에 서술한 장생술을 실천하면 장생할 수 있음을 믿고 있었던 것이다. 주자의 이러한 신념은 우리나라 유학자들에게도 큰 영향을 미쳤다. 매월당 김시습이 저술을 통해 앞장섰으며, 퇴계도 신체 단련을 위한 활인심방(活人心方)을 개발해 중화탕(中和湯), 화기환(和氣丸), 도인술과 같은 신체 단련 체조요법을 개발해 스스로 실천했다.

서양 문화권에서의 불로장생술의 핵심은 생명수와 회춘의 샘(Fountain of Youth)에 대한 환상이었다. 특별한 효능이 있는 물을 찾으려 적극 노력했고 대항해시대 원정탐험의 동기부여가 되었다. 또한 미대륙의 서부개척에도 부차적인 목적을 제공했다. 비록 이러한 노력들은 수포로 돌아갔지만, 회춘의 샘 대신 온천에 대한 환상과 기대치가 커졌다. 회춘 또는 피로회복과 심신보정을 위해 온천이 최우선의 휴양지로 선호되었다. 이러한 추세에 맞추어 온천수에 대한 연구도 전통 요법을 추구하는 팀들과 상업적 팀들에 의해 적극 추진되었다. 온천수에 포함된 물질의 건강효과가 차례로 발표되고, 함유물질의 종류에 따라 나트륨천, 칼륨천, 라돈천, 유황천 등으로 나누어 각종 퇴행성질환 치유나 피부미용 효과를 부각시켰다.

아직 학계에서는 온천의 효과나 작용기전이 애매모호해 공식적으로 인정하지 않고 있다. 다만, 일본인의 장수도가 높은 이유를 규명하는 과정에서 서양인들의 샤워가 아닌, 매일 온수에 몸을 담그는 목욕방식이 주목받았다. 이러한 습관적인 행위가 신체의 응내성을 높여 다른 독성 자극에 대한 저항능을 키워주었기 때문이라는 해석이 제기되었다.

4. 불로장생술의 현대적 해석

불로장생술이 불로초보다 강한 설득력을 얻은 것은 무엇보다 부작용 측면에서 보다 안전하다는 기대치 때문이다. 그동안 단약의 부작용을 수없이 접해 왔기에 부작용이 적다는 것은 장점이었다.

고가의 경비가 들지 않는다는 점도 중요했다. 천연의 불로초나 인공의 단약 확보에는 막대한 경비가 필요해 왕후장상이나 부유층만이 이용할 수 있었다. 그러나 불로장생술은 신체를 단련하는 방법으로 일반인들도 활용할 수 있어서 섭생, 도인, 복기의 생활방식이 널리 보급될 수 있었다. 음식 섭생의 경우, 불로초라는 특별한 식품에 중점을 두기보다 음식을 섭취하는 행위, 식생활 습관 개선에 역점을 두었다. 소식과 절식이 불로장생에 큰 효과가 있음이 과학적으로 확인되고 연구성과가 차례로 학계에 보고되면서 설득력을 얻었다.

도교 장생술의 중요한 요체 중 다른 하나는 깊은 산속에서 맑은 물을 마시며 몸의 기를 수련하고 본성을 북돋우는 행위로 생활환경의 공간적 특성을 말해준다. 제2차 세계대전 이후 세계적인 장수지역으로 알려졌던 코카서스산맥의 압하지야, 히말라야의 훈자, 에콰도르의 빌카밤바, 또한 오키나와 북부 산악지역 모두 번잡한 도회지와는 동떨어진 외진 곳이라는 점과도 상통한다. 외부와의 소통이 적어 유행성 질병에서 자유롭고 물과 공기가 맑은 지역들이다. 그리고 경제적 여건이 결핍돼 음식도 소식할 수밖에 없기 때문에 도교 장생술에서 거론하는 은수서산에 살며 찬하복기하는 속성을 만족시켜 준다.

현대적으로 해석해 의미를 추가하자면, 산간지역이기 때문에 일상생활에서 주민들의 운동량이 많을 수밖에 없고, 언덕과 산을 오르내리는 생활방식이 심폐기능 활성화에도 자연스럽게 기여한다고 볼 수 있다. 이러한 도교의 장생술은 일정 부분 과학적 측면에서도 수용 가능하다고 볼 수 있다.

결국은 생활습관 개선

실제로 다양한 불로장생술이 거론되어 왔지만 현재에도 적용될 수 있는 것은 결국 일상생활에서의 생활습관 개선이다. 일상에서 먹고 움직이고 생활하는 일련의 과정들이 궁극적으로 건강에 영향을 미치기 때문이다. 그래서 저자는 백세인들의 생활패턴을 분석하고 장수요인을 조사하는 연구를 통해 '장수집짓기 모델'을 제안한 바 있다. 건강장수를 이루기 위해서는 집짓기와 마찬가지로 기초를 튼튼히 하고 기둥과 지붕을 튼실하게 해야 함을 강조했다(p.181 참고).

장수의 기초 요인으로 유전자, 성별, 성격, 문화, 환경 등의 자연생태적 요건을 거론했고 지붕 요인으로는 사회안전망, 정치적 안정, 의료보험, 복지 시책 등의 사회환경적 요인을 거론했다. 그리고 가장 현실적인 장수의 기둥 요인으로 개인적으로 지켜야 할 운동, 영양, 관계, 참여 등의 중요성을 제안했다. 이는 일상생활에서 유지되어야 할 것들이다. 식생활에서의 균형잡힌 영양섭취, 신체활동에서의 적절한 운동, 그리고 사람들과 잘 어울리고 능동적으로 참여하는 생활습관 개선이 중요함은 아무리 강조해도 부족하다. 다양한 불로초와 불로장생술, 불로촌이 거론되지만 개인의 생활습관이 온전하지 않으면 건강장수를 이룰 수 없다. 각자의 적극적인 노력을 통해 생활습관을 개선한 다음 거론되는 방법과 수단을 활용하고 과학기술의 혜택을 생활에 지원받아야 한다.

5. 장생술의 보완, 과학기술

불로장생술의 핵심은 일상의 생활습관에 있음에도 불구하고 현대인의 삶에서는 방향 개선이 제대로 이루어지지 못하고 있다. 도회지에 사는 사람들에게는 더욱 요원한 일이다. 고령화시대에 건강장수를 추구하기 위해서는 각 개인이 생활패턴 개선을 통해 퇴행성질환을 예방하는 일이 무엇보다 중요하다. 스스로 해야 하는 신체적 노력에서 성과를 이루지 못할 때는 과학기술이 개인의 생활패턴과 습관을 보완해 주어야 한다. 이러한 목적으로 개인의 식이나 운동패턴을 지원하는 과학적 연구들이 추진되고 있다.

첫째, 일반적인 식이의 문제는 앞장에서 설명한 바와 같다. 지중해식단과 같은 여러 가지 식단과 식습관이 권장되고 있다. 식단의 구성과 과학적 효능에 대한 연구는 널리 추진되어 왔다. 더불어 장수의 조건으로 권장되어 온 소식에 대해 과학기술이 새로운 접근을 하고 있다. 식이섭취 조절을 위한 소식효과 대체약물의 개발이 그것이다. 음식을 즐기는 사람들에게 식후 영양분의 섭취나 대사적 활용을 제한해 소식과 같은 효과를 가져오는 대체 약물이 다양하게 개발되고 있으며 일부는 상당한 성과를 내고 있다.

둘째, 운동에 의한 건강증진을 위해 다양한 운동요법들이 장려되고 있다. 걷기, 조깅, 등산, 정원 가꾸기 등의 간단한 운동부터 헬스시설에서의 근력운동이나 수영, 요가, 태극권 등이 널리 보급되고 있다. 그러나 운동의 중요성을 인지하고 있음에도 여러 이유로 운동을 할 수 없거나 하기 싫어하는 사람들을 위해 운동효과를 내는 대체약물의 개발이 추진되고 있다. 이러한 연구는 부상이나 질병으로 병상에 오래 누워 있어야 하는 와상환자를 위해서도 필요한 일이다. 실제 몸을 사용해 직접 운동하지 않더라도 약물복용을 통해 근육과 뼈, 그리고 심폐기능 등을 개선할 수 있다면 건강에 매우 바람직할 것으로 기대된다. 운동이 가져오는 다양한 심신효과를 만족시킬 만한 성과는 없지만 적어도 근골계 기능 개선에 효과가 있는 약물들의 개발은 가능성을 보이고 있다.

그러나 신체활용을 통한 직접적인 노력을 하지 않고 약으로 대체하면 문제가 발생할 수 있음을 명심해야 한다. 운동효과를 대체하는 약물들은 장기간 복용해야 한다는 점에서 부작용의 가능성이 많다. 따라서 이러한 약물에 대한 임상허가가 쉽지는 않다.

셋째, 도교의 양생술에서 강조했던 방중술의 경우도 비아그라(Viagra)의 발명으로 새로운 상황이 전개되었다. 고대부터 음양의 조화를 통해 양생을 추구하려는 노력은 매우 소중한 방법으로 여겨져 왔다. 계파에 따라 각종 비결의 술기들과 비밀 약제가 개발되어 유교적 전통이 강한 우리나라를 포함한 동양 삼국에서 은밀히 전수되었다. 하지만 고가의 비용과 재현성이 미비한 효과로 논란이 일고 보편화될 수 없었다. 그런데 최근 남성 강장제로 우연히 발견된 비아그라와 그 후속 약제들은 전 세계에 엄청난 영향을 주었다. 이 약제는 고령인의 성적 능력 강화로 삶의 질이나 생활패턴에도 영향을 미쳐 고령사회의 남녀관계와 사회적 윤리에도 영향을 주고 있다. 적어도 나이 든 사람들에게 활력과 자신감을 부여했다는 점에서 그 의의를 찾을 수 있다.

넷째, 생체기능을 보완하기 위해 물리적 환경을 보정하는 시스템과 생활습관의 개선이다. 무엇보다 깨끗한 물의 공급이 중요하다. 물이 생명에 미치는 영향이 절대적이므로 정수를 공급하고 폐수를 처리하는 시스템을 구축하는 일은 매우 중요하다. 개인이 사용하는 정수기의 개발도 아울러 발전할 수밖에 없다.

그리고 우리가 일상에서 호흡하는 공기의 중요성이 부각되고 있다. 특히 미세먼지를 비롯한 각종 환경오염원이 만연해 공기정화 시설이나 공기청정기의 개발이 장려되고 있다. 과거에는 자연 그대로 섭취하던 맑은 공기, 깨끗한 물을 이제는 인위적 노력으로 확보해야 하는 시대가 되면서 더욱 절실해졌다. 나아가 몸을 정화하는 목욕 습관의 중요성이다. 목욕을 통해 노폐물이 효과적으로 배출되기 때문이다. 목욕물의 온도를 조절하거나 특정 성분의 첨가로 신체의 응내성을 키우는 방법도 주목을 받고 있다. 과거에는 풍욕을 통해 신선한 바람과 시원한 공기의 자극을 통한 신체기능 개선 효과를 기대하기도 했다. 깊은 산속에서 풍욕을 하던 도인들의 양생술을 현대화해 적절한 공간을 조성하고 실천하는 방안도 가능하다.

다섯째, 생체기능을 보조하거나 증강하거나 대체할 수 있는 물리적 장치(기구)의 개발이다. 부작용을 줄이고 직접적 혜택을 주는 장구의 개발은 의공학 분야에서 적극적으로 개발해 상용화하고 있다. 치아의 경우 틀니의 수준을 넘어 임플란트로, 손발과 팔다리의 경우 의족, 의수의 수준을 넘어 인공 로봇 팔, 손, 다리, 장기의 경우 심장의 카테터, 인공신장, 인공간뿐 아니라 감각기의 경우 의안의 수준이 아닌 구글의 안경, 시각 보조장치, 청각 보조장치 등 놀라운 생체기능 보완 장구들이 개발되어 이미 사용되고 있다. 전자공학적 기술의 혁신으로 더욱 효율적이고 경제적이며 안전한 장구들이 개발될 것으로 기대된다.

생체기능을 지원하는 혁신적인 생체보조기구의 개발은 기본적으로 보조, 증강, 복원, 치환 등의 방향으로 추진되고 있다. 대표적인 보조 증강기술로는 팔다리와 같은 근골격, 눈, 귀와 같은 감각기 등의 상태가 쇠약할 때 신체에 부착시키는 장치를 사용해 기능회복을 돕거나 증강시키는 일이다. 치환 기술로는 신장, 심장, 간, 췌장 등의 오장육부를 대체하는 인공장기를 사용하거나 사지를 기계장치로 대체하는 기술들이다. 그리고 이동을 도와주는 각종 보행 지원장치의 개발은 발전 가능성이 매우 높다. 무인 자동차의 경우, 자동차 운전을 자유롭게 할 수 없는 연로한 사람들에게 원거리 이동을 자유롭게 해줄 수 있어 고령사회에 필수적인 개발품목이다. 이러한 기술의 발전은 로봇공학과 통신수단, 나노공학의 발전에 힘입어 크기와 형태가 축소되고 기능이 향상되어 생체기능을 극대화하고 수명이 연장되는 방향으로 발전을 거듭하고 있다.

제13장 생명개조: 바이오 혁명

운명의 신이 정해준 삶의 길을 끝까지 살아가자

— 베르길리우스 「ECCE HOMO」

1. 냉동인간 논란

인간의 수명은 불가촉불가변(不可觸不可變)의 숙명이라고 믿어 온 사람들에게 과학기술을 통한 수명 연장의 가능성은 희망이 아닐 수 없다. 20세기 들어 단 1세기 만에 인간의 평균수명이 무려 30년 이상 급속히 증가하는 미증유의 사건이 벌어졌다.

하지만 인간의 최대수명이 120세를 넘어설 가능성은 여전히 논란의 대상이다. 이런 상황에서 미국의 한 호사가가 제안한 인간 냉동보존방안은 세상에 충격을 던져줬다. 현대의학으로 치료할 수 없거나 거의 죽음에 이른 환자를 냉동보존한 다음 의료기술이 획기적으로 발전한 훗날 해동해서 병을 치유하고 회복시키자는 제안이다. 단순한 물리적 방법으로 생명연장을 시도하려는 기상천외한 방안이자 매우 도전적인 접근 방식이다. 하지만 실현 가능성이 일부 인정되면서 상당한 영향을 미치기 시작했다. 미국 애리조나주 스캇스데일에 설립된 알코르생명연장재단(Alcor Life Extension Foundation)이 선두주자로 나서 이러한 목적에 따라 인간을 냉동보존하고 있으며 그 유용성에 대해 적극적인 홍보활동을 하고 있다.

계절 장기 수면: 동면과 하면

신체의 냉동보존 개념은 동물이 장기간 수면상태를 유지하는 동면(冬眠)이나 하면(夏眠)에서 그 근원을 찾을 수 있다. 일부 동물의 경우 겨울철에 동면으로 추위를 이겨내고, 일부는 여름철에 하면을 통해 더위를 이겨내 생명을 보존한다. 계절잠의 경우, 외부 온도변화와 식량수급의 문제를 해결하기 위해 체온과 대사율을 낮추어 생체 에너지 소비를 극소화해 생명을 유지한다. 어류, 조류, 양서류를 비롯해 포유동물까지 다양한 종의 동물에서 볼 수 있는 이러한 습성은 수명 연장에도 매우 중요한 방안이 되고 있다.

계절잠은 일상적인 수면과는 다르다. 일상적인 수면은 뇌의 정신 작용으로 신경기능의 일시적 휴지현상이며, 체온이나 대사율에 약간의 저하는 있지만 깨어나자마자 바로 회복된다는 점에서 계절잠과는 전혀 다르다. 계절잠의 경우에는 깨어나서 상당기간이 지나야 체온과 대사를 정상으로 회복할 수 있으며 장기수면에 들어가기 전에 영양을 축적해 두어야 한다.

장기수면은 해당 생물의 생존율을 높이는 데 매우 중요한 방안이다. 단순히 환경적 위험요소로부터의 회피일 뿐 아니라 실제로 수명을 연장하는 데도 크게 기여한다. 동면에 이른 동물의 혈액을 사용해 장기이식 과정의 면역 부작용을 저하시킬 수 있다는 흥미로운 보고도 있다. 인위적인 방법으로 계절잠을 유도하는 물질을 규명하는 방안은 긴 우주여행이나 환경이 열악한 극지 생활을 가능케 하는 방안에도 중요한 단서가 될 수 있다. 그러나 계절잠을 유도하는 물질, 겨울잠의 제어방안, 겨울잠에서의 각성을 유도하는 물질이나 조건에 대해 제대로 알지 못하고 있다.

수면과 연관된 생명연장의 전설이나 신화는 매우 다양하다. 중국 고사의 '한단지몽(邯鄲之夢)'에서처럼 노생(盧生)이 잠깐 조는 동안 80년의 부귀영화 인생사를 경험했다든지, 워싱턴 어빙의 소설에 나오는 립 밴 윙클처럼 산에 나무를 하러 갔다가 낮잠 한숨 자고 내려왔더니 20년이 흘러 세상이 바뀌어 버렸다는 이야기가 있다. 또 마녀의 저주를 받아 100년 동안 깊은 잠에 빠졌던 공주 이야기나, 인도의 신 비슈누가 잠자는 동안 배꼽에서 연꽃이 피어나고, 그 속에서 브라만이 우주 삼라만상을 창조했다는 이야기도 있다. 이런 신화나 동화 속 이야기들은 모두 한숨 자고 났더니 수십 년 또는 수백 년이 흘러 세상이 달라졌다는 점을 부각함으로써 수면과 시간의 흐름 그리고 수명연장이 밀접하게 연계되어 있음을 보여준다.

개체의 냉동보존

장기수면에 의한 수명연장을 전혀 다른 측면에서 부각시킨 것이 개체의 냉동보존 방법이다. 개체의 체온을 영하 80℃ 이하로 낮추면 체온이 최저화되고 대사도 중단될 뿐 아니라 생체 구성 분자들의 활동까지 중단된다. 결과적으로 생명현상에 의해 초래될 수밖에 없는 세포 내 구조물의 손상이 중단되어 생체를 장기간 온전하게 유지할 수 있다고 보는 방법이다. 다만, 이렇게 하더라도 자연계에 존재하는 방사성 우주선(宇宙線)의 영향으로 이론적으로는 1,000년 이상 보존은 불가능할 것으로 보고 있다.

생명체의 냉동보존 방법은 각종 세포의 보존, 박테리아 및 바이러스 등의 미생물 보존에서는 이미 이용되고 있다. 정자와 난자 등의 보존은 널리 실용되고 있으며, 냉동 생식세포를 활용한 시험관 아기의 성공적 탄생도 연이어 보고되는 등 보편화되고 있다. 이러한 단일세포 상태가 아니라 개체상태인 다세포 생명체를 냉동보존한 다음 해동해 생명을 회복한 성공사례도 많이 보고되고 있다.

개체의 냉동보존에서 가장 중요한 문제는 온도를 낮추면 세포 수준에서는 수분이 세포 밖으로 나가 얼음으로 결정화되는 것이다. 그 결과 세포 내 용질이 농축되고 남은 수분이 결정화되어 손상을 초래할 수 있다. 냉동 시 개체 수준의 문제는 조직을 순환하는 혈액을 비롯한 액체 성분의 결정화다. 액체가 결정화되면 생체 전반에 손상을 가져올 것은 분명하다. 손상을 극소화하기 위해서는 액체 성분을 부동제로 치환해야 할 필요가 있다. 문제점을 해결하기 위한 노력 중 첫째는 개체를 냉동하는 방안을 프로그램화해 제어하는 방법이다. 서서히 냉동함으로써 급속냉동에서 발생하는 문제점을 최소화하는 것이 우선 과제다. 둘째는 냉동에 의한 수분의 결정화로 인해 생기는 문제점을 극복하기 위한 냉동보존제의 사용이다.

동물의 사례에서 자연적인 냉동보존제 또는 부동제(anti-freeze)를 볼 수 있다. 해동 후 성공적으로 회복된 경우에서 보면 물곰은 생체 내 수분을 트레할로스당(sugar trehalose)으로 치환해 결정화를 막고 있다. 나무개구리의 경우는 조직 내 요소(urea)가 축적되고 간 조직의 글리코겐이 포도당으로 전환해 얼음 결정을 제어하며 세포의 삼투압에 의한 수축을 억제한다. 생체 내 총 수분의 65% 이상이 동결되지 않는 한 여러 차례 냉동·해동을 되풀이해도 이겨낼 수 있음이 보고되었다. 또한 포도당이 대략 19mmol/l 이상까지 농축돼 부동제 역할을 한다. 자연적인 냉동보존제는 냉동으로 인한 조직 내 삼투압 증가를 극복하고 세포 내 수분의 결정화를 억제하는 역할을 한다.

인공적인 냉동보존제도 차례로 개발되었는데 글리세롤(glycerol)과 DMSO(dimethylsulfoxide)가 대표적이다. 냉동보존제들은 부동제로 작용하며 점도를 높여 결정화를 억제하고 시럽 상태의 용액은 부정형 얼음상태로 바뀌어 고체성 액체상태로 전환하게 해준다. 이러한 유리상태화(vitrification)는 조직이 냉동상태를 오래 유지하는 데 기여한다. 냉동과정 중에서 가장 문제가 되는 것은 뇌의 손상인데, 최근 토끼의 뇌에 글루타르알데히드를 사용해 혈액을 대체한 후 급속냉동했다가 정상적으로 해동해 회복시킨 보고가 있어 이 분야에 일말의 서광이 비치고 있다.

인체의 냉동보존

냉동방법의 개선 및 발전은 결국 인체를 대상으로 한 냉동보존을 시도하게 했다. 다음의 가정을 근거로 가능성을 주장하는데, 하나는 기본적으로 냉동요법으로 보존된 생체를 완벽하게 재현할 수 있다는 가정이다. 다른 하나는 인간의 심장박동이 멈추고 호흡이 중단되는 것을 근거로 하는 법적 죽음이 실제로 세포와 조직이 완전히 죽는 생물학적 실질 사망과는 다르다는 가정이다. 법적 사망 직후 시행하는 급속냉각과 응급 심폐술은 생체보존을 가능하게 할 수 있다고 믿고 있다. 이런 가정을 바탕으로 인간을 냉동보존하는 회사가 출현했는데 미국의 알코르생명연장재단을 비롯해 디트로이트 냉동보존연구소(The Cryonics Institute), 오레곤 크라이오닉스(Oregon Cryonics), 러시아 크리오러스(KrioRus) 등이다.

알코르생명연장재단에는 이미 150여 구의 '시체'가 냉동 보관돼 있다. 이 재단에서는 고객을 환자, 사망한 사람을 잠재적 생존자로 분류한다. 고객 중 25% 이상이 첨단기술 분야 종사자라는 점에서 과학기술에 대한 일반인과 전문 과학기술인 간의 신뢰도 차이를 엿볼 수 있다.

처음 냉동인간이 된 사람은 간암으로 시한부 인생을 살던 미국의 심리학자 제임스 베드포드로 1967년 동결보호제의 체내 주입으로 혈액을 대체한 다음 액체질소를 채운 영하 190℃의 금속용기 안에 동결되어 있다. 그동안 인체의 태아 조직이나 난자, 정자 등의 냉동 후 해동에 의한 성공적 회복이 보고되었으나 아직까지 어류, 양서류 이외에 포유동물의 개체를 냉동 후 성공적으로 해동해 회복시킨 사례는 보고되지 않고 있다. 현재 기술로는 포유동물을 급속냉동 후 정상으로 해동하는 회복기술이 불가능하며 앞으로 의학발전을 기대할 수밖에 없다.

냉동보존을 추구하는 방법은 인간의 불로장생에 대한 염원이 극대화한 모습의 일환이다. 생명연장을 과학기술에 의존하되 현재의 수준이 부족하다고 여겨 먼 훗날 발전될 과학기술에라도 의존하려는 인간의 욕망을 표현하는 극한의 방안인 것이다. 이렇게라도 해서 수명을 연장하는 것이 바람직한 것인지 윤리적 · 철학적으로 심각한 문제가 제기되고 있다. 가능성이 전혀 없는 것은 아니지만 아직 확립되지 않은 방법까지 동원해 막연한 미래를 기약하는 인간의 불로장생 추구에는 한계가 없음을 보여주는 극적인 예라 하겠다.

2. 하이브리드 인간 판타지와 병체결합

인간이 산과 들을 마음대로 뛰놀고 바다를 헤엄치고 하늘을 나는 상상으로부터 창안해낸 것이 반인반수(半人半獸)의 생명체다. 반인반마(半人半馬), 반인반우(半人半牛), 반인반조(半人半鳥), 반인반사(半人半獅), 반인반상(半人半象), 반인반호(半人半狐), 반인반어(半人半魚), 반인반사(半人半蛇) 등이 있다. 능력의 한계를 인정하고 하늘과 땅과 바다를 누비는 동물들과 병합한 개체를 이루어 신체적 능력을 확대하고 공간적 한계를 극복하려는 인간의 처절한 염원이었다. 나아가 욕망을 충족하기 위해 반인반신(半人半神)의 존재까지도 상상했다. 늙지 않고 죽지 않는 영생의 존재인 신과의 결합을 통해 죽음마저 극복하려는 시도로, 시간적 한계를 초월하려는 욕망이다.

그러나 이들 반신(半神, Demigod)은 신과 같은 능력은 갖추었지만 영생은 얻지 못한 것으로 표현하며, 인성이 있는 한 불로장생의 염원은 불가능함을 인정했다. 신화시대부터 인간은 다른 생명체와의 하이브리드(Hybrid, 雜種)뿐 아니라 신과의 하이브리드까지 상상하면서 시간과 공간의 한계를 초월하고자 했다. 판타지 세계에 머물러 있던 이러한 욕망은 최근 병체결합이라는 외과적 술기가 등장하면서 수명연장 분야가 새로운 차원으로 도약하고 있다.

병생

병생(Parabiosis, 竝生)이란 의미의 파라바이오시스의 어원은 '옆, 곁, 다른'이라는 뜻의 파라(para)와 생명을 뜻하는 비오스(bios)다. 곤충학자인 포렐(Auguste-Henri Forel)이 공생(symbios)에 대립해 제안한 용어다. 기본 개념은 살아 있는 서로 다른 두 개체를 외과적 방법으로 연계시켜 공동의 생리 시스템인 혈액순환계를 공유하도록 하는 술기다. 독립된 개체상태를 유지하면서 상호 협력을 통해 생존을 영위하는 공생(共生)과는 차별화되는 개념이다.

최초의 동물실험은 19세기 중반 베르(Paul Bert)에 의해 실시되었다. 쥐를 비롯해 나비, 개미 등의 곤충이나 히드라 및 어류를 대상으로 몸통만 있는 성체를 다른 성체에 연결해 생리효과를 테스트하는 방법을 개발했다. 이 방법은 서로 다른 두 개체의 복강이나 피부를 연결해 서로의 혈액이 공통으로 순환하게 하는 것이다. 한 개체의 혈액에 염료를 주입해 상대방 개체에 흘러 들어감을 확인함으로써 그 효과를 바로 입증할 수 있다.

이 술기는 한동안 학문적 발전을 이루지 못했다. 서로 다른 개체 간의 면역 거부반응에 대한 연구가 제대로 이루어지지 못했기 때문이다. 그러던 중 동물의 계대 사육에 의한 순계(inbreeding) 개념이 정립된 이후 면역문제가 줄어들자 20세기 중반부터 대사와 비만 연구팀들이 쥐를 대상으로 이 술기를 사용했다. 식욕조절의 원인을 찾는 과정에서 시상하부 일정 부위를 손상시킨 쥐와 정상 쥐를 병체 결합시켜 개체 간의 식욕과 비만도를 비교했다. 그 결과 뇌손상 쥐가 과식을 하고 비만에 이른 반면, 그렇지 않은 쥐는 수척해지면서 음식을 거부하는 현상이 나타났다. 이로써 시상하부의 음식제어 중추를 찾게 되었고 식욕조절 인자가 두 개체에 순환되고 있음을 알게 되었다. 이를 통해 식욕결정인자인 렙틴(leptin)을 발견하고 그 효능을 찾게 되었다. 이 방법은 당뇨병을 비롯한 대사성 질환 연구는 물론, 암 전이 실험 및 치매, 관절염 등 퇴행성질환 연구에도 활용되기 시작했다.

또한 노화 개체에서 신경교세포인 희소돌기아교세포(oligodendrocyte)의 수가 줄어들어 수초형성이 저하되는 현상을, 젊은 쥐와의 병체결합을 통해 수초형성이 부활하고 신경기능이 개선되는 것을 발견했다. 그러나 동물애호가들의 반대로 한동안 실험이 기피되다가 병체결합에 의한 노화제어 효과가 발표되면서 연구가 급진전을 이루었다.

병체결합은 연계된 두 개체에 상호 큰 영향을 주어 대사적 또는 병리적 측면에서 연구하는 데 많이 이용되어 왔다. 최근 줄기세포 연구팀이 병체결합에 의해 상대방 개체의 줄기세포가 영향받음을 보고하고, 이어 젊은 쥐와 늙은 쥐를 병체결합하면 늙은 쥐의 수명이 연장되고 젊어져 보인다는 실험 결과를 발표했다.

스탠퍼드대학 란도(Thomas Rando) 팀은 병체결합을 통해 늙은 쥐의 간, 근육, 심장, 심지어 뇌까지 젊어질 수 있음을 확인 보고하고, 그런 효과의 결정요인은 병체결합체 간에 순환하는 혈액인자라고 주장했다. 병체결합에 의해 젊은 쥐의 혈액에 있는 순환인자가 늙은 쥐의 여러 조직에 있는 성체줄기세포들을 활성화해 노화를 제어한다고 부연 설명했다. 이처럼 늙은 쥐를 젊게 할 수 있는 노화제어인자가 혈액 내에 존재한다는 가설은 엄청난 파급효과를 가져왔다. 노화는 비가역적이고 불가피하다는 기존의 절대적인 개념 자체를 뒤집는 일이었기 때문이다.

노화를 제어할 수 있는 어떤 물질이나 인자가 혈액을 통해 병체결합 개체 간에 순환해 효력을 미칠 것이라는 착상은 혈액순환인자의 규명을 서두르게 했다. 단순히 혈액을 주입하지 않고 혈액의 액체 성분인 혈장만 주입해도 그 효과가 있다는 추가적인 실험 결과는 당연히 혈장 내 유용성분의 존재를 추정했다. 여러 팀이 젊은 쥐 혈액에는 없거나 적지만 늙은 쥐의 혈액 내에는 많은 인자, 반대로 늙은 쥐 혈액 내에는 적지만 젊은 쥐 혈액 내에는 많은 인자들을 중심으로 여러 가지 효능 검사를 추진했다.

그 결과 대표적으로 GDF11과 옥시토신(oxytocin) 등이 회춘인자로 거론되었고, 반면 베타2미크로글로불린(beta2-microglobulin)은 노화유지인자로 규명되었다. 늙은 쥐의 혈액에는 노화상태를 유지하는 인자가 있고, 반대로 젊은 쥐에는 젊음을 유지해 주는 인자가 있으며, 이들은 병체결합 시 서로 영향을 줄 수 있다는 것이다. 이처럼 생체의 노화나 젊음을 유지하기 위한 특정 인자가 존재한다는 발상은 아직 검증이 확실하게 이루어지지 않았다. 하지만 논란이 있기는 해도 노화제어의 새로운 가능성으로 등장한 것은 분명하다.

인간의 시간과 공간을 초월해 살고자 하는 염원으로 시작된 하이브리드 판타지가 결국 병체결합이라는 술기를 창출했다. 이를 통한 혈액의 교환으로 인한 생리효과는 궁극적으로 노화를 제어해 불로의 꿈을 이루는 특정 혈액순환인자 규명으로 이끌고 있다. 인간의 불로장생 판타지가 과학화로 이어진 구체적 사례다.

실제로 젊은 사람의 혈액을 수혈받아 회춘하려는 노력은 이미 오래전부터 구소련을 중심으로 시행되어 왔다. 특히 20세기 초 소련에서 보그다노프(Alexander Bogdanov)의 주도로 최초의 혈액은행을 설립해 회춘 목적의 수혈이 유행했다. 하지만 이에 따른 감염과 부작용에 의한 사고 빈발로 결국 중단되고 말았다. 이러한 성급한 처치들은 연구결과가 마무리되지 않은 상황에서 실제로 인체에 적용하려는 임상실험들이 호사가들의 주도로 무모하게 추진되었기 때문이다. 특히 치료법이 전혀 없는 늙은 알츠하이머 환자들을 대상으로 젊은 사람의 혈액을 주입해 그 효과를 추적하는 실험이 최근 진행되고 있다. 이에 미국 FDA에서는 실제 임상적 효과의 미비함과 각종 혈액 이환성 질환의 감염을 우려해 2019년 초부터 제도적으로 강하게 규제하고 있다.

3. 줄기세포 혁명

내 몸과 꼭 같은 다른 개체가 있다면 어떤 생각이 들까? 분신술로 '나'라는 개체를 여러 개 만들어낸다면 어느 개체가 진정한 나인가? 이런 가정은 오직 상상의 세계나 신화에서나 가능한 이야기로만 생각해 왔으나 체세포 복제술이라는 기법이 등장하면서 현실화가 눈앞으로 다가왔다. 이미 식물이나 동물에는 이 기법이 보편화된 술기로 자리잡아가고 있다. 식물의 경우 잎이나 뿌리의 한 조각을 떼어내 새로운 개체를 만들어내는 방법이 상용화되어 농업의 주요 기술로 자리잡았다. 동물에서도 복제가 상용화되고 있고 호사가들의 큰 관심을 끌었으며 중국에서는 원숭이 복제도 성공해 인간복제 가능성을 더욱 높이고 있다.

체세포 복제는 개체의 세포에서 분리해낸 핵을 다른 개체의 핵을 미리 제거해 둔 난자에 이입시켜 수정을 유도한 다음, 이를 대리모의 자궁에 이식해 개체를 인위적으로 복제하는 방법이다. 이런 복제 분야의 획기적인 전환점은 줄기세포의 발견이다. 이론상으로 태아나 성체에서 확보된 줄기세포는 핵의 난자이입 절차를 통하지 않고도 모든 세포로 분화되어 개체까지 유도할 수 있다는 점에서 엄청난 사건이다. 다른 개체의 난자를 이용하지 않고 자신만의 세포로 새로운 개체를 만들어낼 수 있다는 점이 놀랍다. 다른 난자를 이용하지 않는 진정한 복제방법이 제기된 것이다.

이 분야 연구의 문은 일본의 젊은 의학자 신야 야마나카(Yamanaka Shinya) 박사의 기발한 착상에 의해 활짝 열렸다. 줄기세포와 정상 일반세포의 유전자 전사인자의 차이를 발견하고, 줄기세포에만 고유한 전사인자를 일반세포에 이입하는 실험에서 획기적인 발견을 했다. 바로 줄기세포 특이적 전사인자만으로도 정상세포를 줄기세포로 전환할 수 있다는 결과였다. 이후 이 분야 연구는 눈부시게 발전해 새로운 세상이 열렸다. 인간의 신체를 구성하고 있는 장기의 어떤 세포라도 분리해 간단하게 줄기세포로 만들 수 있으며 이들 세포 하나하나가 개체로 발생할 수 있다는 성과는 생명과학계에 획기적 전환점이 되었다. 헉슬리의 소설 『멋진 신세계』에 나오는 인간제조 공장이 현실화될 수 있을 만한 엄청난 사건이다. 이는 신이 진흙 덩이로 인간을 창조했다는 신화에 버금갈 만한 사건이다. 인간에 의한 인간의 재창조 혁명이라고도 볼 수 있다.

줄기세포의 정의와 분류

줄기세포는 원래 태생기의 전능세포(pluripotent cell)를 말하며 어떤 조직으로든 분화할 수 있는 세포로, 주로 초기 분열 단계의 배아에서 확보할 수 있다. 이 단계의 세포는 조건에 따라 특정한 세포계로 배양될 수 있어 간세포(幹細胞)라고도 한다. 자연상태의 줄기세포는 크게 배아줄기세포(Embryonic Stem Cells, ESC)와 성체줄기세포(Adult Stem Cell, ASC)로 나뉘며, 최근 인위적으로 일반세포를 줄기세포로 전환해 생성한 만능유도 줄기세포가 추가되었다. 고전적 의미의 줄기세포는 자가복제능과 분화능이라는 특성을 가지고 있다. 자가복제능은 줄기세포가 원래 세포와 동일한 모세포와 딸세포로 나뉘는 복제능을 가지고 분화되지 않은 상태를 유지하면서 세포분열을 지속할 수 있는 능력이다. 분화능은 다른 종류의 특정 세포로 분화할 수 있는 능력으로, 전능세포 또는 만능세포가 되기 위해 반드시 필요한 조건이다.

배아줄기세포는 정자와 난자의 수정으로 생성된 배아에서 유래한다. 거의 모든 세포로 분화할 수 있는 능력이 있어 전분화능줄기세포(Totipotent Stem Cell)라고 한다. 대량증식이 가능하며 면역 거부반응이 없어 타인이나 다른 종으로의 이식도 가능하다.

배아줄기세포의 분화능은 전능성, 만능성, 다분화성으로 구분된다. 전능성은 세포 하나하나가 개체를 형성할 수 있는 분화능을 말한다. 수정란이 갈라져 생긴 일란성 쌍둥이와 같은 경우다. 만능성은 태아나 성체의 모든 세포로 분화할 수 있는 능력을 말한다. 수정란세포가 여러 장기로 분화되기 전 단계의 세포로 심장, 신경, 근육, 간, 피부 등 다양한 장기로 분화가 가능한 경우다. 다분화성은 세포계에 속한 여러 세포종으로 분화가 가능한 성체줄기세포를 말한다.

성체줄기세포는 신체 각 조직에 소량 존재하며 특정한 조직을 구성하는 세포다. 분화능이 계통 제한적이라는 특성이 있어 배아줄기세포와 전적으로 다르다. 근육줄기세포는 근육을, 피부줄기세포는 피부를, 골수세포는 혈구세포를 형성한다. 성체줄기세포는 분화가 안정적이기 때문에 암세포로 발전할 가능성이 없어 임상적 적용이 비교적 용이하다. 다만, 얻을 수 있는 줄기세포수의 양이 적고, 배양이 어려우며 특정 세포로만 분화가 가능한 단점이 있고, 면역 거부를 일으킬 수 있어 타인에게 기증하거나 공여하기가 어렵다는 한계가 있다.

이 분야의 또 다른 획기적 발전은 인위적인 유도만능줄기세포(Induced Pluripotent Stem Cell, iPS) 제작의 성공에 의해 이루어졌다. 유도만능줄기세포는 신체를 구성하는 일반 세포를 활용해 배아줄기세포와 같은 성질의 줄기세포로 역분화를 유도한 세포다. 2007년 일본의 야마나카 팀이 4가지 유전자 전사인자인 Oct3/4, Sox2, c-Myc, Klf4를 생쥐 섬유아세포에 주입해 최초로 역분화에 성공해 유도만능줄기세포를 제작했고, 이후 인간의 섬유아세포를 대상으로도 역분화에 성공해 줄기세포를 제작했다. 간단하면서도 획기적인 발견을 하게 된 것은 정상적인 세포와 줄기세포 간의 유전적 전사인자 패턴을 비교 분석한 다음 일반세포에는 없거나 적고 줄기세포에만 있거나 많은 유전자 전사인자를 구별 확인한 때문이다. 이들을 각각 정상세포에 이입해 비교하는 단순한 실험을 꾸준하게 해 4개의 전사인자로 압축하는 데 성공했다. 이후 위스콘신대학 팀은 Oct4, Sox2, Nanog, Lin28을 주입해 인체 상피세포의 역분화에 성공해 유도만능줄기세포 제작 술기가 보편화하는 계기를 이루었다. 이러한 업적으로 야마나카는 2012년 노벨 생리의학상을 받았다. 배아줄기세포나 유도만능줄기세포는 모두 만능성과 분화능이 있고, 배아체(embryobody)와 기형종양(teratoma) 형성능을 가지고 있지만, 염색체의 메틸화 패턴이나 유전자 발현 패턴이 일부 상이해 반드시 완벽하게 같지는 않다.

유도만능줄기세포의 인위적 제작 방법의 창안은 생명현상이 의외로 단순 명료한 원칙에 의해 작동하며 신비한 생명 현상도 의외로 간단하게 설명할 수 있음을 보여주는 대표적 사례다.

줄기세포의 의료적 활용

줄기세포 활용 의료가 우후죽순처럼 활발하게 추진되고 있다. 줄기세포 연구를 통해 미래의학의 새로운 지평이 열린다고 해도 과언이 아니다. 적절한 의료 방안이 없고, 대안도 마땅하지 못했던 각종 노인성 및 퇴행성 질환의 회복이나, 치유가 어려웠던 특수조직의 재생에 희망적 대안으로 대두되었다. 당뇨병, 류머티즘성 관절염, 뇌졸중, 두부손상, 황반변성, 척추손상, 알츠하이머병, 심근경색, 생식불능, 시각 청각 기능 회복, 치아보정, 대머리 치료 등에 이미 많은 연구가 진행되고 있다. 파킨슨병의 경우에는 도파민 생성 신경원세포를 공급해 이식해 주거나, 당뇨병은 제1형의 경우 인슐린 분비 베타세포를 줄기세포로부터 분화시켜 공급 이식함으로써 질병의 근원적 해결을 가능하게 할 수 있다.

줄기세포 분화 연구는 인체의 발생과정 연구뿐 아니라 대체장기 개발까지도 시도되고 있다. 개개인의 세포를 이용해 제작한 만능유도줄기세포에서 확보한 균질의 인체조직이나 세포는 개인화된 치료 약물이나 방안의 개발에 사용될 수 있다. 궁극적으로 부작용을 최소화하고 의료 효율을 극대화할 수 있는 의료 개인화를 가능하게 해줄 것으로 기대된다.

과학기술과 윤리의 갈등

줄기세포는 의학적 측면을 비롯해 인류에게 새로운 지평을 열어줄 것으로 예상된다. 하지만 사람의 배아를 이용하는 줄기세포의 특성상 인간의 존엄성과 관련한 비판이 불가피하며 이미 심각한 논쟁이 진행되고 있다. 인체줄기세포 연구가 진행되기 위해서는 배반포

(blastocysts)를 이용해 줄기세포를 추출해야 하지만 배반포가 태아로 발달할 수 있기 때문에 인간 생명의 존엄성을 훼손할 가능성이 있어 종교적 또는 신념적 논쟁이 심각할 수밖에 없다. 따라서 각 국가에서는 제도적으로 생명윤리법을 제정해 규제하고 있으며, 우리나라도 생명윤리 및 안전에 관한 법률이 제정되어 배아줄기세포를 만들기 위해 생명체로 자랄 수 있는 배아를 이용하는 행위를 엄격히 금지하고 있다. 정자와 미수정 난자나 불임치료 후 폐기할 예정인 냉동배아만 활용이 허용되고 있다.

줄기세포의 활용은 생명윤리적 문제 외에 중요한 과학적 난관을 아직 해결하지 못한 한계가 있다. 임상 목적으로 사용하는 배아줄기세포나 유도만능줄기세포는 속성상 기형종을 형성할 수 있어 사용에 한계가 있다. 줄기세포 이식 후 암 발생이 보고된 경우가 상당수 있어 조심스럽다. 타인의 줄기세포를 이식한 후 초래되는 면역 문제를 해결하기 위해서는 방사능선 조사나 면역 억제제를 사용해야 하므로 실용적 측면에서도 제한이 있을 수밖에 없다. 이러한 문제를 극복하기 위해 확보가 어려운 배아줄기세포보다 비교적 쉽게 제작할 수 있는 유도만능줄기세포의 활용이 적극 검토되고 있다. 또한 면역 거부 문제 해결책으로 줄기세포은행을 구축해 개인차를 최소화하고, 면역적 수용이 가능한 줄기세포주를 비치, 활용하는 것이 제안되기도 했다. 사용하는 줄기세포를 해당 조직에서 분화유도하면서 암으로 분화되지 않고 목표하는 조직의 세포로 선택적으로 분화유도하는 방안의 개발 및 연구도 심도 있게 진행 중이다.

미래 의학과 줄기세포

미래 세상에서 추구하는 의학의 모습을 그려보면 역시 인류의 꿈인 인간의 수명한계를 넘어서 불로장생을 추구하는 방향으로 진행할 것이다. 지금까지 인류는 보다 더 오래, 잘살기 위해 온갖 노력을 기울여 왔다. 이러한 맥락에서 줄기세포가 그 가능성을 높이는 데 기여할 것은 당연하다. 줄기세포의 자가복제능을 통해 필요한 세포의 무제한 공급이 가능하며, 분화능을 가져 인간이 필요한 모든 세포를 만들어낼 수 있기 때문이다. 고령화, 퇴행화 또는 손상에 의해 기능을 수행하지 못하는 장기를 보완하거나 대체할 수 있으며, 온전한 기능을 가질 수 있도록 각 기관의 질병을 해결해 줄 수 있다는 점에서 의학의 새 지평을 열기에 충분하다. 이러한 줄기세포를 시험관에서 임의로 제작해 활용이 가능하다는 점은 이 분야의 산업화 가능성을 밝게 하고 있다.

그러나 이 분야의 발전이 가져올 윤리적 문제와 생명존중 훼손의 문제는 적절한 해답을 찾지 못하고 있다. 또한 과학기술의 발전을 어디까지 용납돼야 하는지에 대한 구체적인 문제가 있다. 생명과학 연구를 적절하게 규제해야 하는 생물학적 모라토리엄(Biological Moratorium)을 본격적으로 가동해야 할 때가 아닐까 한다.

4. 체세포 핵치환술과 인간복제

"하나님이 자기 형상, 곧 하나님의 형상대로 사람을 창조하시되 남자와 여자를 창조하시고(창세기 1:27)"

하나님이 자신의 모습 그대로 인간을 창조했다는 말씀은 태초부터 복제가 생명체의 형상 원리로 작동했다는 인식이다. 중국의 4대 기서 중 하나인 『서유기』에서 제천대성(齊天大聖) 손오공이 72반 도술로 81난을 극복하는 과정에서 자신의 머리털을 뽑아 분신을 만드는 것도 복제술의 전형적 사례다.

조선시대의 도술사 전우치가 분신술을 시행했다는 등의 고사는 생명체의 복제에 의한 분신술 개념이 일찍이 일반인들의 상상 속에 깊숙이 박혀 있음을 보여준다. 헉슬리의 『멋진 신세계』에도 인간 제조공장이라는 개념이 등장한다. 얼마 전까지도 상상의 세계에 머물러 있던 생명체 분신개념이 과학기술의 발전에 따라 현실화되고 있다. 아직 인간에게 복제술을 직접 시행하는 것은 허용되지 않지만 동식물을 대상으로 널리 추진되고 있다.

생명 복제술의 등장

생명체의 분신이나 복제술이 과학적으로 처음 시도된 것은 100년 전이다. 도롱뇽의 수정란을 머리카락을 이용해 두 개로 나누어 유전적으로 동일한 두 마리의 개체를 만들어낸 것이 생물학 발전에 전환점을 이룬 사건이었다. 수정란이 아닌 미수정란을 대상으로 한 놀라운 사건은 영국의 거든(John Gurdon)에 의해 이루어졌다. 개구리 알의 핵을 제거하고 다른 개구리의 창자를 이루는 세포의 핵을 이식해 다수의 복제 개구리를 만드는 데 성공했다. 거든은 이 업적으로 노벨 생리의학상을 받았다.

동물의 난자와 정자를 이용해 체외 수정한 수정란을 대리모에게 이식해 출산을 시킨 시험관동물 출산법이 성공한 것도 중요한 전기였다. 시험관 체외수정 출산법은 처음에는 윤리 및 기술적 완벽성의 논란이 극심했지만 이제 인류에게도 널리 활용되어 불임을 극복하는 중요한 방법으로 정립되었다.

이러한 기술의 개발로 수정란을 분할해 생성한 배아를 인공 배양해 대리모의 자궁을 통해 출산하는 방법이 포유동물인 생쥐, 면양, 토끼, 소와 돼지 등에서 차례로 성공했다. 이 획기적 기술의 결정적 사건은 영국의 윌머트(Ian Wilmut)와 캠벨(Keith Campbell)이 체세포 핵을 이식해 복제 양 돌리를 탄생시킨 일이다. 포유동물의 생식세포가 아닌 체세포를 이용한 복제라는 점에서 큰 의미를 갖는다. 6년생 암양의 유방 세포에서 핵을 꺼내 다른 양의 미수정란에 있는 핵을 제거하고 그 자리에 넣은 다음, 대리모의 자궁에 이식해 태어나게 한 것이다. 이후 생쥐, 소, 개 등의 체세포 핵이식 복제가 차례로 이루어졌다. 얼마 전에는 중국에서 원숭이를 대상으로 한 복제에 성공해 영장류의 복제 가능성을 보여주었다.

포유동물과 영장류에서의 체세포 복제 성공은 인간 세포의 복제 가능성을 강하게 암시하므로 사회적 파급효과가 엄청날 수밖에 없다.

체세포 복제 방법

일반적으로 생식에는 무성생식과 유성생식이 있다. 무성생식은 세포 내 핵구조가 없는 박테리아, 바이러스 같은 전핵세포나 효모 또는 일반세포와 같은 단세포 생명체의 분열증식 방법으로, 동일한 유전형질을 가진 세포 그대로 계대되기 때문에 진정한 복제라고 할 수 있다.

반면, 일반적인 다세포 생명체의 보편적 증식방법인 유성생식은 암컷과 수컷이 유전자를 교환해 증식하는 방법이다. 따라서 세대 간의 유전자 구성이 동일하지 않고 차이가 있으며 계대하면서 변화 발전한다. 진정한 복제는 동일한 유전자를 가진 생명체로 이어져 가는 것을 의미하기 때문에 복제는 단세포 생명체의 고유 기능이었다. 유성생식으로 이루어져 온 다세포 생명체의 증식 패턴은 생물이 진화하는 데 근간을 이루게 되었다. 변화, 적응, 선택이라는 진화이론의 본질은 생물의 이러한 유성생식에서 비롯되었다.

체세포 핵치환술은 진화과정에 역행하는 인위적이고 파격적인 생명복제 기술이다. 핵이식 기술은 개체의 체세포에서 뽑은 핵을, 미리 핵을 제거한 미수정란에 이식해 융합하고 활성화한 다음 대리모에 착상시켜 새로운 생명체로 태어나게 했다. 이 과정에서 원래 세포의 핵을 그대로 사용하므로 유전형질이 대리모와는 전혀 관계가 없고 핵을 제공한 개체와 100% 똑같아 진정한 생명복제로 정의할 수 있다. 이 밖에도 다세포 생명체를 복제하는 방법으로 수정란의 배반포 시점에서 할구를 분할하는 할구복제 방법, 유전형질을 인위적으로 조작해 형질 전환하는 복제 방법 등이 이미 개발되어 실험실에서 널리 활용되고 있다. 이 방법은 줄기세포 제조에도 그대로 활용될 수 있기 때문에 활용적인 측면에서 더욱 주목받고 있다.

이와 같이 원래 세포와 꼭 같은 유전형질을 가진 세포를 제조할 수 있고, 대리모의 자궁에 착상시켜 온전한 개체를 태어나게 할 수 있는 기술은 생명철학의 근간을 뒤흔든 큰 사건이 아닐 수 없다. 인위적으로 설계해 유전형질을 조작한 인간이 탄생할 수도 있다는 가능성이 제기됨으로써 생명윤리에 엄청난 후폭풍이 일 수밖에 없다.

체세포 복제술의 유용성과 윤리 문제

생명 복제술은 질병치료에 활용한다는 점에서 긍정적이다. 불임해결 또는 치유 불가능한 유전적 결함을 근원적으로 개선해 온전한 개체로 바꿀 수도 있고 장기이식 분야에 새로운 장을 열 수 있다. 생명체 유전자의 재생 활용이 가능하고, 멸종한 생물의 복원도 시도할 수 있다. 나아가 언젠가는 인간의 복제도 이루어질 수 있음은 부인할 수 없는 일이다.

그러나 생명 복제는 인간을 대체 가능한 존재로 여기게 함으로써 인간의 생명에 부여된 절대적 가치와 존엄성을 크게 훼손할 수 있다. 인간생명 복제는 인간을 공법에 따라 기계적으로 제작하고, 임의적 설계에 의해 변형할 수 있는 존재로 간주하게 함으로써 개인의 가치나 존엄성을 훼손하는 결과를 낳을 수밖에 없다.

또 다른 논란은 수정란, 배아, 태아 모두 인간이 될 잠재적 가능성이 있기 때문에 이를 희생시켜서라도 생명을 연장하는 일이 옳은가하는 문제다. 인간의 난자 공여에 대해서도 윤리성 문제가 제기되고 있다. 과학기술의 발전, 특히 생명과학의 발전과정에서 제기되는 윤리적인 문제는 인간의 철학적 가치에 도전을 하고 있다. 본격적인 생명윤리에 대한 논의에 앞서 진품과 복제품의 사례를 들어 그 가치의 차이를 생각해 본다.

진품의 가치와 복제품의 양산

로스앤젤레스 외곽의 폴 게티 박물관을 찾아갔을 때 감동과 충격을 받았다. 폼페이 유적의 대표적 정원 건물을 재생한 독특한 분위기의 박물관 입구로 들어서는 순간 두 눈을 빨아들이는 그림이 기다리고 있었다. 반 고흐의 유명한 붓꽃(아이리스) 그림이었다. 꿈틀거리는 푸른 줄기에 진보랏빛 꽃송이들이 뒤엉켜 있는 모습에서 흥분을 느끼지 않을 수 없었다. 놀란 것은 그림 자체만이 아니라 수백억 원이 넘는 상상을 초월하는 경매가였다. 그림이 주는 감동이 사그라들지 않아 출구의 기념품 가게에서 모조품을 구하려고 보니 단돈 2달러! 진품과 모조품, 원본과 복사본의 차이는 엄청났다. 이런 감흥은 워싱턴 스미스소니언 박물관의 미술관에서도 일었고 뉴욕 현대미술관에서도 마찬가지였다.

왜 사람들은 예술 작품의 진품과 복제품의 가치에 엄청난 차이를 두는가? 진품에서 소중하게 여기는 원작의 창작성과 고유성 때문이다. 하나밖에 없는 고유의 가치가 작품의 위대함을 이루는 것이다. 생명도 마찬가지일 것이다. 세상에 단 하나밖에 없는 유일무이한 존재, 그것이 생명체에 주어진 거룩함의 근원이다. 생명을 가진 모든 개체는 같은 종 내에서도 비슷한 듯하면서도 결코 똑같지 않다는 특성이 있다. 자연의 가치는 결코 똑같지 않은 고유함을 유지하는 절대성에 있다.

생명 복제라는 용어가 흔하게, 그리고 당연하게 들리는 세상이다. 복제 양, 복제 고양이, 복제 소 등 복제 동물이 등장하다가 심지어 복제 인간의 가능성까지 제기되고 있다. 그러면서 복제의 중요성과 학술적 의의까지 크게 부각되고 있다.

복제 동물이 거론될 때는, 물론 인간도 동물에 속하기 때문에 포함될 수밖에 없다. 이를 가능케 한 것은 생명과학의 기술적 혁명인 체세포 복제기술의 보편화 때문이다. 이 단계에서 많은 질문이 제기된다. '복제를 통해서라도 수명을 연장해야 할까?' '내 몸과 똑같은 유전형질을 가진 분신인 아바타를 만들어 고장난 부위를 고쳐나가야 할까?' 하는 등의 심각한 고민을 해야 할 때가 되었다. 생명을 복제품으로 바꾸기보다 진품을 고쳐나가는 것이 바람직하지 않을까 고민할 필요가 있다. '바꾸어야 하느냐, 고쳐야 하느냐'의 과제는 사실 복제품이냐, 진품이냐의 과제와 다를 바가 없다. 인간이 만든 예술품도 그러한데 창조주가 만든 생명의 소중함은 더할 나위 없다. 존재하는 생명체를 소중하게 여기고 고장 난 부위가 있거나 기능이 부족하면, 그리고 눈에 꼭 들지 않은 점이 있더라도 이를 고쳐나가려 최선을 다하는 것이 도리가 아닐까 생각한다. 이러한 원칙에 따라 우리의 진품 생명을 소중하게 지켜 장수를 추구하는 것이 바람직하리라 본다.

5. 유전자조작에 의한 생명개조 혁명

생명체의 본질인 유전자를 제어하면 생체의 형태와 기능을 모두 전환할 수 있다는 가능성은 일찍이 제기되었다. 선별적으로 유전자를 클로닝(cloning)할 수 있고, 이를 유전체에서 선택적으로 분리 정제한 후 재조합 방식으로 수선해 온전한 형태나 우성적인 방향으로 개선, 원래 유전자와 치환하는 방법이 이미 성공적으로 수행되고 있다. 수많은 농작물과 동물을 유전자조작 방법으로 개선해 GMO(Genetically Modified Organism)를 만들어 상업화했고, 이미 지구상의 넓은 생태계에 깊숙이 관여하고 있다.

그러나 유전자조작 시스템을 인간에게 적용하는 데는 해결되지 못한 논란이 있다. 첫째는 윤리적 심각성 때문에 공적으로 쉽게 허용되지 못하고 있으며, 둘째는 선택 유전자를 유전체에 이입하는 과정에서 정확성과 정밀성이 미비해 학계에서도 많은 논란이 있어 왔다. 다행히 후자의 경우 crispr/cas9이라는 새로운 유전자조작 방법이 개발돼 인체를 대상으로 한 유전자조작의 부작용이 크게 줄어들 것으로 보고 있다.

하지만 아무리 방법이 좋아지더라도 윤리적 문제는 사회적 공감대를 형성하기 쉽지 않기 때문에 갈 길이 멀다. 인간 유전자를 조작해 새로운 유전자구조의 인류를 창조하는 것은 기존의 생명윤리를 뒤집는 일이라 학계, 종교계는 물론 사회적으로도 엄청난 거부 반응이 일어날 수밖에 없다. 이미 중국에서는 인체의 유전자조작을 통해 에이즈에 강한 신생아를 출산시켰다는 보도와 함께 후폭풍이 크게 일어 귀추가 주목된다.

6. 제노제의 등장: 노화세포의 선택적 제거

미네소타대학의 커크우드(David Kirkwood)는 노화세포를 선택적으로 제거하는 방안인 제노제(除老濟, senolytics)라는 개념을 제안해 돌풍을 일으켰다. 대표적인 노화유전자인 P16유전자가 과발현한 세포를 선택적으로 사멸시키는 방안을 개발해 늙은 동물에게 적용한 결과 활동성이 증가하고 외모가 젊게 변했다고 보고했다. 암을 치료하기 위해 암세포를 선택적으로 죽이는 방법이 암치료의 핵심방안이었듯이, 노화된 개체에서 늙은 세포를 선택적으로 제거해 젊음을 되찾는다는 방안은 논리적으로 단순명료할 뿐 아니라 효과의 평가가 확실하기 때문에 이내 학계의 큰 주목을 받았다. 다양한 노화세포에 선택적 사멸을 유도할 수 있는 방안의 개발은 엄두도 내지 못했었다. 더욱이 노화세포는 세포사멸 유도에 대한 저항성이 있는 것으로 알려져 노화세포의 선택적 제거는 불가능하다는 인식이 팽배했다.

그러나 미네소타대학 팀은 다양한 물질을 스크리닝해 노화세포만 선택적으로 사멸유도하는 물질들을 지속적으로 발굴해 왔다. 그 기본전략은 노화세포의 세포사멸유도 저항성을 와해하는 물질을 스크리닝하는 것이었다. 덧붙여 세포를 효율적으로 사멸시킬 수 있는 약제를 병용하는 노력을 기울여 퀘르세틴(Quercetin)과 다사티닙(Dasatinip)의 조합이 실질적으로 동물의 노화를 억제하는 데 의미있게 기여한다고 밝혔다. 퀘르세틴은 케일 같은 채소에 많이 함유되어 있고 다사티닙은 백혈병 치료제로 이미 사용되고 있다. 이후 여러 가지 새로운 조합의 약제에 의한 노화억제 효과가 보고되고 있다.

커크우드는 노화세포를 주입하면 젊은 개체가 늙어간다는 흥미로운 사실도 보여주었다. 결국 노화세포 제거가 중요하며, 늙은 세포를 선택적으로 사멸시키는 퀘르세틴과 다사티닙 칵테일 조합의 처치가 늙은 동물의 수명을 연장하고 활동성을 높여주었다는 결과였다. 이제 태동한 분야의 연구지만 적어도 노화세포를 선택적으로 제어할 수 있다는 가능성에서 전망을 밝게 한다. 다만, 노화에 따라 생성되는 늙은 세포만 선택적으로 제거해 젊은 상태를 지속하기 위해서는 젊은 세포의 무한공급이 전제되어야 한다. 젊은 세포의 지속적 공급원으로는 생체 각 조직에 스며들어 있는 성체줄기세포가 그 역할을 할 것으로 기대하고 있으나 성체줄기세포의 기능과 역할의 한계에 대해서는 아직 잘 모른다.

7. 생명과학 연구자의 양심선언

생명과학의 세계적 추세에 대응해 생명과학 연구자의 윤리적 책임이 강조되고 있다. 국제적으로 이에 대한 대비를 고민하던 차에 우리나라가 국제사회에서 이 분야에 선도적인 역할을 하게 된 특별한 상황이 발생했다. 인체유래 줄기세포 연구개발에서 우리나라 학자들이 발빠른 역할을 하다가 국제적으로 망신을 당한 적이 있다. 연구개발에 대한 맹목적인 열성이 앞서 발생한 사건으로, 학계는 물론 국민에게도 많은 아픔과 아쉬움을 남긴 사건이었다.

그래서 2005년 당시 연구자들은 생명과학 연구의 윤리적 지침을 정하고 이를 준수하자는 약속의 선언을 마련했다. 생명과학 연구자들의 최대 학술단체인 한국분자세포생물학회(회장 박상철)는 '생명과학 연구자 윤리헌장'을 제정해 선포했고 세계적 학술지에 특집으로 보도되기도 했다. 이 헌장에서 생명과학 연구자들에게 연구 대상인 생명의 존엄성, 생명윤리, 공동체 의식, 연구 결과의 선명성과 공개우선 등을 강조하고 모든 연구 결과가 사회 및 자연생태계를 파손하지 않아야 함을 명시했다. 생명과학 연구의 새로운 방향성과 윤리의식을 세계 최초로 제정해 선포함으로써 새로운 생명과학 연구의 도덕성을 고양하고, 국제적 생명과학 연구 윤리 분야를 선도했다는 데 큰 의미가 있다.

• 생명과학 연구자 윤리헌장(한국분자세포생물학회, 2005) •

생명과학은 인간의 삶의 질과 인류복지 향상에 기여한 바가 크다. 그러나 최근 생명과학의 급속한 발전에 수반되는 부작용과 위험에 대해 생명윤리 및 안전에 대한 관심과 우려가 증가하고 있어 사회적 책임의식과 윤리적 기준을 준수하도록 노력해야 할 필요성이 제기되었다. 이에 본 학회는 '생명과학 연구자 윤리헌장'을 제정해 국제적 지침과 관련 법률을 준수함과 아울러 보편적 윤리원칙에 준하는 생명과학의 발전을 추구하고자 한다.

• 우리는 생명의 존엄성을 깊이 인식하고, 우리의 연구 활동이 생명의 존엄성을 침해하지 않도록 노력한다.

• 우리는 생명윤리에 대한 사회적 관심과 우려에 대한 이해를 바탕으로 연구를 수행한다.

• 우리는 개인과 집단, 조직과 사회, 국가와 민족, 그리고 인류의 복지향상을 위해 과학기술 연구에 정진한다.

• 우리는 정확한 과학정보를 공대하고 일반 대중과의 의사소통을 통해 이를 널리 알리기 위해 적극 노력한다.

• 우리는 인간을 대상으로 하는 연구에서 피험자의 인권과 존엄성 및 복지를 침해하지 않으며 반드시 피험자에게 충분한 정보를 제공하고 동의를 얻는다.

• 우리는 동물을 대상으로 하는 연구에서 실험동물에 대해 적적한 존중과 주의를 기울이고 적합한 규정을 준수한다.

• 우리는 연구과정에서 생태계를 위협하는 일이 일어나지 않도록 노력한다.

• 우리는 건전한 과학발전을 위해 연구자 간의 신뢰와 존경의 중요성을 인식하고 연구 결과물의 객관적 평가를 위해 노력한다.

• 우리는 생명과학자 공동체 안에서 민주적인 절차에 의한 의사결정과 과학기술 연구과정의 투명성 확보를 위해 노력한다.

• 우리는 연구자 간에 연구 성과를 공정하게 배분하고 동료 연구자의 저작권 및 사용권 등의 권리를 존중한다.

제14장 불로촌의 구현

행복은 그것을 받아들일 때에만 존재한다

— 조지 오웰

20세기 들어 인간의 평균수명이 급증하면서 생활거주 환경의 변화가 수명증가에 미치는 영향이 매우 중요하다는 사실이 밝혀졌다. 그러면서 신화시대부터 거론되어 온 '불로촌'이라는 환경요인이 불로장생 추구에 새롭게 주목을 받고 있다. 수명연장 또는 건강을 보다 오래 유지하기 위한 공간문제의 중요성이 크게 부각되었다.

1. 과학기술과 불로촌

신화시대부터 신들이 사는 불로장생의 공간이 상정된 이래 동서양을 막론하고 불로촌을 찾고자 하는 노력은 끊임없이 지속되었다. 불로촌으로 거론되기 위해서는 인간의 노화를 제어하고 청춘을 유지해주는 회춘의 샘이나 반도(蟠桃)와 같이 사람을 젊게 하는 비방이 있어야 하며, 경제적으로도 풍요로워 생활에 대한 걱정이 없어야 하는 조건을 만족해야만 했다. 이처럼 신화시대부터 거론된 불로촌의 조건은 건강, 젊음, 풍요를 갖춘 특별한 곳이었다. 이러한 조건을 갖춘 곳들은 인간이 바라는 이상향으로 예술가들에게 좋은 소재가 되었다. 동양에서는 요지연이나 무릉도원, 샹그릴라 등이, 서양에서는 에덴, 파라다이스, 엘리시움, 아틀란티스, 유토피아 등이 거론되었고 일반인에게도 큰 영향을 미쳤다.

20세기 초에 티베트를 탐험하던 중 전설의 낙원 샴발라(Shambhala)가 실제했음을 발견한 힐튼(James Hilton)은 『잃어버린 지평선』이라는 책에서 '샹그릴라(Shangri-La)'라고 표현했다. 원래 샴발라는 티베트 불교 전설에서 내륙 어디엔가 있다고 전해지는 가공의 왕국으로 순수한 불교의 땅으로 인식되었다. 샴발라 전설은 불교권 국가들뿐만 아니라 서구권의 대중문화에도 영향을 끼쳤다. 이에 대응하는 국가가 실제로 구게 왕국(古格王國)의 형태로 700여 년간 유지되었으며 금이 풍부하고 경제적으로 풍요로운 곳이었다. 그 지역에는 불교, 힌두교, 자이나교, 티베트 토착종교 등의 근원이 된 성스러운 산 카일라스(須彌山)가 있으며 티베트인은 이곳을 강린포체(Ganrinpoche, 소중한 눈의 보석)라고 불렀다. 이 산을 한 바퀴 돌면 윤회의 고리를 벗어나 해탈하고, 산 가까이 있는 마나사로바 호수에서 목욕재계하면 모든 업보가 씻겨 정화된다고 믿었다. 이와 같이 신화와 사실이 어우러진 불로장생 낙토의 꿈은 근세까지도 여전했다.

불로촌이라는 추상적이고 신화적인 개념이 구체적으로 인간에 의해 탐험의 대상이 되기도 했다. 대양시대에 이르러 등장한 불로촌은 비미니(Bimini)다. 스페인 원정대는 쿠바, 푸에르토리코 지역 원주민인 아라워크스족의 전설에 있는 풍요와 불로장생의 지역인 비미니를 찾아나섰다. 그러한 탐험의 일환으로 전설의 빌카밤바 마을을 찾으려던 빙엄(Hiram Bingham)은 사라진 하늘 도시인 페루의 우루밤바 계곡에서 새로운 세계 7대 불가사의 중 하나인 마추픽추(Machu Picchu)를 찾는 부수적 성과를 얻기도 했다.

그러나 불로촌의 꿈은 밝지만은 않았다. 대표적 사회풍자 작가인 스위프트는 『걸리버 여행기』 제3부에서 불사의 장수지역 럭낵에 사는 스트럴드블럭인들이 장수는 하지만 노화는 그대로 진행되기 때문에 장수가 행복이 아닌 불행임을 강조했다. 그리스 신화에서도 새벽의 여신 에오스가 인간 티타노스를 사랑해 죽지 않고 장수를 누리게 했으나 결국 늙어서 떠났다는 이야기가 있다. 장수와 노화는 별도의 개념이며, 불로촌을 추구하기 위해서는 단순한 수명연장만이 아닌 건강상태를 유지해야 함을 분명히 하고 있다.

장수촌 논쟁

신화와 전설에 나오는 불로촌이 대양시대 이후 실제로 탐험이 이루어지면서 인간의 마음에 새로운 가능성을 심어주었다. 불로촌이 단순히 상상 속 공간이 아닌 현실 속 공간이라는 인식을 하게 되면서 실제로 주민들이 건강장수하는 지역에 대한 학술적 조사가 시작되었다. 그러던 중 1950년대 후반 소비에트연방이 공산주의의 우월성을 주창하기 위해 장수지역을 선전하기 시작했다. 스탈린의 고향인 조지아의 코카서스산맥에 있는 압하지야(Abkhasia)가 부각되었다. 《라이프(Life)》지 기자가 이곳이 초장수지역이라고 보도하면서 알려진 것이다. 이어서 매스컴을 통해 파키스탄의 훈자, 에콰도르의 빌카밤바가 차례로 장수지역으로 등장했다. 이들 지역은 주민들이 100세가 넘어도 건강하고 활동적이어서 세상 사람들에게 신선한 자극과 놀라운 감동을 주었다. 낙후되고 외진 곳이라 의료나 사회적 지원이 미비함에도 불구하고 장수한다는 점에서 그 지역의 장수요인에 큰 관심을 불러일으켰다.

그러나 이어진 조사의 결과는 충격적이었다. 주민의 장수를 입증하기 위해서는 출생증명이 절대적 조건인데 19세기경에는 그 지역의 호적 시스템이 갖추어져 있지 않아 출생 시점에 대한 보고가 주먹구구식임이 밝혀졌다. 결과적으로 이들 지역 주민들의 장수도는 학계에서 인정받을 수 없게 되었다. 이후 장수지역 조사에서 주민들의 출생과 사망 기록의 정확성이 최우선 검증사안으로 제기되었다.

블루존

본격적이고 체계적으로 시작된 장수지역에 대한 조사 중 흥미로운 일이 벌어졌다. 역학조사를 담당하던 벨기에의 풀랭(Michel Poulain)이 장수도가 높은 지역을 지도에 파란 매직펜으로 표시했다. 곁에서 지켜보던 내셔널지오그래픽의 담당 기자 뷰트너(Dan Buetner)가 이 지역들을 '블루존(Blue Zone)'이라 불렀고 이후 장수촌의 대명사가 되었다. 초기에 주목한 세계적 장수지역은 일본의 오키나와, 이탈리아의 사르데냐, 미국 캘리포니아 로마린다의 제7일안식일예수재림교회 지역, 코스타리카의 니코야, 그리스의 이카리아였다. 이들 지역에 대한 주민들의 건강상태, 식생활, 환경, 생태, 문화 등 후속 연구가 뒤따르고 있다. 특히 오키나와의 오기미손(大宜村) 입구에는 1995년 WHO가 인정한 세계 최장수지역이라는 기념비가 세워져 있다. "……80세는 어린아이이며 90세가 되어 마중 나오면 100세까지 기다리라고 돌려보내라……."라는 유명한 글귀가 새겨져 있다. 우리나라도 이 무렵 저자가 주도하는 백세인 연구단이 제안하여 타임지와 내셔널지오

오키나와 장수촌 선언비

그래픽에 구곡순담(구례, 곡성, 순창, 담양)을 장수지역으로 소개했다.

이후 구곡순담은 장수벨트 지역임을 선포하고 사르데냐 및 오키나와와 함께 세계 최초의 장수공동체 순창선언을 선포했다. 선언문에는 미국, 일본, 이탈리아, 벨기에 대표들과 우리나라 구곡순담 자치단체장들이 공동 서명해 세계적인 장수공동체를 구축하자고 발표했다. 상호 장수요인을 공유하고 장수문화를 창출해 선도적으로 모범 장수지역 공동체를 구축하자는 약속의 선언문이었다.

장수지역은 고정되어 있는 것이 아니라 각종 사회변동 요인에 따라 순위가 바뀐다. 인간이 불로장생을 위해 살아야 하는 공간의 지역적 특수성이 여러 변동요인에 따라 달라질 수 있다는 사실은 불로촌 구축과 유지에 부단한 노력을 기울여야 함을 의미한다.

• 장수공동체 순창선언(구곡순담 장수벨트협의회, 2006) •

동서고금을 통해 인생살이의 으뜸은 장수이다. 동양에서는 수복(壽福)이라고 하고 유럽의 사르데냐에서는 '아켄타노스(a kent'annos)'라고 한다. 인간이 염원해 왔던 장수라는 현상이 이제는 세계적 현실이 되었다.
장수는 생명의 절대선이고 축복이며 인간은 장수하여야 할 권리가 있기 때문에 장수현상에 걸맞은 지역사회를 건설해야 함은 우리에게 주어진 시대적 사명이다. 이를 위한 최선의 노력을 경주해야 할 때다.
세계적으로 대표적 장수지역인 오키나와, 사르데냐 그리고 구곡순담의 세 장수지역 대표들은 시대적 사명에 공감해 개별지역의 경험과 상호협력을 바탕으로 국제적 장수사회 네트워크인 '장수공동체'를 형성하고자 한다.
세계 초유의 '장수공동체'는 여러 지역에 고유한 건강장수의 지혜를 공유하고 실천하고자 한다. 이를 통해 저비용의 건강장수사회를 구축하고 인간의 존엄성을 최후 순간까지 극대화하며, 장수지역사회의 발전을 추구해 밝은 미래를 보장하고 궁극적으로는 인류공영에 기여하고자 한다. 이에 뜻을 같이해 세 지역의 대표들은 장수공동체의 미래적 실천강령을 제안한다.

실천강령

1. 생의 최후까지 삶의 질을 구가하는 기능적 장수의 실천방안을 강구한다.

2. 장수지역의 특성에 대한 제반정보를 적극적으로 교환해 과학적·효율적·실천적 장수방안을 강구한다.
3. 상호 교류를 통해 장수공동체 주민 간의 우애와 친목을 도모한다.
4. 고령화현상에 대비한 비전으로서의 장수문화 패러다임을 협력 개발한다.

과학기술 혁명과 수명연장

인류 역사에서 과학기술의 발전을 살피다 보면 흥미로운 사실과 마주하게 된다. 드러커(Peter Druker)가 제안한 인류발전의 3단계 파도론이다. 제1차 파도에서는 농업혁명, 제2차 파도에서는 산업혁명, 제3차 파도에서는 정보혁명을 주장한다.

반면, 하라리는 『사피엔스』라는 책에서 인류의 발전을 4단계로 나누어 인지혁명, 농업혁명, 산업혁명, 정보혁명으로 구분하고 있다. 최근에는 드러커의 정보혁명 다음 단계로 인공지능과 빅데이터 활용을 핵심으로 하는 4차혁명이 주창되고 있다. 이러한 과학기술 발전이 인류 역사에 직접적으로 수명연장의 효과를 가져온 것은 20세기 들어서 분명해졌다. 산업혁명에 의해 세계적으로 경제 부흥이 일었지만 그동안 과학기술은 인류의 생존거주를 위한 공간 확보와 개선에 열중했을 뿐, 생명연장을 위한 인간의 시간확대 개념은 20세기가 넘어서야 결실을 맺기 시작했다.

인류의 수명연장에 관여한 과학기술 중 주목되는 분야는 먼저 상하수도의 정비다. 깨끗한 물을 공급하는 상수도 시설과 더러운 쓰레기와 물을 버리는 하수 시설의 구축은 인류의 건강 유지에 필수 요인이 되었다. 다음으로 전기의 발명이다. 전기로 생활에 필요한 다양한 기구를 사용함으로써 인간의 활동시간이 증가했을 뿐 아니라 노동과 작업능력을 크게 높일 수 있었다. 더욱 중요한 것은 전기를 이용한 냉난방 시설로 쾌적한 거주환경을 조성하고, 음식물을 안전하게 보존할 수 있는 냉동 냉장법이 개발되었다. 또한 의료기술의 발전을 들 수 있다. 의술의 발전이 인간의 질병을 예방하고 치료하는 데 획기적으로 기여했기 때문이다. 과학기술을 통해 인간의 거주환경을 개선하고 식생활을 안정시키고 질병으로부터 보다 자유롭고 풍요로워짐으로써 인간이 꿈꾸는 불로촌의 개념이 20세기 들어 현실화되었다.

보다 바람직한 과학기술

불로촌을 완성하기 위한 과학기술은 어떤 것이어야 할까? 인간이 오래도록 건강하게, 그리고 행복하게 살기 위해서는 어떠한 과학기술이 필요할까? 참고로 저자가 20여 년 전에 국가과학기술자문회의에서 '과학기술과 국민의 행복'에 대한 연구를 위촉받아 '삶의 질 향상을 위한 국가과학기술'이라는 보고서를 제출한 바 있다. 이때 전문가들에게 삶의 질 향상과 상관되는 과학기술 분야를 조사한 결과 그 중요도가 첫째 건강, 둘째 안전, 셋째 환경, 넷째 여가순이었다.

인간의 행복을 증진하고 삶의 질을 개선하기 위해서는 양호한 건강상태를 유지해야 함에는 이견이 없다. 다음은 안전에 대한 우려였는데 사회 제반시설의 안전보장뿐 아니라 생활환경에서 안전을 추구하는 것 역시 중요하다. 실제로 현대인의 사망요인으로 각종 사고가 높게 올라와 있다. 셋째, 환경 역시 중요하다. 최근에는 황사, 미세먼지, 오염, 재해 등 환경문제가 특히 심각한데, 환경의 변화가 인간 장수에 미칠 악영향을 배제할 수 없다. 네 번째는 여가활용에 대한 갈망이었다. 삶의 질을 높게 유지하기 위해서는 여가를 통해 삶의 질을 높이는 방법이 요구되었다. 이처럼 인간의 삶을 개선하고 행복감을 증진하는 데 과학기술의 기여가 기대된다.

2. 수명과 환경: 자연환경과 인위환경

신화시대부터 전해 내려온 여러 가지 중요한 사건 중에는 인류를 개조하려는 노력들이 있다. 신들은 인간세상이 의도한 것과 달리 무질서해지면 인류를 개조하기 위해 환경의 대격변을 활용했다. 길가메시 서사시 중의 대홍수, 그리스 신화 속 데우칼리온과 퓌라(피르하)의 대홍수, 구약성경 노아의 홍수, 소돔과 고모라의 대지진과 화재 등이다. 중국 반고 신화의 대홍수 등도 징벌적 자연 재해를 통해 죄 지은 인류를 정리하고 새로운 인류를 탄생하게 한 사건이다.

신화시대의 사회환경 개혁이 이제는 과학기술을 통해 새롭게 변모했다. 자연환경의 변화는 부득이한 일이지만 인위적 환경 변화는 여러 가지 문제점을 드러낸다. 산업혁명 이후 에너지가 전기 형태로 효율적으로 공급되면서 인류 사회가 눈부시게 발전했다. 상하수도 시설의 개선과 의료기술의 발전으로 수명이 비약적으로 증가해 인류 역사상 초유의 초고령 장수사회를 맞게 되었다.

과학혁명, 정보혁명이 급속도로 이루어져 전 세계가 동시 생활권에서 시간과 공간을 공유하는 세상이 되었다. 그 과정에서 오랜 전통과 관습이 무시되거나 파괴되어 전통을 존중하는 세대와 이를 수용하지 못하는 세대 간에 갈등이 생기기도 했다. 효율성과 다양성이 강조되면서 전통 농촌사회에서 벗어나 도시 또는 산업지역으로 이주하는 젊은 세대가 급증하면서 인구 분포에 심각한 불균형이 발생했다. 심각한 변화는 외형적인 인구분포나 세대 간의 갈등뿐 아니라 사람들 간의 관계 영역에도 문제가 발생하고 있다. 산업화 초기에는 도시집중에 따른 핵가족화, 소자녀화 등의 문제 정도에 그쳐 이에 대한 대책을 강구해 왔다.

하지만 정보혁명으로 사람들 간의 직접 접촉이 사라지고 빠르고 편리한 통신수단을 이용한 간접 접촉으로 바뀌면서 새로운 문제가 대두되고 있다. 과학혁명이 초래한 인간관계의 변질과 환경오염의 문제는 인류의 미래에 대한 엄중한 경고다. 따라서 이에 적절한 대응을 하지 못할 경우 인류가 추구해 온 불로장생의 꿈도 무너질 위기에 놓이고 만다.

새로운 생존경쟁과 적자생존

다윈이 진화론을 구상하는 데 큰 영향을 준 이론 중의 하나는 맬서스(Thomas Robert Malthus)의 '인구론'이었다. 인류가 살아가는 공간이 한정되어 있고 식량 생산은 산술급수적으로 증가하지만 인구는 기하급수적으로 증가하기 때문에 파국을 초래할 수밖에 없다는 내용이다. 이 이론은 다윈이 생명체의 생존 조건에 대해 깊이 성찰하는 계기가 된다. 물론 맬서스 인구론의 본질인 식량 생산이 인구 증가를 따라가지 못한다는 개념은 과학기술의 발전을 고려하지 않아 후일 평가절하되었다. 하지만 당시에는 매우 충격적인 이론으로 인류의 미래에 대해 암울한 생각을 하게 했다.

실제로 인류 역사에서 도구의 발명은 인구 증가에 절대적으로 기여했다. 석기시대, 청동기시대, 철기시대로 발전하면서 인간의 노동력이 크게 증가하고 생산력도 증대되어 인구가 급증했다. 인간의 힘이 아닌 기계를 이용해 화력, 증기력이 동력으로 활용되면서 인간의 능력은 차원이 다르게 증대했고 이후 전기의 활용은 현대의 인류를 이루었다. 기술의 발전은 생산력의 증대를 가져왔고 식량확보의 문제를 경작지의 확대와 종자개량, 생산효율 개선이라는 새로운 차원에서 달성할 수 있도록 했다. 자연에서의 생존경쟁에서 인간은 어떤 생명체보다 능동적으로 극복할 수 있는 파워를 가지게 된 것이다.

다윈이 주창한 적자생존의 개념에서 모든 생명체의 정상에 인간이 자리잡게 되고, 나아가 지구뿐 아니라 우주라는 공간에까지 그 영향을 미칠 단계에 이르렀다. 이제는 자연환경만이 아니라 발전과정에서 비롯된 낯선 환경에 대한 대응도 필요하게 되었다.

그런데 문제는 인간에 의해 초래된 심각한 환경의 문제들이 한꺼번에 닥쳐오고 있다는 점이다. 어느덧 자연 스스로 정화할 수 있는 한계를 넘어선 상태로 들어서고 있어 우려되는 상황이다. 진화론적 개념으로 보면 환경 적응을 위해 유전적 돌연변이와 그에 따른 적자의 선택이 이루어져야 하는데 그럴 만한 시간적 여유도 없게 되었다. 바로 이런 측면에서 자연환경을 넘어 인공환경에 대한 대응, 진화론적 방법이 아닌 인간의 노력과 설계에 따른 새로운 대응이 절실하게 된 것이다.

3. 생활거주 환경 개혁: 불로촌의 환상

인간은 주거공간의 상하수도, 냉난방의 조절뿐 아니라 주방에서의 조리, 일상에서의 의식주 활동을 자동화하고, 전 세계 사람들과도 시공을 초월해 경험과 감정을 공유하게 되었다. 이런 상황은 신화시대부터 꿈꾸어 왔던 파라다이스의 현실화가 아닐 수 없다. 수명도 크게 증가하고 건강상태도 양호하게 지켜낼 수 있어 신화에서 거론되던 불로촌의 개념이 일상에서 구체화되고 있다 하겠다. 더욱이 주거공간뿐 아니라 지역사회와 지구 공간까지 자유자재로 개조할 수 있게 되었다. 주거공간에 온도·습도의 제어뿐 아니라 빛을 제어하는 다양한 방법을 통해 단순한 조명을 넘어 일중리듬(circadian rhythm)을 조절할 수 있으며, 전자기장의 조절로 생리기능 제어까지 가능할 것이다.

그러나 단순히 개인의 거주공간의 문제만이 아니라 지역사회 및 지구 전체 공간에 제기되는 환경오염 문제가 심각하다. 이에 대한 해법을 찾는 데는 오염원의 축소와 오염물질의 제거 그리고 환경오염에 대응하는 인체 보호라는 세 가지 측면이 고려되어야 할 것이다.

첫째, 환경오염원의 적극적인 생성억제가 최우선이다. 환경오염원으로 가장 문제가 되는 것은 에너지원이다. 전기를 생산하고 자동차를 움직이고 산업동력을 제공하는 에너지원으로 그동안 석탄과 석유가 크게 기여해 왔다. 화학적 탄소에너지는 에너지화하는 과정에서 대량의 환경오염원이 발생하고, 특히 발암원성 물질을 생성하기 때문에 이를 최소화하는 작업이 시급하다. 이에 대응해 자연적 물리력을 이용한 풍력에너지, 태양광에너지, 조력에너지 등이 개발되고 있으나 규모나 경제성, 효율성 면에서 부족하다.

환경오염원 발생을 상대적으로 줄일 수 있는 방안으로 수소에너지가 개발되고 있다. 수소에너지는 환경을 오염시키지 않는다는 점에서 크게 주목받고 있다. 이를 통한 탄소 제로 사회의 구축이 요구된다. 최근 중국의 공업화와 산업화에 따라 초미세먼지가 대량 발생해 기존의 황사와 더불어 우리나라 국민건강에 심각한 위협을 가하고 있어 이에 대한 특단의 대처가 필요하다.

그러나 화학에너지의 문제점을 보완해 효율적인 에너지로 평가되는 원자력에너지는 경제성 면에서 설득력이 있으나 일단 문제가 발생하면 지구상에 걷잡을 수 없는 파국을 초래할 수 있다는 점에서 기피되고 있다. 드리마일·체르노빌·후쿠시마 원자력 발전소 사고 등은 그 재난이 미치는 공간적 규모와 시간적 장기성에서 인류에게 공포를 주기에 충분했다.

에너지원 이외에도 각종 화학적 오염원이 주변에 널려 있다. 특히 비스페놀A(Bisphenol A, BPA)로 대별되는 화학적 오염원은 대표적인 환경호르몬으로 인체에 복합적 위해를 가져온다. 이 밖에 방부제, 제초제, 방향제, 가소제, 포장제, 플라스틱 용기에 사용되는 재료 또한 난분해성 환경오염원일 뿐 아니라 환경호르몬으로 전환될 수도 있어 위험성이 매우 높다. 이러한 화학물질을 천연으로 바꾸거나 분해 가능한 형태로 전환하는 일이 매우 시급하다.

둘째, 환경오염원의 제거 문제다. 대부분의 환경오염 물질들이 처리되는 과정의 종착점은 소각분해해 공중으로 내보내는 방식이나 하수를 이용해 강을 거쳐 바다로 보내는 방식과 고형물질을 바다나 땅속에 묻는 방식이다. 그 결과 환경오염이 누적되어 하늘과 땅과 바다를 오염시킬 수밖에 없다. 이러한 오염원들의 절대량이 미미할 때는 큰 문제가 되지 않지만 임계치를 넘어서면 결국 인류가 살아가는 데 절대적으로 필요한 공간은 축소하거나 소멸할 수밖에 없다. 인류가 거주할 안전한 땅과 바다, 하늘이 없어진다면 생존이 불가능해진다. 인류의 거주공간에 쌓여가는 환경오염원의 제거는 생존을 위한 필수 대책으로 이에 대한 과감한 조치가 필요하다.

셋째, 환경오염에 대한 가장 소극적 대책은 생체를 보호하는 방안의 개발이다. 생체가 오염되지 않도록 일상생활에서 오염 가능성이 있는 공기와 물, 음식 섭취에 유의하고 생활용품은 청결하게 관리, 사용한다. 생활습관 개선 다음에는 각종 방안을 통해 체내 환경오염원이 누적되지 않도록 해독방안을 강구하는 것이다. 가능한 한 생체 독성물질을 배출할 수 있는 처방이나 식이요법을 활용해야 한다.

이러한 최적의 주거공간과 화학적 오염원 제로 생활공간의 확보야말로 불로장생을 위한 가장 중요한 필요조건이다. 인류에게 이런 공간은 개인이 주거하는 생활공간만이 아닌 지역사회 전체, 나아가 지구 전체를 대상으로 이루어져야 한다. 그러한 개념에서 부분적으로는 바이오스피어 2와 같은 대형 프로젝트가 시도되었으며, 해저도시, 우주도시, 달이나 화성의 도시가 설계되고 추진이 검토되고 있다.

한편, 인류 역사상 인간이 오래 잘 살게 된 지금 '과연 행복한가?'라는 질문을 던졌을 때 쉽게 고개를 끄덕일 수 없다. 그것은 인간이 살아가는 데 필요한 공간이 단순한 물리적·화학적 공간에 생명체가 사는 공간이 아니기 때문이다. 그 공간에서 가족, 이웃과 함께 어울려 살아야 하는 사회적 공간으로서의 조건도 맞아야 한다. 인류가 여느 동물들과 차별화되는 결정적 이유는 단순한 생물학적 생존이 아닌 관습과 문화 속에서 상부상조하며 공동의 행복을 추구해 왔기 때문이다.

과학기술의 발전은 이러한 인간관계의 외연을 확장하는 데는 크게 기여했지만 관계의 정도를 깊고 단단하게 하는 데는 역행하지 않았나 우려스럽다. 따라서 관계의 폭이 아닌 깊이와 강도에서 더욱 행복해질 수 있는 방법에 대한 깊은 성찰이 필요하다.

그동안 과학기술이 인간의 편리를 위해서는 엄청난 기여를 해왔지만 인간의 행복을 위해서는 어떻게 기여할 수 있을까? 과학기술이 주도하는 미래사회로의 발전 방향은 어떻게 바뀔까? 인류 역사에서 계속된 불로장생 추구의 목표는 과연 이루어질까? 이런 측면에서 인공의 생태환경을 조성해 거주하게 한 시범사업의 대표인 바이오스피어(Biosphere) 2 실험과 인간이 제도적으로 조성한 문화환경에 거주해온 특별한 집단인 애미쉬(Amish)인의 삶, 그리고 지역사회의 인위적 생활습관 개선 운동 효과에 대해 살펴보기로 한다.

인위적 생태환경: 바이오스피어 2 실험

인간이 완벽한 인공환경을 조성해 인간의 건강과 장수에 미치는 영향을 집약적, 과학적으로 추진하려는 대표적인 프로젝트에 바이오스피어 2 실험이 있다. 현재의 지구를 바이오스피어1이라 보고, 인간이 설계한 새로운 환경을 바이오스피어 2로 명명했다. 미국 애리조나주 투싼 외곽에 2억 달러 이상을 투자해 1987년부터 1989년에 걸쳐 지구상의 생태계를 모방한 돔형 건축물을 마련했다. 내부에는 열대우림, 사바나, 사막, 습지, 바다 등을 재현하고 3,000종의 생물과 300종의 식물을 생장하게 했다. 모든 생태환경을 완벽하게 계산해 인간이 자연과 어울려 이상적인 삶을 살아가도록 계획된 시설이었다. 1991년

바이오스피어2 프로젝트 건축물

9월 26일부터 1993년 9월 26일까지 2년간 의사, 과학자, 일반인 여덟 명이 이 시설에 들어가 자급자족하며 생활하도록 했다. 원래 엄청난 자본을 투자해 향후 100년간 2년마다 일정한 조를 투입해 인간의 삶과 수명, 건강 그리고 지구 생태계의 변화 등을 연구 조사할 예정이었다. 우주 개척을 위한 NASA의 아폴로 프로젝트에 버금가는 지구환경 개조를 위한 대형 프로젝트였다.

그러나 결과는 큰 실패로 끝나고 말았다. 공기의 구성이 예상과 달랐으며, 식물의 생장이나 동물과 곤충의 분포가 차이가 나고 거주인의 영양상태가 나빠져 질병이 발생했을 뿐 아니라 내부 구성원들 간에 갈등이 생겼다. 결국 단 1회의 실험으로 끝난 해프닝이 되어버렸다. 이 프로젝트가 가르쳐 준 중요한 메시지는 아직 인간이 지구환경을 완벽하게 시뮬레이션할 만한 정보와 지식이 부족하다는 엄연한 사실과 환경변화가 참여자들의 삶에 영향을 줄 만한 위기상황으로 진행되었을 때 인간의 협력과 이해가 절대적으로 소중하다는 점이었다.

이 프로젝트는 지식과 정보도 문제지만 그 안에서 살아야 하는 인간들의 마음가짐이 중요함을 다시 한 번 일깨웠다. 미래에 달이나 화성에 인간이 살 수 있는 공간을 건설하거나 심해나 지하에 이와 유사한 거주공간을 구축할 경우 반드시 심각하게 고려되어야 할 요인이 구성원 간 관계의 문제다. 환경오염의 문제, 인간관계 문제가 미래사회 발전에 결정적 장애요인이 될 수 있음을 확인해 준 사건이었다.

인간이 꿈꾸어 온 불로촌은 이상적인 거주공간으로 과학적인 증거에 근거해 불로장생과 행복을 향유할 수 있는 특별한 지역이다. 그러기 위해서는 생태환경과 더불어 같은 공간에 거주하는 사람들의 생활관습과 문화 및 교류와 협력이 자연스럽게 어우러져야 한다. 현대판 불로촌은 바이오스피어 2와 같은 프로젝트를 통한 구체적이고 실질적인 조사분석으로 보다 철저히 대비함으로써 가까운 시일 내에 구축될 수 있을 것으로 기대된다.

자연적 문화환경: 애미쉬인의 삶

애미쉬인은 300년 전 스위스에서 이주해 온 청교도의 자손이다. 주로 미국 펜실베이니아 랭카스터 카운티를 중심으로 공동체를 이루어 거주하고 있다. 이들은 성경의 말씀에 따른 철저한 신앙 중심의 삶을 영위하고 있다. 공동체의 전통인 애미쉬 오르드눙(Amish Ordnung)에 따라 행동, 외모, 문화를 준수하고 있다. 이 집단에서는 검소, 순종, 평등, 소박이라는 철학이 삶의 근간을 이룬다. 결혼은 애미쉬인 집단 내에서만 해야 하고, 현대 과학기술의 이기를 거부해 전기를 도입하지 않으며 전통적인 생활방식으로 살아간다. 곡괭이와 달구지를 사용한 농사에 음식의 조리 또한 옛 방식으로 한다. 대가족 중심의 가족 제도를 이루며, 부모·친척·조상에 대한 효도를 강조하고, 부모는 자식에게 철저한 전통 교육에 최선을 다하도록 장려하고 있다. 기본 교육 이외에는 가정에서 남녀 각각의 역할을 배워야 하며 가족을 도와 노동을 한다. 고령에 따른 은퇴 개념이 정해져 있지 않으며, 노인은 양로원 같은 시설에 가지 않고 각자의 집에서 살며 가능한 한 가족의 생활을 돕는다. 철저한 종교적 지침에 따라 살아가는 애미쉬인에게는 아무리 나이가 들어도 외로움이 없다. 남녀 간의 수명 차이도 거의 없다는 사실은 매우 흥미로우며 시사하는 바가 크다.

이와 유사한 종교적 집단생활은 세상 여러 곳에 있다. 그중에서도 애미쉬인들은 현대문명의 이기를 거부하고 전통방식의 삶을 고집하면서도 남녀 함께 건강하고 행복하게 장수할 수 있는 생활 근거지를 직접 구축했다는 점에서 특별하다. 자연에 순응하는 문화환경을 조성해 전통적 삶을 살고 있다는 점에서 장수지역 사회의 새로운 패러다임을 보여준다. 불로장생을 위한 불로촌 공동체를 위해서는 단순히 자연 생태환경만이 아니라 문화환경도 매우 중요하다는 점 또한 엿볼 수 있는 사례다.

인위적 문화환경: 블루존 프로젝트

20년 전 내셔널지오그래픽이 세계 장수촌에 대한 특집을 내 화제를 모았다. 당시 담당기자였던 뷰트너는 장수학자들과의 토론 중에 파란 매직펜으로 지도에 장수지역을 표시하는 것을 보고 '블루존'이라고 명명했다. 이후 블루존은 장수촌의 대명사가 되었다.

그후 뷰트너 기자의 제안과 지역사회의 호응으로 일부 도시지역에서 블루존을 지향한 '블루존 프로젝트'라는 캠페인이 벌어졌다. 이 프로젝트는 지역주민들의 생활습관을 블루존 지역의 주민들과 같게 하도록 유도하는 대규모 생활습관 개선 프로젝트다. 이들은 9가지 생활패턴 개선원칙을 정하고 구체적으로 18가지의 생활 행동강령을 정해 실천하는 운동을 벌였다. 그 결과 암, 당뇨, 치매, 비만 등 제반 퇴행성질환 발생 빈도에 뚜렷한 개선 성과를 얻어 주목받았다.

다른 도시들에서도 이 캠페인에 참여하기 시작했다. 이들이 주장하는 9가지 생활패턴 개선방향을 '파워 나인(Power Nine)'이라고 부른다. 자연스럽게 활동하기, 목적을 가지고 움직이기, 식물성 위주의 식단 택하기, 80%만 배 채우기, 하루 한두 잔 와인 마시기, 마음 내려놓기, 가족 우선하기, 좋은 관계 맺기, 신앙 가지기 등이다. 이러한 인위적 생활패턴의 개선만으로도 보다 더 건강한 자역사회를 이룰 수 있다는 사실은 불로촌을 생성하는 데 눈여겨 보아야 할 명제다.

4. 장수와 환경

오랜 역사를 통해 인류는 불로촌을 찾기 위한 노력을 기울여 왔다. 신화 속에도 불로촌이 등장해 인류에게 상상력을 자극했지만 문명이 발달해 대항해시대가 시작되고도 불로장생의 꿈을 이룰 수 있는 곳에 대한 미련은 여전해 대탐험의 모멘텀이 되었다. 그러나 엄청나고 처절한 노력에도 불구하고 지구상의 자연계에서 불로촌을 찾기란 불가능했다. 하지만 여전히 이러한 환상의 장소에 미련이 남아 문학작품이나 영화의 주제로 많이 등장한다. 근래에는 불로촌의 대안으로 세계의 여러 장수촌이 거론되었다. 다양한 검증을 거쳐 최근에는 '블루존'이라는 일부 지역들이 관심을 끌고 있다.

실제로 인간의 수명변화 자료를 살펴보면 가장 극적인 것은 인류의 평균수명이다. 단 1세기 만에 30세나 증가하는 위력을 20세기에 보여주었다. 수만 년 역사에도 불구하고 인류의 평균수명은 50대를 넘지 못했는데 이제는 선진국은 물론 개발도상국의 수명도 크게 증가하고 있다. 이러한 성과가 생물학적 변화 또는 자연 생태환경의 개선보다 인간의 설계와 노력을 통한 환경개선에서 비롯된다는 점에는 의심의 여지가 없다. 따라서 인간의 의도적 설계에 의한 생태환경의 개선은 미래사회 생명연장에도 큰 기여를 할 수 있을 것으로 예상된다.

그러나 인간의 여러 생활조건을 살펴 인공의 생태환경을 만들어놓고 가장 이상적인 삶을 영위할 수 있도록 설계한 바이오스피어 2 실험에서 처참한 실패를 경험했다. 이는 아직도 이상적 환경 공간에 대한 인간의 지식이 한없이 부족함을 적나라하게 보여줄 뿐 아니라 인위적 생태환경 밖의 또 다른 요소의 중요성을 말해준다.

한편, 현대문명의 이기를 거부한 채 불편을 감수하며 전통방식으로 살아가는 애미쉬인들의 행복한 삶은 자연에 순응하는 문화환경의 중요성을 보여준다. 이런 전통문화 공간에서 부각되는 것은 구성원들 간의 관계의 소중함이다. 구성원들 간의 상호신뢰와 안도감이 인간을 행복하게 해주는 조건임을 분명히 하고 있다.

인간이 꿈꾸는 불로촌을 기획함에 자연환경의 생태조건만이 아니라 인간이 빚어낸 전통문화를 소중히 지키며 자연환경을 개선할 수 있도록 배려하는 게 중요하다는 것을 알 수 있다.

MAG
NUM
OPUS
2.0

—

제5부

—

미래 생명사회

제15장 인간의 미래

나는 존재한다, 고로 사랑한다

— 도스토옙스키

태그마크(Max Tagmark)는 『Life 3.0』이라는 책에서 생명체의 진화를 새롭게 분류, 정의했다. Life 1.0은 생명체의 하드웨어나 소프트웨어 모두 진화에 의해 결정되는 부류를 가리키며, 일반적인 동식물 생명체가 이에 속한다. Life 2.0은 하드웨어는 진화에 의해 결정되지만 소프트웨어는 디자인에 의해 설계, 변형될 수 있는 부류의 생명체로서 인간이 이에 해당한다. 인간은 자신의 기획과 노력에 의해 학습을 하고 훈련을 통해 자체의 소프트웨어를 개조 변형할 수 있는 존재다.

그러나 Life 2.0의 존재였던 인간은 이제 Life 3.0이라는 새로운 생명체로 발전하게 되었다. 이 부류는 소프트웨어뿐 아니라 하드웨어도 설계와 디자인에 의해 변형이 가능하기 때문에 현생인류와 대비해 별도로 '후생인류'로 구별할 수 있다. 인간이 종래 가져왔던 위상인 Life 2.0에서 벗어나 Life 3.0의 존재로 생성되어가는 일은 현대 과학기술의 흐름에 대세가 되고 있다.

생명의 본체인 하드웨어를 개조하려는 노력은 유전공학의 합성생물학 방법으로 추진하는 방안과 생체의 하드웨어인 장기와 조직을 탄소유기체가 아닌 비탄소의 다른 유기제로 이루어진 기계공학적 방법으로 대체하려는 방안이 추진되고 있다. 이러한 연구개발은 이미 상당히 가시적인 성과를 내고 있다.

1. 생명개조와 미래인간

'인류란 무엇인가?'라는 질문은 철학과 종교의 주제였고, 인간다움과 존엄성의 문제 역시 해묵은 논쟁거리였다. 그러나 이러한 문제를 바라보는 시각은 철학자와 인류학자가 사뭇 다르다. 의미를 추구해 바람직한 상을 그리려는 철학자와 현실을 직시해 본연의 상태를 가감없이 수용하려는 인류학자의 소견은 다를 수밖에 없다. 신적 존재에 의한 특별한 피조물로서의 인간과 자연적 소산으로서 만물과 평등한 존재로서의 인간은 철학적 이상과 인류학적 자연의 입장에서 갈등을 빚을 수밖에 없었다. 이런 논쟁에 과학기술이 참여하면서 획기적 전환점을 가져왔다. 과학기술의 비약적 발전에 따라 생명의 본질에 대한 논쟁은 사념적 고찰과 현장적 경험을 넘어서 논리적 가설과 평가에 따른 실험적 결과에 귀속하는 명제로 바뀌었다.

과학적 지식과 경험을 바탕으로 한 인간을 바라보는 시각은 매우 다양하다. 만유인력을 발견하고 우주적 존재로서의 인간을 그린 뉴턴의 꿈, 과학기술을 신뢰하고 기계적 우주관을 가진 베이컨과 데카르트의 유물론적 지식 우선주의, 그리고 자아를 최종의 판단 주체라고 생각한 칸트의 보편지(普遍知) 주체로서의 인간만이 아니었다. 신에 의존하지 않고 스스로 판단, 결정해야 한다는 실존을 주장한 니체의 초인, 우주 본체인 물질의 궁극적 본질이 입자가 아니라는 맥스웰

(James C. Maxwell)의 파동설에 따른 인간, 시공간에 대한 절대성을 배제한 아인슈타인의 상대성 개념에서의 인간 등이 등장하며 인간의 본성에 대한 논쟁은 사변적 철학의 테두리를 벗어나게 되었다. 그 결과 근대 서양철학은 격심한 성찰을 통해 생명에 대해 과거의 신본주의, 정령주의, 신비주의 사상을 지양하고 인본주의, 기계주의, 유물론적 사고가 주도하는 경향으로 흐름이 점차 바뀌고 있다.

인간의 본성에 대한 혁신적 논쟁이 제기되면서 인간과 신의 결정적 차별구조인 수명한계에 대해서도 도전이 이루어졌다. 인간의 수명이 운명적으로 정해져 있다는 결정론의 근거는 신이 그렇게 정해두었다는 신수설에서 비롯돼 유물론적 사고가 주도하는 오늘날에는 개체 속에 프로그램되어 있는 유전자들의 상호작용에 의해 결정된다는 유전적 숙명론으로 이어져 오고 있다.

그러나 Life 3.0 시대에 이르러서는 생체의 소프트웨어뿐 아니라 하드웨어 구조까지 변형이 가능해질 것으로 예측되므로 유전적 숙명론에 의한 수명한계에도 생명개조를 통한 새로운 도전이 일 수밖에 없다.

미래사회에서 초래되는 생명 자체의 개조를 목표로 하는 바이오혁명의 발전 속도는 놀랍다. 유전자를 임의로 조작할 수 있는 합성생물학의 발전은 생명체가 진화의 방법으로 습득한 모든 유전자군을 인위적 방법으로 보수해 일정 상태를 유지하거나, 문제가 있는 유전자를 보다 좋게 치환해 생체기능을 대폭 개선하는 일도 가능케 한다.

유전자조작에 의한 생명개조의 대표적인 방법으로는 다양한 생명공학적 방안이 활용될 수 있으며 이미 상당 수준 성공적으로 개발되어 있다. 이러한 변화는 수만 년에서 수억 년의 오랜 시간이 걸리는 자연적 진화를 넘어서 생체가 과거에는 상상할 수 없었던 짧은 시간 내에 그 구조와 기능을 빠르게 변화시킬 수 있게 되었다. 다윈의 지론인 선택과 적응(adaptation)이 아니라 이제는 선택적 응용(application)이라는 방법으로 생명의 혁명적 비약이 일어나게 되었다. 바로 이러한 측면에서 새롭고 엄중한 문제점이 제기된다. 진화는 오랜 기간의 선택과 적응을 통해 자연의 검정이 이루어지면서 추진되었기에 부작용을 최소화할 수 있다. 그러나 설계 디자인에 의한 인위적 변화는 아무리 이론적으로 옳다고 하더라도 자연의 검정을 거치지 않기에 걷잡을 수 없는 자승자박의 문제를 야기할 수 있다. 이는 바이오 혁명을 유의하게 지켜봐야 할 이유다.

2. 미래인간과 노화

노화현상의 본질과 기전에 대해 논란이 많았지만 노화에 대한 인식도 이제는 근원적 혁신의 단계에 들어섰다. 이 분야에서 중요한 전환점은 체세포 복제기술의 발전이다. 복제기술은 이미 1960년대부터 실험실에서 널리 시행되어 왔다. 점차 무척추동물에서 벗어나 척추동물, 나아가 영장류의 복제도 가능해져 갔다. 이런 과정에서 늙은 개체의 조직에서 빼낸 핵을 이용해 젊은 개체의 핵을 이용한 경우와 마찬가지로 온전한 생명체가 태어날 수 있다는 연구성과는 그 파급효과가 엄청났다. 늙은 개체의 핵은 이미 많은 손상을 입어 유전체에도 비가역적인 퇴행적 변화가 만연해 있을 것이라는 통념이 무너져 내린 일이었다. 더욱이 일반세포를 줄기세포로 손쉽게 유도하는 간단한 만능줄기세포 유도기술이 성공하면서 생명과학계, 특히 의료계에 엄청난 영향을 미쳤다. 줄기세포를 유도하기 위해서는 이미 잘 알려진 4가지의 전사인자만 이입하면 되었다.

그런데 일반세포가 아닌 늙은 세포를 가지고도 정상적인 줄기세포가 유도될 수 있다는 성과는 노화연구 분야에 새로운 전기를 가져왔다. 늙은 개체에서 추출한 세포의 핵으로 복제세포를 유도하는 경우에는 늙은 개체의 모든 세포가 늙은 상태가 아니기 때문에 그중 젊은 세포가 우연히 선택되어 복제를 가능하게 할 수도 있다는 반증이 가능했다.

그러나 늙은 세포를 대상으로 온전한 줄기세포를 유도할 수 있다는 성과는 노화세포에 비가역적 불가피성 퇴행이 일어나 있다는 종래의 통념을 반박하는 결과가 아닐 수 없다. 늙었다고 생각한 세포나 개체의 변화가 어쩔 수 없고 돌이킬 수 없는 것이 아닌 원상 복구할 수 있는 잠재력이 있는 가변적이고 복원 가능한 변화임을 보여주기 때문이다. 그동안 학계의 주류적 개념이었던 노화가 비가역적이고 불가피한 퇴행적 변화라는 통념이 무너지고, 가변적이며 복원 가능한 잠재능이 있는 생리적 상태임을 보여주는 중요한 사건이었다.

늙은 개체와 젊은 개체를 연결한 병체실험에서 늙은 개체는 젊어지고 젊은 개체는 늙는 현상은 노화나 젊음을 유지하는 인자들이 각각 존재하며 이들이 순환해 상대방에게 영향을 미친 결과라고 설명할 수 있다. 노화가 부득이한 결과가 아닌 순환계에 흐르는 상태결정의 시스템인자에 의해 얼마든지 변화 가능한 생리적 상태임을 보여주는 또 다른 사례다. 이러한 인자를 활용해 개체의 노화를 제어하는 방법의 개발 가능성이 제기되었다. 늙은 개체에 젊음 유지 인자를 주입하거나, 늙음을 유지하는 인자를 제거하거나, 그 작동을 저해하면 늙은 개체를 젊게 전환할 수 있을 것이라는 유추가 얼마든지 가능하기 때문이다. 이 역시 개체의 노화가 비가역적이고 불가피한 반응이 아니라 가변적이며 가역적 변화임을 보여주는 중요한 성과다. 이러한 결과는 노화의 비가역성과 불가피성에 바탕을 둔 기존의 통념에 혁신적인 전환을 요구하고 있다.

커즈와일(Ray Kurzweil) 같은 미래학자는 유전자 나노 로봇(GNR, Gene, Nano, Robot) 기술로 인류가 특이점(singularity point)을 맞게 되면 기계 지능의 지배를 받아 수명연장도 얼마든지 가능할 것이라 주장하고 있다. 그는 스스로도 미래를 준비하기 위해 일상생활을 철저하게 관리하고 있다. 매일 250알 정도의 영양보충제를 먹고, 매주 5~6가지 정맥주사를 맞아 젊음을 유지한다고 했다.

한편, 이론노화학자인 그레이(Aubrey de Grey)는 SENS(Strategy for Engineering Negligible Senescence, 미세노화제어전략) 프로그램을 제창해 노화의 단계마다 미리 중재하면 노화를 지연하고 수명을 180세 넘게 유도할 수 있다는 과감한 주장을 하기도 했다. 구체적으로 SENS 프로그램에서는 개체를 구성하는 세포들의 돌연변이, 독소세포, 미토콘드리아 돌연변이, 세포 내외 응집체, 세포 소실 그리고 위축 등의 주제를 집중적으로 관리해야 한다고 강조했다.

실제로 불로장생을 추구하는 구체적 플랜들은 세계 곳곳에서 다양하게 진행되고 있다. 신연금술 프로젝트에 길가메시 프로젝트가 있다. 일찍부터 곤충이나 식물의 경우 호르몬의 조절로 생장이 조절되고 변태를 제어해 수명연장이 가능함은 알려져 있었다. 이와 유사하게 인간에게도 뇌시상하부-뇌하수체축(hypothalamic-pituitary axis)의

호르몬계 조절이 중요할 것으로 지적되어 왔다. 송과선에서 분비하는 멜라토닌과 흉선에서의 특정 호르몬을 부각해 이러한 호르몬제의 조절과 공급에 역점을 두는 프로젝트다.

한편, 불로장생 추구 과정에서 현실적으로 가장 문제가 되는 것은 뇌의 보존이다. 모든 기억과 인지능을 갖춘 뇌를 유지하고 보존하는 것의 중요성이 인정되면서도 그 방안은 요원하다. 블루 브레인 프로젝트(Blue Brain Project)에서 추구하는 것은 인간 뇌회로를 조사해 역으로 조작, 새로운 합성뇌를 만드는 일이다. 예를 들면 미국의 MIT나 스위스의 EPFL(École Polytechnique Fédérale de Lausanne)에서 추진되고 있는 프로젝트가 있다. 인간의 뇌를 정확히 기능별 위치를 확인해 정밀한 뇌지도를 제작, 이를 바탕으로 인공 신경망을 구축하고, 생물학적으로 작동할 수 있는 신경세포를 제작·공급·보완해 인간의 의식을 규명하려는 시도다. 이러한 다양한 수명한계 극복의 노력은 개인의 차원을 넘어 국가적 지원하에 조직적으로 산업화 단계까지 추진되고 있다. 뇌를 보존하고 신체를 디자인해 새롭게 유지한다면 인간의 노화 문제는 새로운 국면으로 들어설 것이 분명하다.

3. 인간 불멸화의 조건

인간이 단순한 진화적 결과에 의해 생성되는 단계를 벗어나 자신이 설계한 생물학적 또는 공학적 방법을 통해 신체적 역량을 극대화하는 트랜스휴먼 상태로 변환하는 일은 이미 가동 중이다. 인간의 사지, 오장육부, 감각기, 치아 등이 모두 인공적 기구 또는 장치로 대체되거나 보완되고 있다. 이러한 변화는 바로 신화 속의 거인족 타이탄의 부활이자 반인반수의 전설이 현실화된 것이라 할 수 있다.

인간의 핵심 장기인 뇌마저 기계로 보완 대체된다면 인류는 포스트휴먼의 상태로 변환될 것이다. 포스트휴먼 상태에서는 인간의 육체와 정신의 모든 기능이 극대화되고, 노화마저 얼마든지 수리, 회복할 수 있기 때문에 신화 속 반신반인의 경지로 진입한 상태라고 볼 수도 있다. 인류가 더 이상 호모 사피엔스가 아닌 호모 데우스로 전환되는 것이다.

하라리는 『호모 데우스』라는 저서에서 지금까지 인류는 가장 큰 과제였던 기아, 역병, 전쟁을 해결함으로써 번영, 건강, 평화를 누리게 되었으며, 경제적 발전이 그 토대를 이루었다고 했다. 인간의 역사는 중단이 없기 때문에 인류가 다음 단계로 추구할 것은 불멸과 행복이라고 예측했다. 그는 인간이 영생을 얻고 행복을 확보하면 결과적으로 신성을 가지게 될 것을 간파했다. 인간이 과학기술의 발전을 통해 1차적 목표인 생명보존이라는 꿈은 어느 정도 성취했기에 과학기술 개발의 2차적 목표가 생명연장이 될 것이라는 점에 공감하지 않을 수 없다.

이러한 사회적 분위기에 부응해 세계적인 대기업들도 인간의 수명연장 프로젝트에 속속 참여하고 있다. 대표적으로 구글 벤처스는 보유자산 20억 달러 중 3분의 1을 생명연장 프로젝트에 투입하고 있다. 과거에는 노화의 미스터리가 풀리지 않았고, 수명연장술의 허구성과 노화연구의 실효성이 의문시되어 일부 소규모 벤처기업만 이 분야 사업에 뛰어들었다. 그러나 지금은 대기업들이 대규모 연구개발을 주도하며 생명연장술의 산업화를 추구할 만큼 큰 변화가 이루어졌다. 이런 사실만으로도 이 분야 연구개발의 현실성은 매우 높다는 게 객관적인 평가다.

실제로 16~17세기 일반인의 평균수명이 30세 정도에 불과했을 때도 학자들과 특수 상류층은 80세에 이르는 수명을 향유하기도 했다. 반면, 오늘날은 일반인의 평균수명이 80세를 넘어섰기 때문에 100세를 넘어서는 장수인이 크게 증가할 것은 당연한 일이다. 앞으로도 인간의 수명연장 규모가 과거에 비해 현격하게 커질 것은 충분히 예측 가능하다. 이에 부응해 2,000년 이상 비밀스럽게 거짓과 과장의 행위로 폄하되어 온 수명연장 연금술들이 이제는 실효성 있고 구체적인 방법으로 거론되어 격세지감을 느끼게 한다.

인간이 이룬 과학기술은 기본적으로 생존과 번창을 추구하는 데 집중해 왔다. 이제는 수명연장을 통해 불로장생의 생명체를 추구하는 데 총력을 기울이는 방향 전환이 이루어지고 있다. 그러나 수명연장의 가장 중요한 전제조건은 행복한 삶의 연장이 병행해야 한다는 것이다. 행복하지 않은 삶의 단순한 연장은 불행만 키울 수 있기 때문이다. 그런데 문제는 아이러니하게도 지금까지의 과학기술의 발전은 행복 자체를 목표로 삼은 적이 없었다는 점이다.

인류의 행복에 대해 영국의 철학자 벤담(Jeremy Bentham)은 '최대 다수의 최대 행복'을 주창했고, 독일 수상 비스마르크(Otto Eduar Leopod von Bismarck)는 19세기 말 국민연금과 사회보장제도를 최초로 도입해 개인 행복의 사회적 보장 방안을 창안한 것이 대표적이다. 그러나 이런 제도의 목적은 진정한 국민의 행복보다는 정치적 목적에 있었다. 인류 역사를 돌이켜보면 행복 추구는 정치적 목적에서 거론되었을 뿐 과학기술의 측면에서는 공개적으로 표방하지 않았다.

모든 과학기술의 발전은 산업을 일으키고, 그 결과 풍요로워지면 당연히 인간도 행복해질 것이라는 행복의 물질 의존성만이 강조되어 왔을 뿐이다.

인간의 행복을 위해서는 물질적 의존보다 심리적·생물학적 기제가 작동해야 함은 분명하다. 문제는 심리적 기제는 상황이 나아질수록 기대가 점점 부풀고, 생물학적 기제는 유쾌한 감각은 순식간에 사라지고 불쾌한 감각으로 대체되는 속성이 있다는 점이다. 기대는 점점 커지기 때문에 지속적인 만족이 어려우며, 감각이란 순간의 기능이기 때문에 오래 유지되지 않는다. 이러한 행복을 위한 기제는 생물이 진화되는 과정에서 선택되거나 적응하지 않았다. 진화는 오로지 생존과 번식을 위해 적응해 왔을 뿐, 행복을 위해 적응할 기회를 갖지 못한 것이다. 과학기술도 인간의 행복을 고유한 목표로 설정한 적이 없으며, 생명체로서의 진화과정도 행복을 목적으로 한 적이 없다. 따라서 생명체의 하드웨어나 소프트웨어를 모두 설계에 의해 변환할 수 있는 Life 3.0 시대가 되면서 행복의 추구가 더욱 절박해져 가고 있다.

인간의 행복이 뇌에서 작동하는 신경호르몬과 같은 분자의 작용이며 이러한 물질의 조작을 통해 행복의 정도를 조절할 수 있을 것이라고 주장하는 학자들은 물질적 조절을 통해 인간의 행복을 충족할 수 있다고 본다. 엔도르핀과 같은 신경호르몬이 행복감을 유지하기 때문에 이와 유사한 기능을 가진 물질을 활용하면 인간의 행복을 증진할 수 있다고 보았다. 헉슬리의 『멋진 신세계』에서 주민들이 불안을 덜고 행복하도록 소마를 사용한다는 개념과 흡사한 방안이다.

그러나 실질적으로 중차대한 문제는 행복분자(happiness molecule)의 사용은 중독현상으로 이어져 간다는 점이다. 대표적인 행복분자인 아편과 그와 유사한 각종 향정신성 약물은 중독성 때문에 대부분 마약으로 분류된다. 마약중독이 초래하는 인간의 피폐한 모습과 정신적 파괴현상은 사회적·개인적 공포를 불러일으킨다. 이와 같이 물질을 활용해 행복을 증진하려면 중독이라는 징벌을 감수해야 하기 때문에 행복과 중독의 맞교환이라는 처참한 현상을 유념해야 한다. 무엇보다 중독성 없는 행복 물질을 찾는 것이 바람직하지만 인간의 신경기능은 어떠한 감정도 오래 유지하지 못한다는 감각의 한계점 때문에 제한을 받을 수밖에 없다. 따라서 인간의 행복을 유지하기 위해서는 단순한 물질을 통한 일회적이고 기계적인 것이 아닌 새로운 차원에서의 접근이 필요하다. 결국 우리의 일상생활을 통한 상호 노력이 대안으로 제기될 수밖에 없다.

인류가 적어도 불로장생을 추구해 신과 동격이 되는 호모 데우스 상태에 근접하는 일은 생명공학, 사이보그공학, 비유기체 합성 등이 어우러져 가까운 시일에 이루어질 수 있을 것으로 기대된다. 인류가 호모 사피엔스적 상태에서 벗어나 호모 데우스적 상태로 변화하게 되면 인간이 포기해야 할 것이 무엇일까? 그 대가 또한 검토하면서 이에 대한 철저한 대비를 서둘러야 한다.

4. 불멸과 죽음의 대립

인류는 손을 사용하는 도구의 발견, 불의 이용, 언어와 문자의 개발, 나아가 솥의 발명으로 신체 구조와 기능이 크게 진화했다. 그 결과 위협 요인으로부터 생명보존을 위한 안전을 확보해 왔고, 서로 간에 생각을 전달하고, 음식을 조리하고 저장해 영양상태를 획기적으로 개선했다.

그러나 인간답기 위한 진화에는 기술적 차원의 발달만이 아니라 사회적·정신적 차원에서의 행위가 부각되고 있다. 인간은 꿈을 꾸고 영혼을 상상하는, 동물과 차별화된 능력이 있는 존재다. 이러한 일들을 가능하게 한 근원은 주검을 매장하는 풍습이다. 조상과 동료, 가족과 이웃이 죽으면 시신을 방치하지 않고 매장하면서 사후 세계를 상상하고 불멸의 세계를 그리는 신화를 만들어내기도 했다.

죽음에 임하는 태도는 동서양에서 각각 독특한 양상으로 발전했다. 죽음을 인과응보의 강제적, 비관용적인 징벌임을 강조하는 서양의 사후 세계와 죽어서 가야 하는 저승이 필연적이지만은 않은 곳으로 여긴 동양의 사후 세계는 달랐다. 또 다른 생으로 이행하는 임시 장소이며, 자신을 지옥인 나락에서 구제해 주는 구원의 존재가 있다고 믿는 동양의 사후 세계는 서양과 분명하게 구분된다. 동서양 간의 죽음에 대한 태도의 차이는 서로 다른 문화와 철학, 생명윤리를 형성하는 데 영향을 미쳤다.

현대에 이르러 죽음에 대한 도전을 통해 불멸을 추구하려는 바이오 혁명이 일어나고 있다. 인간도 신에 버금갈 만한 만능의 신체와 불멸의 수명을 획득하려는 도전을 벌이고 있다. 따라서 이제는 인간 불멸화가 초래할 미래사회의 변모에 대해 숙고할 때가 되었다. 적어도 세포수준에서는 불멸화가 이미 성공적으로 이루어졌다. 일반 세포가 일정한 수명을 가지고 있다는 헤이플릭 가설이 발표된 이래 학계는 대부분 생체가 지닌 특정 횟수의 제한된 계대수명을 수용해 왔다. 왜냐하면 수명을 무한대로 늘일 수 있는 암세포와 수명이 정해진 정상세포는 분명히 다르기 때문이다.

암세포는 무한대로 증식할 뿐 아니라 생체 어떤 부위에나 전이해 정착하고 자랄 수 있다. 생존과 증식의 시공간적 제한이 없는 것이 암이다. 반면, 일반세포는 시간적·공간적으로 철저하게 규제를 받아 자신에게 부여된 특정 위치에서 특정 기간만 살다가 떠나야 한다. 암세포는 규제를 받지 않고 독단적으로 생존, 증식하기 때문에 결과적으로 개체 전체를 손상, 훼손시켜 죽음에 이르게 한다. 암의 경우, 세포 불멸화의 생물학적 대가는 개체의 죽음이다. 무작정 증식하고 무한정 생존하는 불멸화의 위험성과 폐단은 이렇게 생명계에 예고되어 있었다.

인간 세포를 불멸화하거나 암세포로 변환하는 작업은 이미 인위적으로도 쉽게 이루어지고 있다. 바이러스성 암유전자와 화학적 발암원 또는 텔로머레이즈 등을 인체의 정상 상피세포나 섬유아세포에 처리해 임의적으로 세포를 영구화하거나 암세포로까지 변환할 수 있다. 더욱이 인체 일반세포에 몇 가지 유전적 전사인자를 이입하면 줄기세포가 만들어지고, 이 세포는 테라토마(기형암종)를 형성할 수 있다. 모든 줄기세포는 기본적으로 만능분화능을 가질 뿐 아니라 동시에 암을 일으킬 가능성도 지니고 있다.

이와 같이 정상세포를 간단한 생물학적 방법을 통해 불멸화할 수 있는 반면, 암화도 유도할 수 있다는 사실은 생명과학계에 중요한 메시지를 던졌다. 암을 발생하지 않으면서 영원한 삶만 누리게 하려는 시도는 불로장생 연구자들에게는 매력적인 일이다. 실제로 이러한 목적을 위해 텔로머레이즈의 활용, 일부 바이러스성 유전자의 활용, 줄기세포의 원용 등으로 노화를 극복하려는 시도들이 적극적으로 추진되고 있다. 하지만 노화억제를 위한 대부분의 방법은 결국 암발생을 초래할 수 있다는 위험성에서 자유로울 수가 없다. 세포의 경우, 불멸화를 선택하면 결국 암화가 뒤따르는 대가를 치러야 하는 자승자박의 한계가 있다. 세포가 아닌 개체의 경우, 구성 단위인 세포의 불멸화로 말미암아 개체가 폐해를 입을 수 있다는 엄중한 사실이 시사하는 바는 매우 크다.

5. 죽음의 수용: 선택의 자유

일회적으로 끝나는 개체의 죽음과 달리 세포 입장에서 죽음은 생체 내에서 다반사로 전개되는 일련의 생명현상일 뿐이다. 어떠한 세포든 개체의 발생과정에서 위치한 공간과 정해진 시간에 따라 사멸해야만 한다. 일정한 패턴에 따른 세포사멸을 통해 온전한 형태의 기관이 형성되고 개체의 생명활동이 유지된다. 시간과 공간의 상황에 맞추어, 위상적인 단계에 맞추어 진행되는 세포의 사멸은 전체로서의 생명체를 위한 절대적인 전제조건이며 당위적이다. 세포는 스스로 살아가기 위해서뿐 아니라 죽기 위해서도 필요한 정보를 가지고 있다.

세포가 죽는 방법으로 세포사멸 프로그램에 의한 예정사 외에 환경적 요인에 의한 괴사가 있다. 열, 방사능, 화학물질, 독물, 병균 등의 외적 요인에 의해 세포가 죽을 수밖에 없는 타살의 방법이다. 괴사는 외적 요인에 의해 세포막이 파괴되고 세포 내 물질들이 밖으로 누출되어 주위에 염증을 초래하는 소동을 피우면서 세포가 죽어가는 방법이다.

반면, 예정사는 세포 내 물질들이 과립 형태로 묶이고, 세포막이 온전하게 유지되면서 내용물의 유출을 방지한 채 탐식세포들에 의해 차례로 처리되기 때문에 염증도 일으키지 않고 조용한 죽음의 길을 간다. 예정사가 진행되고 있는 조직의 경우, 세포들의 죽음이 거의 인식되지 않은 채 자연스러운 양상으로 발전해 전체적으로는 장엄한 생명의 하모니를 연출한다. 만일 발생이나 성장과정에서 세포들의 죽음이 예정대로 진행되지 못하면 개체에는 기형이 초래된다. 손가락, 발가락이 붙는 합지증, 팔다리 기형, 심장이나 다른 장기에 기형이 생길 수밖에 없다.

세포의 죽음이 제어되지 못하고 지속적인 성장 증식만 한다면 역시 암으로 이행될 수밖에 없다. 생체는 세포들의 죽음 질서를 통해 조직과 기관이 온전한 기능과 형태를 갖추게 되고, 암에 걸리지 않고 삶과 죽음이라는 상호 배타적인 현상을 조화시켜 궁극적으로 생명이라는 대명제를 완성한다.

개체로서의 생명은 심장이나 폐 또는 뇌의 기능이 정지되었을 때, 비록 다른 조직의 세포가 살아 있다고 하더라도 죽음으로 인정된다. 개체의 죽음은 갑작스러운 사고가 아닌 한, 단숨에 닥치는 것이 아니라 단계적으로 서서히 다가온다. 늙어가는 과정을 통해 어떤 역치를 넘었을 때 비로소 삶과 죽음의 갈래로 나뉘게 된다. 개체의 죽음은 유기체로서의 균형과 질서가 흐트러지면서 자신에게 초래되는 고통과 사회와의 단절이라는 문제를 일으킨다. 죽음은 이승을 하직하는 육체가 썩어 분해되어 흙이 되는 단순한 화학적 과정으로 이해될 수 있지만, 인류는 이러한 현상 뒤에 생명이 이어져 나갈 수 있는 다른 차원의 세계가 있을 것으로 상상하고 믿어 왔다. 그래서 시신을 매장하고 경배하면서 죽음과 연계된 영원과 영생을 희구하는 신화를 만들어 왔다.

죽음에도 질서와 법칙이 있다. 세포와 개체의 관계를 통해 죽을 때 죽어야 하는 생명현상의 엄숙함을 보게 된다. 그러나 개체의 죽음에서는 사실적 판단보다 가치적 판단이 주도하고 있어 많은 오해와 시행착오가 일어난다. 죽음의 형태와 목적이 무엇이든 사람들은 현세에 보다 더 오래 살아남기를 바란다.

그러나 수명이 길어지면 노화에 따른 고통이 커지고, 이별과 사별에 따른 인간관계의 단절로 삶에 대한 애착이 줄어드는 현실도 부인할 수 없다. 신화시대에도 인간이 신처럼 죽지 않기를 바랐지만 결국 늙어 처참해진 이야기와 티토노스나 시빌레처럼 죽지 못한 자들이 겪는 처절한 고통을 예로 죽음의 당위성을 언급하고 있다. 신과 대등할 정도의 능력을 지녔던 영웅 헤라클레스마저 스스로 불타 죽게 한 이야기는 인성이 있는 한 죽음에서 벗어날 수 없음을 말해준다.

생명체가 온전하게 생명을 보존하고 균형있게 생체를 발달하기 위해 예정사라는 세포사멸 프로그램을 운용하고 있듯이 전체로서의 균형과 조화를 위한 개체의 죽음이라는 개념이 미래사회에 도입되어야 할 필요가 있다. 사회 구성원들이 모두 건강하게 장수할 수 있다면 문제는 달라지겠지만 특정인만 오래 사는 것은 본인은 물론 가족과 이웃에게도 큰 부담이 될 수밖에 없다. 무리한 수명연장이 가져오는 고통과 부담을 덜어주기 위한 안락사나 존엄사 등 스스로 죽음을 선택할 수 있는 권리에 대한 문제가 부각되고 있다.

교황 요한 바오로 2세나 김수환 추기경이 임종에 앞서 자신의 목숨을 기계에 의지해 연장하지 않도록 하는 유언을 남겨 자연스럽게 선종한 사례는 매우 소중한 메시지다. 의학적 술기를 총동원해 생명을 강제로 유지하게 하는 것보다 본인 스스로 결정하는 사전의향 연명 결정이 점차 중요해질 수밖에 없다. 누구도 가족과 친지의 죽음을 쉽게 결정할 수 없으므로 그 부담을 덜어주려는 당사자의 의사는 존중되어야 한다.

한편, 죽음을 맞는 사람이 무리한 치료를 받지 않고 편하게 갈 수 있도록 도와주는 호스피스 활동도 적극 장려되어야 행복하고 아름다운 장수사회가 될 수 있다. 생명은 되풀이되는 법이 없는 일회성이기에 지키고 보호하는 것은 개체의 의무이자 권리가 분명하다. 하지만 강제 생명연장에 따라 존엄성을 훼손하는 일은 없어야 할 것이다.

6. 역사 회귀: 불멸의 한계

Life 3.0 시대로 접어들면서 인간에게 만능과 영생이 가시화되고 있다. 이러한 가능성이 진정한 축복으로 남으려면 많은 조건이 뒤따라야 한다. 행복이란 기계적 · 물질적으로 이루어지는 것이 아니라 사람과 사람의 관계에서 비롯되기 때문에 혼자만의 만능과 영생으로는 결코 행복할 수 없다. 급변하는 과학기술과 사회질서의 변화가 인류의 삶에 미치는 영향에 대한 명쾌한 해답은 없다. 과거와 달리 인간이 과학기술의 발전 속도에 맞추어 대응할 시간적 여유가 없다. 과학기술이 미증유의 속도로 발전하고 있기 때문이다. 결국 과학기술과 인간의 괴리로 인해 탈인간사회의 나락으로 빠질 수밖에 없다. 인류는 기존의 인성을 포기하고 불멸과 행복을 추구해 신성을 얻고자 무서운 거래를 해야 하는 상황에 이르고 말 것이다.

괴테는 명저 『파우스트』에서 과학기술이 발전한 이러한 미래를 예견했다. 악마 메피스토펠레스와 거래를 한 파우스트 박사는 젊음과 지식을 영혼과 맞바꾸려 했다. 오늘날 현대인이 직면한 갈등이 그대로 담겨 있다. 이제 인간은 파우스트 박사와 같은 인성을 포기하는 거래를 할 것인가, 말 것인가 스스로 과감하게 결정해야 한다.

인류가 신화시대부터 추구해 온 불로장생의 꿈, 바로 죽음에 대한 거부가 성취될 듯 보이는 상황에서 반대로 죽음을 수용하고 선택해야 하는 일이 현실화돼야 하는 모순이 벌어지고 있다.

제16장 미래사회의 행복

이왕 해야 할 거 잘하게

— 로마 시대 속담

1. 과학기술의 발전과 인간의 변화

인류는 미증유의 속도로 발전해가는 과학기술의 방향성에 대해 새로운 차원에서 고민해야 할 시점에 이르렀다. 지금까지는 과학기술의 주체가 인류였지만 이제 Life 3.0 시대로 접어들면서 기계의 능력이 인간의 능력을 추월할 수 있는 특이점의 순간이 다가오고 있기 때문이다.

과학기술의 발전은 생명뿐 아니라 사회에 미친 영향이 단순하지 않다. 과학기술 자체는 편리성과 효율성이 핵심이다. 과학에서 말하는 지식의 본질은 경험적 데이터와 수학적 논리가 복합된 결과일 뿐이다. 과학적 지식은 오로지 사실을 탐구하고 에너지 효율화를 바탕으로 활용성을 추구해 왔을 뿐이다.

그러나 생명의 근원 시스템까지 제어할 수 있을 정도로 발전한 과학이 그동안 추구해 온 실용적 성과에 대해서 인본주의적 질서와 가치 측면에서 진지하게 검토 보완되어야 할 필요가 대두되었다. 과학기술 자체에는 인성이라는 조건이 없기 때문에 인간의 경험과 감수성을 바탕으로 한 인본주의적 지식과의 상호작용이 필요하다.

상황은 더욱 복잡하고 급작스럽게 변화하고 있다. 과학기술로 경제적 발전과 생활의 편리성을 확보해 온 인류가 살아온 세상에 인간의 능력을 초월한 기계가 등장하고 있다. 인간의 삶이 이러한 기계들의 판단과 평가에 의해 주재된다면 심각한 파급효과가 초래될 것은 분명하다. 그래서 더더욱 인본주의적 통찰과 감시가 시급하고 절실하게 요구되는 것이다.

인간이 선사시대부터 꿈꾸어 왔던 불로장생 추구, 인간의 오복 중에서도 으뜸인 '장수'라는 수명의 양적 확대가 현실화되었다. 이에 부응해 수명연장이라는 양적 문제만이 아니라 '인간답게 살 수 있는가?'라는 가치의 문제와 '행복하게 살 수 있는가?'라는 질적 문제가 제기되는 것은 당연하다. 르네상스를 통해 신본주의에서 인본주의로 전환하는 격변의 시기에 미래를 불안하게 바라보았던 철학자들의 고민과 그들이 꿈꾸었던 선견지명의 이상사회를 귀감으로 여겨 돌아볼 필요가 있다.

피동적 산물로서의 현생인류 호모 사피엔스가 스스로 설계할 수 있는 능동적 후생인류 호모 데우스로 전환하는 과정에서 미래사회에 일어날 엄청난 변화에 대한 준비를 해야 한다.

2. 유토피아와 신세계 논쟁

16세기 영국의 대표적 철학자이자 정치가, 작가인 모어(Thomas More)는 『유토피아』라는 책을 발표했다. 원제는 '가장 나은 사회 상태 또는 새로운 섬 유토피아에 대해(De optimo reipublicae statu, deque nova insula Utopia)'다. 유토피아(Utopia)는 'U'와 'topia'의 합성어로 'U'는 '없다', 'topia'는 장소를 뜻한다. 그는 유토피아를 처음에 'Nusquama'라고 했다. '유토피아'는 원래 세상에 '없는 곳(no-place, outopia)'이지만 '좋은 곳(good-place), 완전한 곳'이란 뜻의 '에우토피아(Eutopia)'라는 반어적 의미도 있다.

『유토피아』는 수많은 문제가 팽배했던 당시 사회에 대한 비판이 중심이었고, 종교적 신념보다는 사회적 체계에 많은 관심을 둔 작품이었다. 1권에서는 당시 유럽 사회에 널리 퍼진 부정과 부패를 비판했고, 2권에서는 그 대안으로 이상사회를 제안했다. 만연하고 있는 사회적 병폐가 부자들에게서 비롯되므로 농촌사회의 몰락과 빈민의 급증을 방지하기 위해 사회 체제를 근본적으로 개편해야 함을 강조했다. 사유재산제 폐지와 공유재산제 도입으로 평등한 분배를 통한 정의 사회를 실현하며, 지배자와 피지배자가 없고 공직자는 선출로 임기는 1년이며, 공동 창고에는 재화가 비축돼 누구나 필요에 따라 사용할 수 있는 세상이다. 빈부 격차가 없고, 누구나 매일 6시간씩 노동하며, 2년마다 도시인과 농민이 교체되고, 주택도 10년마다 추첨으로 교환한다. 모든 주민이 평등하게 교육받고 공동식사를 하며, 공통 의복을 입고 허식과 사치를 배척하는 사회다.

『유토피아』에는 법률이 거의 없고, 형벌은 노동형에 국한하며, 여행 허가제와 남녀는 서로의 몸을 보이고 1년간 시범생활 후 결혼하는 제도 등 당시로서는 파격적인 세상을 그렸다.

유토피아 사회의 기본 목표는 평등과 쾌락이다. 평등은 물질적 조건뿐 아니라 정신적·도덕적 조건까지 포함된다. 물질적 조건의 평등이란 의식주와 직결된 생산 · 소유 · 분배 · 향유에서의 평등이며, 정신적 조건의 평등은 교육 · 학문 · 여가 등에서의 평등이다.

한편, 쾌락이란 육체적 욕구와 정신적 욕구가 충족될 때 느끼는 즐거움이지만, 작은 쾌락을 얻기 위해 큰 쾌락을 상실해서는 안 되고, 쾌락의 추구가 고통과 비애를 초래해서는 안 되었다. 자신의 쾌락이 남에게 불편과 해를 끼쳐서는 안 된다는 규범도 지켜야 했다. 공유제의 문제점으로 자발적 의욕과 창의력 저하, 의타심과 나태심의 조장, 권위 부재와 무질서의 초래를 지적했다. 대안으로 의욕을 고취하기 위해 능력에 따라 학자가 되는 길을 열어놓았고, 나태를 막기 위해 의무노동제를 실시했으며 권위 상실과 사회적 유대의 해이를 막기 위해 가족제도를 도입했다. 화폐경제를 폐지해 탐욕과 획득 동기를 억제했으며, 노예제는 생산을 위해서가 아닌 범죄자를 처벌하는 수단으로, 일반인들이 기피하는 천한 노동을 시키기 위해 필요하다고 했다.

이후 한 세기가 지난 17세기 영국의 베이컨은 『신아틀란티스(New Atlantis)』를 저술했다. 플라톤의 이상향인 아틀란티스는 '헤라클레스의 기둥' 너머에 위치한 해상국가로, 수도는 3개의 환상운하로 둘러싸이고, 부두는 선박들로 북적거리며, 도시 건물은 금과 은으로 덮인 풍요롭고 행복한 국가였다. 이런 아틀란티스를 상상하며 베이컨은 『신아틀란티스』를 저술했다. 인간의 불행과 비참은 빈곤에서 유래하며 빈곤은 생산 기술의 낙후에서 비롯된다고 확신했다. 새로운 기술개발은 무제한의 생산을 가능하게 해 인간의 욕구를 최대한 충족할 수 있다고 보았다. 그는 '아는 것이 힘이다(Scientia potentia est)'라는 명구를 남길 만큼 과학기술의 절대 신봉자였고, 이후 영국 실용과학의 원조가 되었다. 과학기술의 발전으로 생필품과 사치품이 대량 생산되기 때문에 신아틀란티스 주민들의 행복지수는 거의 욕망의 한계 지수에 접근할 수 있는 행복사회를 이룰 수 있다고 했다. 물질적 풍요가 행복을 가져올 수 있다고 믿은 것이다.

이러한 이상향의 개념들은 르네상스와 산업혁명, 대항해시대가 진행되어 온 시대적 배경에서 등장했으며, 당시로서는 매우 파격적이고 혁명적인 철학이었다. 모어의 목표가 인간의 도덕적 완성에 의한 정의사회의 실현이라면, 베이컨의 목표는 과학기술 발전에 의한 사회 진보의 실현이었다. 이후 모어의 철학은 계획경제에 의한 공산주의 사회의 원형이 되었고, 베이컨의 철학은 자유경제에 의한 자본주의 사회를 구축하는 데 기여했다.

20세기 들어 과학기술의 발전, 제국주의의 등장과 제1차, 2차 세계대전 같은 격변이 일어나면서 비판과 반성을 추구하는 불편하고 불안한 사회상이 제기되었다. 대표적으로 오웰(George Owell)의 『1984』가 있다. 삶의 소박한 것들이 박탈된 미래사회를 묘사해 전체주의가 얼마나 위험한지를 보여준 작품으로, 철저한 감시에 놓인 사회를 강하게 비판했다. 그가 언급한 당은 당 자체를 위한 권력추구가 목적일 뿐 구성원에 대한 배려는 없었다. 전형적 독재자인 당의 수령 빅 브라더(Big Brother), 선전을 담당하는 진리성(Ministry of Truth) 장관은 과거 기록을 오도해 당을 옹호하고 의도적으로 변경, 오도된 정보만을 사람들에게 제공했다. 그러면서도 당사자는 당을 혐오하고 빅 브라더에 역심을 품는다는 내용으로, 당시 번져가는 공산주의에 대한 환상을 경고한 작품이다.

20세기 들어 가장 큰 영향을 준 것으로 꼽히는 책은 헉슬리의 『멋진 신세계』다. 세익스피어의 희곡 『템페스트』에서 반어적으로 이름을 따온 대표적인 사회비판 소설로, 현대사회를 '디스토피아(Dystopia)'라고 표현했다. 헨리 포드가 T형 자동차를 대량 생산해낸 해를 배경으로 삼았다. 과학문명이 최고조로 발달한 나라에서 인간을 알파, 베타, 감마, 델타, 엡실론의 다섯 계급으로 나누고, '맞춤형' 인간을 필요에 따라 컨베이어 벨트 식으로 대량 생산했다. 인간은 반복적인 수면학습과 전기충격으로 세뇌되어 자신의 역할과 신분에 만족하며 살아간다. 정해진 노동시간 이외에는 자극적이고 단순한 오락으로 시간을 때웠으며 환각과 쾌락을 위해 '소마'라는 상비약을 복용했다. 보호구역에 거주하는 야만인은 완벽한 유토피아의 놀라운 과학문명에 경탄하지만 점차 순응과 거짓된 행복에 안주하는 이들에 환멸을 느끼고 '고통'과 '불행'을 찾아 홀로 외딴섬으로 떠난다는 내용이다.

헉슬리는 다음으로 출간한 『다시 찾아본 멋진 신세계』에서 인구과잉 시대의 미래상을 그렸다. 대량 생산과 소비로 인해 정부와 기업에 집중되는 권력, 심리조작과 암시, 선동, 세뇌가 만연하고 사람보다 조직을 우선시하는 행태 등 그가 제시했던 예측들이 현대사회의 단면으로 이어짐을 경고했다. 인구 조절과 분권화 등을 대안으로 내세우며 윤리적 자유와 관용, 상호 박애의 가치관을 가르치는 교육을 강조했다.

3. 휴머노이드의 등장과 로봇의 조건

인간과 기계의 지능이 같아지는 특이점의 순간이 21세기 중반에 오게 되면 인간 능력을 대체하는 기계설계의 발전 속도는 상상을 초월할 수밖에 없을 것이다. 따라서 인공지능으로 무장한 초지능체와 인류의 공존이 가장 큰 문제로 대두될 것으로 보인다.

인간을 닮은 로봇이 거론되면서 인간과 로봇의 구별이 점차 희미해져 가고 있다. 대표적인 인간형 로봇(휴머노이드)의 사례로 아시모프(Isaac Asimov) 원작의 <바이센테니얼맨(Bicentenial Man)>이라는 판타지 영화가 있다. 로빈 윌리엄스는 AI를 탑재한 로봇인 주인공 앤드류로 등장해 인간 여성을 사랑해 결혼하고자 법정소송까지 했다. 지속되는 재판 도중 여자는 늙어버렸지만 앤드류는 늙지 않고 그대로 있어 법정에서 인간으로 인정받지 못하고 패소한다는 내용이다. 신화에 나오는 신과 인간의 불운한 사랑 이야기가 인간과 로봇의 사랑으로 각색되어 현생인류와 후생인류와의 괴리를 보여주고 있다.

인간을 대체하는 로봇의 등장은 여러 가지 변화를 초래한다. 신화시대부터 인간은 시간과 공간의 한계를 넘어 자신의 능력을 확대하는 꿈을 이루기 위해 반인반수의 존재를 상상했고 무한한 능력과 불멸의 삶을 희구해 반신반인의 존재를 유추해냈다. 이제는 인간이 능력을 극대화하기 위한 트랜스휴먼, 판단인지 능력을 대행하기 위한 포스트휴먼의 존재가 단순한 상상의 영역을 벗어나 현실적으로 구체화되고 있다. 바로 새로운 개념인 반인반기(半人半機) 생성체의 등장이다. 따라서 인간과 기계와의 혼성체 또는 대리체의 위상에 대해 숙고할 필요가 있다. 반인반기의 존재가 보편화될 수 있는 Life 3.0 시대를 맞아 본질적 측면에서부터 이러한 문제가 검토되어야 한다.

로봇의 윤리

아시모프는 로봇에 관한 공상과학 소설인 『Roundabout』에서 로봇이 지켜야 할 3가지 법칙을 제안했다. 이후 아시모프 법칙은 공상 과학 소설은 물론 로봇 관련 과학기술 발전에 중요한 지침이 되었다. 첫째, 로봇은 인간에게 해를 끼쳐서는 안 된다. 둘째, 로봇은 첫째 법칙에 어긋나지 않는 한 인간의 명령을 준수해야 한다. 셋째, 첫째와 둘째 법칙에 어긋나지 않는 범주에서 자신의 존재를 보호해야 한다. 아시모프는 『로봇과 제국』이라는 저서에서 앞의 3가지 법칙을 선행하는 가장 중요한 법칙, 0번째 법칙으로 로봇은 인성(humanity)을 해쳐서는 안 되며, 행동을 하지 않아 인성에 위해가 가도록 해서는 안 된다는 항목을 추가했다. 이러한 원리는 로봇뿐 아니라 인간이 사용하거나 만들어낸 모든 도구에도 확대 적용할 수 있다.

커자로브스키(Nikola Kesarovski)는 『제5의 법칙』이라는 저술에서 다음을 추가했다. 넷째, 로봇은 자신이 로봇임을 일반인들에게 밝혀야 한다. 다섯째, 로봇은 자신의 의사결정 과정을 설명해야 한다. 대칭적 신원확인과 알고리듬의 투명성을 강조한 것이다. 이런 SF에서 시작된 로봇 윤리는 당연한 것이었고 20세기 내내 크게 문제화되지 않았다. 그 이유는 로봇에 대한 인간의 지배구조가 명확했고, 인간의 능력이 충분히 로봇의 능력을 제어할 수 있다고 믿었기 때문이다.

그러나 21세기가 되면서 인공지능과 반도체 집적기술이 비약적 발전을 이루어 로봇의 지능이 인간의 지능을 추월할 가능성이 높아지는 특이점의 순간이 예고되었다. 그 결과 인간이 설계해서 만들어낸 초지능체를 확실하고 압도적으로 지배하기가 어려워질 상황이 예측되고 있다. 이런 급박한 상황에서 인간과 피조물인 로봇 또는 후생인류와의 관계를 검토하지 않을 수 없다.

트랜스휴먼과 포스트휴먼의 문제

GNR로 대표되는 생명과학뿐 아니라 물리, 화학, 전자공학의 발전에 따른 인간 향상술은 인간의 능력을 극대화할 뿐 아니라 본성에까지 영향을 주어 트랜스휴먼과 포스트휴먼이라는 전무후무한 인류의 도래를 예고하고 있다. 정상적인 인간과 트랜스휴먼 또는 포스트휴먼 간의 정체성 문제가 제기되면서 이에 대한 대책이 불가피한 상황이다. 인격체인 인간은 자유로운 의지의 행위 주체자로서 도덕적 의무를 준수한다. 또한 스스로 행위 준칙을 세우고 보편적 법칙을 준수하는 의지를 통해서 존엄성을 가진다. 바로 인간의 이 존엄성은 이성성, 자율성, 도덕성에 근거하고 있다.

한편, 트랜스휴먼은 인간으로서의 역할과 정체성에 대해 생물학적 존재로서의 인간이 주도하기 때문에 충분한 완충역할이 가능해 아직은 본질적인 문제가 드러나지 않을 수 있다. 그러나 생명과학적 또는 기계적 대체가 주도하는 포스트휴먼의 상태가 되면 전통적 인간 개념을 그대로 적용할 수 없게 된다. 포스트휴먼은 이성성, 자율성, 도덕성을 통한 존엄성을 인정하기가 단순하지 않기 때문이다. 디지털 기술로 총칭되는 과학기술은 적용 범위에 한계가 없으며 결과적으로 격차사회, 감시사회, 위험사회를 초래할 수 있고, 인공지능의 발전은 비인격적 지능을 부여하기 때문에 이에 대한 사회적 대응논리의 개발이 인류 미래의 중요한 숙제라 하겠다.

4. 효율이냐, 행복이냐

개인의 능력을 극대화하고 수명을 최대한 연장할 수 있는 기술이 가시화될 가능성이 높아지는 가운데 미래사회에 인간이 행복할 것인가에 대해 생각해 보아야 할 시점이 되었다. 더욱이 미래사회에서 인간의 능력과 수명의 극대화가 보편화되지 못하고 특수층에만 국한할 때 초래될 혼란의 엄중함은 충분히 예견할 수 있다. 나아가 미래사회 인간들 간의 유대가 돈독하지 못하고 개체들이 절대 고독에 빠지면 인간의 제반 심리적 기제가 현생인류와는 전혀 다른 방향으로 작동할 수도 있다.

한편, 과학기술 발전에 수반되는 대량 생산과 대량 소비에 따른 환경오염은 미래 생존공간을 훼손하므로 인류는 이에 대한 연대적 책임을 질 수밖에 없다. 신화시대부터 꿈꾸어 온 불로장생 사회가 기술적으로는 눈앞에 다가왔지만 과연 행복한 사회일지는 장담할 수 없다. 이제부터라도 예견되는 문제점에 대해 철저하게 검정하고 대응방안을 강구해야 한다.

16세기 모어가 『유토피아』를 쓸 때만 해도 과학기술이 사회문제를 해결할 수 있으리라고는 기대하지 못했다. 17세기 들어 과학기술에 대한 신뢰도가 커지면서 베이컨은 과학기술의 발전으로 인간의 욕구가 충족되고 행복을 이룰 수 있다고 믿었다.

그러나 19세기, 20세기로 접어들어 과학기술이 전쟁의 도구가 되고 제국주의가 등장하면서 인성이 파괴되는 디스토피아의 세계로 이끌 수 있다는 경고가 나왔다. 이후 등장한 판타지 소설들은 로봇으로 대체되는 인간의 모습을 그리며 초인간적 능력을 가진 새로운 생명체로서의 인간상을 부각했다. 로봇인간 내지는 사이보그는 보통 사람은 할 수 없는 어려운 업무를 초능력으로 처리해 인간의 고통을 덜어주고 재난을 막아주는 정의로운 존재로 역할을 수행하는 범위에서 크게 벗어난 일은 없었다.

과학기술의 발전과 사회적 변화

과학기술이 발전하면 할수록 더욱 크게 부각되는 문제는 인간관계의 양적·질적 변화다. 그리고 뒤이은 사회질서의 변조, 삶의 질적 변화와 인간의 존엄성 훼손 문제를 심각하게 고려하지 않을 수 없다.

첫 번째, 인간 간의 관계 변질이다. 인간은 사회 활동을 하는 과정에서 직접적이고 신체적인 접촉을 통해 대화를 나누고 감정을 교환한다. 부모와 자식, 부부, 동료, 이웃 간에 직접적인 접촉을 통해 감성이 증대되고 이를 통해 긴밀한 관계를 유지할 수 있다. 이러한 특정한 관계가 현대사회에서 불평등의 원인이 되기도 했지만 강한 연대감과 책임감은 안정된 사회를 이루는 데 절대적인 기여를 해왔다.

그러나 정보혁명 이후 편리를 추구하면서 인간들 간의 직접적 접촉에서 각종 통신수단을 이용한 간접적 접촉으로 옮겨갔다. 간접접촉은 효율성과 편리성은 있으나 대화와 감성의 교류 강도가 낮아질 수밖에 없다. 기계에 의존한 인간관계는 오래 유지되기 어려워 단절될 수 있다. '보이지 않으면 정도 멀어진다'라는 옛말처럼 오감을 통한 직접적 접촉은 인간관계 유지에 필수조건이었다. 따라서 문명의 이기를 통해 양적 관계를 확대할 수 있는 반면, 질적 강도는 축소될 수밖에 없다.

두 번째는 사회질서의 변조다. 과학기술의 발전은 개개인의 능력을 극대화하고 생존을 연장할 수 있도록 도와준다. 과학기술의 극한적 발전은 지역과 계층에 큰 편차를 가져와 사회적·경제적으로 문제가 될 수밖에 없다. 이러한 문제는 자본주의적 시스템에서는 더욱 극복하기 어렵다. 자본의 기본 속성은 확대에 있고 특정 조직에 모든 자본이 몰리고 기술이 편중될 수밖에 없기 때문이다. 모어의 『유토피아』나 오웰의 『1984』 또는 헉슬리가 예견한 『멋진 신세계』에서 제기된 사회구조 변화에 따른 인간 공장이나 빅 브라더의 등장이 불가능한 일이 아니다. 과학기술의 발전으로 인간의 평등이 훼손될 수 있는 심각한 사안으로, 능력과 평등을 교환해야만 하는 상황에 대한 대응방안의 구축이 시급하다.

세 번째는 삶의 질적 변화다. 첨단의학의 발전은 건강과 장수를 가져오고, 사회 제반시설의 안전도를 높일 수 있다는 점에서는 의심할 여지가 없다. 그러나 환경의 문제는 다르다. 자연풍광이 인공 제조시설들에 의해 훼손되고, 땅과 바다와 하늘이 오염물질과 폐기물에 의해 손상되는 문제는 해결책이 묘연하다. 폐기물을 태워 없애기만 할 수도 없는 것이, 소각 과정에서 각종 발암물질이 생성되기 때문이다. 공기와 물과 땅 그리고 바다가 오염되면 인류의 생존 공간은 축소되거나 사라져 미래가 염려될 수밖에 없다. 미래 세계에서 삶의 질을 개선하려면 환경보호가 최우선이 되어야 하는 이유다.

네 번째는 인간의 가치와 존엄성의 훼손 문제다. 인간으로서 인간답게 산다는 것은 매우 중요하다. 인간으로서의 가치와 존엄성에 만족할 수 있는 삶을 살아야 하며 삶의 만족은 행복의 지름길이다. 세계 모든 지역의 행복지수를 비교 조사한 결과 행복지수가 높은 나라는 부유한 국가가 아닌 가난한 나라였다. 이 의외의 흥미로운 현상을 '행복지수 패러독스'라고 한다.

실제로 세계에서 가장 가난한 것으로 알려진 나라의 국민 행복지수가 상위권이라는 점은 경제적 부가 반드시 행복과 비례하는 것이 아님을 가르쳐준다. 인도의 경우 사회 깊숙이 뿌리내린 카스트제도에 의한 폐해가 심하고 부작용이 매우 커서 행복지수도 낮을 것으로 예상했지만 높게 조사되었다. 사회적 한계에 대해서도 적절하게 수용하고 순응하면 모순적인 제도의 문제도 행복에 결정적인 영향을 미치지 못한다는 것을 알 수 있다.

그렇다면 미래세계에서 인간의 가치와 존엄성을 높일 수 있는 방안은 무엇일까? 그것은 인간다운 존재로서의 자긍심과 가치, 사회적 가치를 부여해줄 수 있는 방안이다. 개인의 건강이나 풍요 또는 편리함보다 사람들과의 어울림에서 비롯되는 관계의 중요성이 지닌 가치다. 과학기술로 인해 위축된 인간의 행복과 인간성의 문제를 해결하기 위해서는 극복할 수 있는 모든 수단과 방법을 동원해야 한다. 종속적인 사고와 생활태도에서 벗어나 인간 본연의 가치를 추구하면서 자연과 더불어 당당하게 살 수 있는 인본주의적 대책을 강구해야 한다.

과학기술계의 경각심

과학기술의 발전에 따라 인성이 훼손될 수 있는 상황에 이르자 학계에서도 강한 위기의식을 느껴 국제적인 공동의 대응논의가 구체적으로 전개되기 시작했다. 각국의 최고 석학들로 결성된 학술단체인 한림원의 연합체를 중심으로 국제적 협의가 진행되었다.

2018년 한국과학기술한림원(원장 이명철) 주관으로 국제회의를 개최해 과학기술이 미래사회에 미치는 영향에 경종을 울리고 과학기술인들의 윤리의식을 강조한 '과학기술과 인권에 관한 선언'을 선포했다. 이 선언에서는 과학기술인의 막중한 책임과 역할을 강조하고 연구결과가 인류의 삶의 질 향상, 공동체의 경제사회적 발전, 세계의 평화와 안전, 자연환경의 보호에 기여해야 하는 소명의식을 명시했다. 아울러 과학기술인은 자신의 전문성 및 공동체의 보편적 가치에 따라 자율적으로 사고하고 판단하며 행동할 수 있도록 하는 권리의 보호가 필요함을 밝혔다. 과학기술의 발전이 미치는 영향의 심각성에 대한 대응조치로 우선 연구개발자들의 윤리적 소명의식을 요구했다는 점에서 의미가 있지만 아직 강제적이고 적극적인 대응방안을 제안하는 단계에는 이르지 않고 있다.

하지만 이러한 선언을 우리나라 학계가 주도해 과학기술 발전의 방향성에 경각심을 주고 1차적 대응방안을 제시함으로써 세계적인 관심을 이끌었다는 점에서 특별한 의미가 있다.

• 과학·기술과 인권에 관한 선언문(한국과학기술한림원, 2018) •

인류는 과학과 기술의 시대에 살고 있다. 이제 과학과 기술은 단지 국민경제 발전의 원동력에 머무르지 않고, 인간의 삶과 사회 문화를 근본적으로 바꿀 수 있는 잠재력을 가지고 있다. 한편, 긍정적인 발전과 더불어 첨단 과학과 기술의 등장으로 인간 정체성의 혼란, 사회적 위험의 증대, 지구 환경 오염 및 파괴의 가속화, 미래사회에 대한 불안과 같은 예측하기 어려운 불확실한 위험도 점증하고 있다. 인간의 생활양식과 사회체계는 이러한 과학과 기술의 발전에 따라 지속적으로 변화하고 빠르게 재편되고 있다.

과학과 기술의 이 같은 영향력을 고려할 때, 우리 과학기술인은 보다 나은 인간적인 삶과 지속 가능한 사회를 만드는 일에 막중한 책임과 역할이 있음을 인지해야 한다. 또한 과학과 기술의 발전이 인류의 삶의 질 향상, 공동체의 경제사회적 발전, 세계의 평화와 안전, 자연 환경의 보호에 기여하도록 할 소명의식을 가져야 한다. 나아가 자신의 연구에 수반하는 책무와 권리를 인지하고, 발생 가능한 물질적, 윤리적 위험에 대처할 수 있어야 할 것이다. 이를 위해 과학기술인에게 자신의 전문성 및 공동체의 보편적 가치에 따라 자율적으로 사고하고 판단하며 행동할 수 있는 권리의 보호가 필요하다.

따라서 우리 과학기술인은 세계 인권 선언에 나타난 보편적인 인권에 관한 원칙을 준수하고, 과학기술인의 사회적 책무와 그에 수반하는 인권을 계승하며, 지속가능한 미래사회를 추구할 소명과 권리를 인식하고 강화하고자 한다.

이에, 인권과 관련한 과학기술인의 책무와 권리를 아래와 같이 적시하고 이의 준수를 선언한다.

1. 과학과 기술의 발전은 인류 사회의 공동체적 발전에 기여해야 한다.

하나, 과학과 기술이 공동의 자산으로서 더 많은 공공의 이익을 창출하는 데 기여해야 한다.

둘, 과학과 기술의 발전성과가 국제 평화와 안전, 자유와 독립을 강화하고, 인류의 경제적·사회적 발전을 목적으로 사용되어야 한다.

셋, 과학과 기술의 진보와 그 이익은 인종, 성, 언어, 국적 및 종교적 신념과 상관없이 모든 계층에 공유되어, 그들의 물질적·정신적 요구의 충족에 기여해야 한다.

2. 과학과 기술의 발전이 인간의 권리 및 기본적 자유와 평등의 실현에 기여해야 한다.

하나, 교육권의 신장을 위해 노력한다. 과학과 기술의 발전이 모든 사람이 언제 어디서나 쉽게 교육을 받을 수 있도록 교육환경을 개선하는 데 기여해야 한다.

둘, 생명권의 신장을 위해 노력한다. 과학과 기술의 발전이 인간의 생명과 직결되는 열악한 생활환경을 개선하고 자연의 생명력을 보호하는 데 기여해야 한다.

셋, 사회복지 및 사회보장 권리의 증진을 위해 노력한다. 과학과 기술의 발전이 인간의 존엄성과 인격의 자유로운 발전에 필수 불가결한 사회 보장 및 사회 복지를 증진하는 데 기여해야 한다.

3. 과학과 기술의 발전 결과가 인권을 침해하거나 인간의 기본적인 자유와 존엄성을 해치지 않아야 한다.

하나, 과학기술인은 연구활동에 관한 국내외 윤리지침과 강령을 준수하고 인권침해에 직·간접적으로 연루되지 않아야 한다.

둘, 과학과 기술의 오용 및 남용으로 인한 인권침해와 피해로부터 사회구성원을 보호한다.

셋, 과학과 기술의 발전 결과가 자연 환경의 파괴, 침략 및 전쟁, 사회 구성원의 인권 탄압에 사용되지 않도록 한다.

5. 천지개벽과 최후의 심판

신화가 보여주는 인류에게 보내는 첫 번째 경구는 인류 최초의 기록이자 서사시인 길가메시 이야기에 들어 있었다. 길가메시가 친구 엔키두의 죽음을 해결하고자 천신만고 끝에 불로초를 확보했으나 결국 뱀에게 도둑을 맞고 만다는 비극적인 내용이다. 결론은 최고의 현자인 우트나피쉬팀이 인간이 불로장생을 추구하는 일은 헛일이고 기쁨을 없애는 일임을 지적했다는 것이다. 인류 최초의 서사시에서 불로장생을 추구하는 노력이 매우 허무하다고 지적한 것은 현대의 인류에게도 시사하는 바가 매우 크다.

인류에게 불을 가져다준 프로메테우스마저 독수리에게 간을 쪼아 먹히는 징벌을 받게 한 신화는 인간 창조는 물론 인간에게 특별한 능력을 부여한 일을 처벌한다. 또한 제우스 신과 인간 알크메네의 아들로 태어난 헤라클레스는 12가지 과업을 완수하며 신과 대등한 역량을 과시했고, 프로메테우스를 괴롭히는 독수리도 잡아 죽일 정도의 괴력이 있었다. 하지만 그도 질투에 빠진 아내가 꼬임에 빠져 입혀준 독이 묻은 옷을 입고 죽고 만다는 허무한 이야기다. 아무리 위대한 능력을 갖추었다 해도 인성을 가지고 있는 한 결국 사소한 인간사의 희생물일 수밖에 없음을 보여주고 있다.

한편, 신을 속여 죽음을 피해 갈 수 있었던 최고의 모사꾼인 시시포스도 신을 속인 죄로 날마다 산꼭대기로 바위를 밀어 올려야 하는 처벌을 받았다는 이야기나, 하늘을 날고자 하는 욕망을 가진 이카로스와 다이달로스도 하늘에서 떨어져 죽게 된다는 신화들이 시사하는 바는 모두 비슷하다. 인간의 재주와 욕망에는 한계가 있으며, 이를 초월하면 징벌을 받는다는 일률적인 이야기는 인간이 주어진 운명에 순응할 수밖에 없는 한계적 존재임을 일깨워 준다.

뿐만 아니라 새벽의 여신 에오스가 사랑하는 인간 티토노스에게 영생을 얻게 했지만 늙지 않게 하지는 못해 결국 매미로 변하고 만 이야기며, 아폴론이 사랑하는 여인 세빌레를 오래 살게 해주었지만 결국 몸은 비틀어 없어지고 목소리만 남았다는 신화는 인간이 죽지 않는다는 것이 얼마나 두려운 일인가를 보여준다. 이와 같이 신화는 인간이 죽음을 거부해서는 안 된다는 분명한 가르침을 주고 있다.

모르간 <에오스>

또한 신화에서는 무한한 욕망과 초능력을 추구해 온 인간에게 가차없이 징벌을 가했다. 그뿐만이 아니었다. 신들이 개인적 징벌을 넘어서 인간들의 행위가 나빠지고 악의 무리에 의해 좌지우지된다고 판단하면 대홍수나 지진 또는 대화재의 징벌을 내렸다. 신화에서는 세상을 정화해 개혁하는 것을 망설이지 않았다. 인류 전체를 집단으로 징벌하고 오직 극소수의 착한 사람만 살아남게 해 낡은 세상을 정화하고 새로운 세상을 만들었다. 우트나피쉬팀, 데우칼리온과 퓌라,

노아, 롯, 반고 등 인류의 중시조들은 모두 대홍수, 대화재, 대지진 등의 천재지변에서 신의 선택과 가호를 받아 살아남은 극소수의 사람들이다.

기독교에서도 세상의 마지막에는 불의 대재앙이 내려 인간을 심판하고 예수님이 재림해 최후의 심판을 주재해 죽은 자들을 선택적으로 부활시켜 천국으로 데려간다고 했다. 쫓겨난 에덴에는 돌아갈 수가 없고, 아틀란티스는 사라지고, 무릉도원이 없어진다는 이야기들과 함께 인간이 사는 공간마저 철저하게 없애버리는 처벌은 인류에게 경고와 위협이 아닐 수 없다. 개인만의 책임이 아니라 인류 전체에 연대 책임을 지우는 종말론적 사고가 선사시대부터 전해 내려온 것이다. 아무리 과학기술이 발달해도 대자연에 재앙이 따르면 인류의 멸망도 부득이한 일일 수밖에 없다고 체념하게 한다. 이러한 신화들의 메시지는 인간의 일탈을 경계하고 인류로서 연대적 책임을 지어야 함을 분명하게 전하고 있다.

그런데 신화 속에 나타난 신적 존재가 일으킨 대자연의 천재지변(天災之變)과 같은 재앙도 문제지만 인간 스스로 저지른 과오를 통해서도 비슷한 재앙이 예고되고 있다. 사회문명과 과학기술의 발전이 초래한 환경오염과 인간의 미숙한 대처로 인한 인공지변(人工之變)의 대재앙이 이미 일어나고 있다. 하늘과 땅과 바다를 비롯한 모든 생존 공간이 오염으로 훼손되고, 안전한 주거공간마저 사라져 가는 상황이다. 시카고대학 연구소가 발표한 '대기질 수명 지수' 보고서에 따르면, 미세먼지 문제로 전 세계 인구 1명당 기대 수명을 1.8년씩 단축시킨다고 한다. 참고로 흡연은 1.6년, 음주와 약물 중독은 11개월, 에이즈는 4개월씩 수명을 단축한다. 인간이 자신을 위해 이룩한 발전이 결국 위해를 불러오게 된 현실은 업보라는 개념을 되새기게 하며, 인류 종말에 대해 우려하지 않을 수 없게 만든다.

'최후의 심판' 같은 일이 정말 앞으로 인류에게 일어날까? 보다 더 정교하게 과학기술을 발전시켜 인류종말을 피할 수 있는 대처를 할 수는 없을까? 그렇다면 1,000년 또는 1만 년 뒤 인류의 과학기술의 발전상은 어느 정도나 될 것이며 인류의 삶은 더 나아질까? 아니면 더 피폐해지고 말까? 특히 현생인류를 이룬 생물학적 진화의 속도는 빠르지 않은데 인간의 지적 설계에 의해 제작되는 기계생명체인 트랜스휴먼과 포스트휴먼의 발전 속도는 가속화할 수밖에 없는 상황에서 미래는 어떤 모습일까? 현재 수준에서는 상상할 수 없는 범주를 넘어서서 인류에게 닥쳐올 시간과 공간이 모두 크게 변조될 것은 자명하다.

신화시대와 신의 가르침이 모든 판단과 행동의 중심을 이룬 신본주의 시대를 거쳐 인류는 인간 중심의 가치를 핵심으로 하는 인본주의로 발전해 왔다. 그러나 과학기술의 발전이 인간의 장악과 지배를 초월할 수 있는 상황으로 발전하면서 후생인류와 휴머노이드와의 관계 정립을 고려할 때 새로이 부각되는 것은 행복의 문제다. 대재앙이나 최후의 심판과 같은 징벌을 받지 않고 행복한 인류의 삶을 유지할 수 있는 방법이 절실하게 요구되는 시점에 이르렀다.

6. 질서와 사랑: 인류 미래를 위한 해법

죽을 수밖에 없는 운명을 지닌 인간이 자신의 부족함을 보완해 불로장생을 추구해 온 과정에 대해 살펴보았다. 신화시대부터 가져온 꿈을 현실화하기 위해 매진해 왔으며 부분적이나마 그 성취를 눈앞에 두고 있다. 현시점에서는 인간의 설계로 만들어낸 피조물이 영향을 미칠 새로운 세상인 미래인간의 삶을 논의하면서 내일의 안녕에 대한 기대와 우려라는 이중적인 가치의 갈등을 가지지 않을 수 없게 되었다. 지금까지는 과학기술의 추구가 편리와 효율을 주요 목표로 해, 인간의 행복에 대해서는 특별한 고려를 하지 않았다. 그러나 이제는 행복을 추구하기 위한 방안을 과학기술의 개발을 통해 보완해야 할 필요가 시급해졌다. 그러기 위해서는 인간 생명의 의의와 가치 그리고 진화라는 오랜 시간에 걸쳐 이루어진 생명의 신비에 대해 진지하게 돌아봐야 한다. 생명의 목적에는 단순한 신체적 단위의 증식과 생존만이 아니라 개체의 감성에 따른 행복도 담겨 있기 때문이다.

다윈의 『진화론』이 발표된 이래 유전의 절대적 역할이 강조되면서 도킨스(Richard Dawkins)는 『이기적 유전자(Selfish Gene)』라는 저서를 통해 유전자의 생존과 번식 목적, 지향의 일방적 변이, 선택, 유전을 강조했다. 그러나 생명체로서 사회적 환경과의 상호작용을 설명하기 위해 모방을 기조로 한 문화적 자기복제와 선택, 유전 개념을 추가해 '밈(Meme)'이라는 문화정보 승계 단위가 있다고 가정할 수밖에 없었다. 밈은 그리스어 mimema(복제된 것)에서 인용, 유전자인 gene에 대응해 창안한 어휘다. 생명현상에 필요한 정보의 유전에 의한 수직적 전달만이 아닌, 밈에 의한 수평적 전달 가능성을 강하게 시사한다.

블랙모어(Susan Blackmore)가 『밈(Meme)』이라는 저서를 통해 이론을 발전시켜 유전자의 진화보다 밈의 진화가 더 강하게 이루어지며 유전자와 밈이 공진화하기도 하지만 대립되는 양상도 많음을 지적했다. 유전에서 중요한 성(性)의 역할을 부정하는 동성애, 입양이나 권력욕, 인종차별, 종교 등의 사회문화적 양태를 밈의 역할로 설명했다. 밈 개념은 유전자의 이기적 본성만이 아닌 생명체의 이타적 특성도 수용이 가능하다. 그러나 밈의 실체에 대한 과학적·객관적 입증이 어렵기 때문에 이 이론은 아직 가설의 단계에 머물러 있다. 근자에 거울 뉴런(mirror neuron)이라는 신경학적 실체가 제기되면서 가능성이 높아졌다. 생존과 번식만을 추구해 온 생명체의 본성만으로는 인간 사회의 다양한 면모를 설명할 수 없어 밈을 중심으로 한 새로운 이론들이 사회생물학계를 중심으로 시도되고 있다.

밈 이론과 일맥상통한 개념으로 종교계, 특히 불교를 중심으로 이타심을 위주로 한 개념이 일찍 제기되었다. 유교에서도 사단칠정(四端七情)의 첫 번째로 측은지심(惻隱之心)을 들어 불쌍히 여기는 마음, 인(仁)을 근본으로 삼고 있다. 과학기술의 급격한 발전으로 새로운 세계가 열리는 가운데 미래 생명사회의 행복을 보장할 신윤리 개념과 함께 이를 보장할 질서체계의 구축이 요구되고 있다.

저자의 또 다른 책 『생명의 미학』에 상세히 언급한 생명의 소중함과 생명사회의 거룩함에 대한 내용을 요약해 되새겨 보기로 한다.

하나의 개체가 유기적으로 운영되면서 생로병사의 과정을 겪어 나가는 것을 볼 때 그 절묘한 장치와 완벽한 기능에 감탄을 금할 수 없다. 생명체가 가진 엄정한 질서와 무오류(無誤謬)의 신비 같은 조화의 시스템과 완벽한 기능을 갖춘 사회가 바로 바이오토피아(Biotopia, 생명사회)다. 바이오토피아는 정치·경제·사회·문화의 기본이 바로 생명의 원리와 같아야 할 것이다.

……(중략)

생체분자들에게 부여하는 3가지 본질적 원리는 기다림과 만남과 헤어짐의 이치다. 삶이라는 목적을 달성하기 위해서 생체분자들은 올바른 짝을 만나 반응해야 하기 때문에 세포 내외 공간에서 짝을 찾아 헤매는 과정에서 기다림은 당연한 운명이며 그리움은 내재된 속성이다. 생체분자들은 기다림을 바탕으로 그리움을 배태한 분자의 속성을 지니고 있어 기다림의 원리(待之理)라고 부른다. 또한 생체분자는 운명적으로 정해진 짝과 만나야만 생명활동을 할 수 있다. 생체분자는 반드시 주어진 상황에서 다른 분자들의 기능과 조화를 이루어야 하며, 이러한 활동들이 적분되었을 때 온전한 생명현상으로 귀결된다. 분자들의 만남은 어울림이라는 당위적 속성을 가질 수밖에 없으며 이러한 어울림에서 반가움이라는 기쁨이 비롯되어 만남의 원리(會之理)라고 부른다. 생명활동을 위해 정해진 짝을 만나야 하지만 계속 만나고 있을 수만은 없다. 만남의 지속은 특정 기능의 불균형을 초래하기 때문에 헤어져야 할 때는 떨어져 나가야 한다. 따라서 생체분자들의 만남에는 헤어짐이 완전 조건으로 요구되고 있으며 아쉬움을 배태하고 있어 헤어짐의 원리(別之理)라고 한다. 생체분자들이 그리워하며 기다리다가 반갑게 만나 어울려야 하고, 아쉬워도 헤어져야 하는 3가지 속성을 본질로 지니고 있어 이를 '생체분자의 삼강(三綱)'이라고 정의한다.

삼강의 원리를 바탕으로 생명활동을 전개하는 과정에서 생체분자들은 엄격한 규범을 지키고 있다. 하나는 순서의 엄정함이다(順序之道). 생성 소멸, 작용 반작용이 한 치의 오차도 없는 순서에 따라 진행되어야만 하며 생체분자의 구성도 절대적 서열 원칙을 따라야 한

다. 둘은 지조의 예절이다(志操之禮). 자신에게 부여된 기능을 발휘하기 위해서는 반드시 정해진 짝과 만나서 반응해야 한다. 정해진 짝을 찾아 반응해야만 생체분자의 기능이 보장되고, 질서가 유지되는 근원이 된다. 셋은 안분의 절제다(安分之節). 생체 내 분자 기능의 중요한 요건이 바로 위상적 제한성이다. 적정한 공간에 위치해 적정한 시간이 되었을 때 비로소 맡겨진 기능을 발휘할 수 있다. 넷은 협동의 묘다(協同之妙). 생명현상의 반응은 분자들이 평형에 이르려는 방향으로 대부분 추진되지만 때로는 비가역적으로, 또는 위기 상황에서 신속한 대처를 위해 생체분자들이 새로운 차원의 힘과 방향을 갖추는 협동의 법칙에 따라 삶이 진행한다. 다섯은 화생의 덕이다(化生之德). 생체분자는 대사적으로 변환되어 생체에 맞는 필요한 새로운 형태로 바뀌어야 하며, 그 양적 조율도 함께 이루어져야 하는 화생의 덕을 갖추고 있다. 화생은 자기희생이며, 삶이라는 공동선을 가능케 해주고 있다. 생체분자가 갖추고 있는 이런 다섯 가지의 덕목은 생명이라는 사회가 유지되는 데 갖추어야 할 생체분자의 오륜(五倫)이다.

……(중략)

바이오토피아 세계에서는 사람과 사람 간의 새로운 관계가 정립되어야 한다. 생명분자들이 보여주는 상호관계가 그 패러다임이다. 바로 정으로 표현되는 사랑이 본질이며 서로 간의 관계에서 지켜야 할 질서가 바로 행동강령인 것이다. 이와 같이 생명사회의 구성원은 각자가 대등하며, 각자는 자신이 맡아야 할 사회적 의무를 자발적으로 성실하게 수행해야 하고, 상호 교류에 있어서 항상 서로 믿고 맡기는 경우에 비로소 바이오토피아의 행복한 세계가 구현되고 구성원 각자가 인권을 향유할 수 있을 것이다. 서로 믿는 마음으로 성실하게 노력

하면 참된 사회가 구현될 것이다. 따라서 참된 사회를 완성하기 위해서는 구성원 각자가 참되려고 노력하는 사회이어야 하며, 그것이 바로 바이오토피아의 세계다.

인간이 설계한 피조물이 주도적으로 참여하는 Life 3.0 시대, 미래사회에 생명의 본질인 정(情)을 바탕으로 하고 질서를 근간으로 하는 바이오토피아(생명사회)로의 유도가 가능할 수 있을지 생각해 본다. 유전자만으로 설명할 수 없는 세상을 설명하기 위해 밈이라는 문화정보 승계 단위를 창안할 수밖에 없었듯이 사랑과 질서를 과학기술세계에 접목하는 방안이 절실하다. 하이젠버그의 불확정성 원리에서 지적된 바와 같이 측정수단과 객체 간의 상호작용에 의해 절대 확실한 객관적 판단과 평가가 불가능하다는 엄연한 사실은 객관을 바탕으로 한 과학기술에 대한 신뢰도가 절대적이라는 위상을 버릴 것을 요구하고 있다.

과학기술의 발달이 가져온 초효율, 초지능 세계에서 제기되는 사람들 간의 관계, 그리고 사람과 인공지능체와의 관계를 바이오토피아에서 요구하는 정치 · 경제 · 사회 · 문화 체계 안에서 해결할 수 있을지 고심할 시점이다. 아시모프의 로봇 삼법칙은 인간에게 위해를 가하지 않는 도구인 로봇에 신원을 보장하고 보호하도록 강조했다. 가장 큰 전제조건은 인간에게 위해가 없는 안전한 존재로서의 로봇만을 명시했다. 서로 간에 양해하고 어울리는 관계는 아예 처음부터 설정이 되어 있지 못했다.

이제 Life 3.0 시대는 현생인류와 후생인류가 공존하고 로봇과도 병존하기 위해 바이오토피아의 삼강오륜과 정서적 교류가 필수적이며,

이에 대한 대응방안과 신윤리 개념의 도입이 절실하게 요구되고 있다.

"사람들은 이 진리를 잊어버렸어." 여우가 말했다. "하지만 넌 그것을 잊어서는 안 돼. 넌 네가 길들인 것에 대해 언제까지나 책임을 져야 하는 거야. 넌 네 장미에 대해 책임이 있어."
"난 나의 장미에 대해 책임이 있어." 잘 기억하기 위해 어린 왕자가 되뇌었다.

— 생텍쥐페리 『어린 왕자』

닫는 글

사조의 흐름:
신본(神本)주의·인본(人本)주의·기본(機本)주의

인류 역사의 본질은 불로장생의 추구다. 인류는 지상에 출현한 이래 어떻게 하면 더 오래, 더 잘 살 수 있을지 꿈꾸어 왔고, 특히 권력자나 부유층 같은 가진 자들은 이러한 목적을 달성하기 위해 수단과 방법을 가리지 않았다. 따라서 이에 편승한 편법과 사기술이 기승을 부리기도 했다.

인류가 다른 어떤 생물종과도 구분되는 것은 죽음에 대한 태도였다. 동료, 지도자, 친척, 가족의 죽음에 의미를 부여했고 죽어서 가야 할 곳, 즉 다음 세상을 상상하며 죽음을 연기하거나 거부하려는 노력을 진지하게 해왔다. 그러면서 살아서 활동할 수 있는 영역을 넓히고 차지하기 위해 하늘과 땅 그리고 바다를 개척했고 마침내 우주를 향한 무한한 도전도 망설이지 않고 있다.

그러나 이런 도전을 해결하는 데 인간에게 주어진 가장 엄숙한 제한사항은 시간의 한계였다. 시간의 한계를 돌파하는 수명연장, 나아가 불멸의 삶을 추구하려는 목표를 추구하는 호사가들이 등장하면서 현생인류의 틀을 벗어나 후생인류로 탈바꿈하려는 새로운 세상이 다가오고 있다. 지금까지 진화의 정상에 자리잡은 인류는 자연선택으로 만물의 영장이 되었으나 더 이상 적응과 선택이라는 피동적 입장이 아니라 직접 디자인해 종의 개념 자체를 변형할 수 있게 되었다. 인류가 종래의 진화론에서는 상상할 수 없었던 엄청나게 빠른 속도로 본질적인 변화를 맞이할 상황에 이르렀다. 이러한 행위가 윤리적·사회적으로, 또한 인류의 미래를 위해서 타당한지 또는 올바른지라는 명제에 대해 깊은 논의가 필요하게 되었다. 그렇지만 세상에는 돈키호테 형의 호사가들이 존재하기 때문에 이러한 흐름을 확실하게 차단하기는 어렵다. 따라서 이들의 우발적 상황으로 인해 벌어질 미래에 대한 준비도 철저히 해야 한다.

이번 책에서는 인류가 초창기부터 불로장생의 꿈을 추구하기 위해 취해 온 여러 가지 사건을 신화시대부터 중세의 연금술 중심의 신비주의 시대 그리고 현대의 과학적 논리를 축으로 한 입증 가능한 기전 연구 시대에 이르기까지의 흐름과 상상적 착상에서 비롯된 많은 개념들이 현실화된 경위를 정리해 보았다.

인간은 공간을 넓히고 개척하기 위해 반인반수의 존재를 상상했고, 능력과 시간을 확대하고 연장하기 위해 반인반신을 상상했다. 바로 대자연의 위대함에 종속한 인류의 모습이었다. 이를 자연주의 또는 신본주의(神本主義, deocentrism)라고 할 수 있겠다. 이후 이러한 상상의 세계를 인간이 직접 자신에게 능력을 부여하고 가치를 고양하기 위해 모든 인지능력과 판단과 추론을 통해 노력한 시대를 인본주의(人本主義, anthropocentrism) 또는 인간주의 세상이라고 부를 수 있겠다.

하지만 이제는 생체에 대한 외형적 보조기구와 기계의 발전은 물론, 생체 자체의 본질까지 변형하고 개선하는 반인반기의 존재로 변화하는 모습을 보면서 인간이 제작한 기계에 역으로 의존하는 기본주의(機本主義, machinocentrism)의 세계가 도래했다. 이와 같이 역사적 변천을 거듭해 온 인류의 꿈과 야망이 어디까지 나아갈 수 있을지 되짚어 보지 않을 수 없다. 역사는 반복한다는 논리에 따르면 회귀해야 하는데 어떻게 달라질 수 있을까? 더욱이 공간영역의 확대와 생존기간의 연장이 과연 인류를 행복하게 해줄 수 있을까? 이러한 문제들이 항상 뇌리에서 떠나지 않았다. 정말 우리는 어디에서 와서 어디로 가는 걸까? 철학의 가장 단순한 명제를 다시 생각하며 불로장생 추구의 보완점이 무엇일지 고민해야 할 때가 되었다고 본다.

헤밍웨이의 명저 『노인과 바다』의 마지막 구절이 귀에 쟁쟁하게 울려온다.

"하지만 사람은 패배하도록 만들어지지 않았어.
사람은 파멸당할 수는 있을지언정 패배하진 않아."

이 책을 저술하게 된 계기는 우연이지만 몇 가지 사건이 겹쳐 일어난 덕분이다. 일단 대학을 정년하고 기업의 연구소장으로서의 근무도 마치고 DGIST(대구경북과학기술원)에 석좌교수로 부임해 현역교수 때보다 시간적 여유가 많아졌다. 그래서 도서관에서 철학과 신화 등 다양한 독서를 할 수 있게 되었을 때 DGIST로부터 노화에 관한 MOOC 강좌를 해달라는 부탁을 받았다.

때마침 미래에셋은퇴연구소에서 칼럼을 써달라는 부탁을 받아 차제에 노화연구의 역사, 특히 불로장생 추구의 역사적 사건들을 정리해 보고자 하는 충동이 생겨 '불로장생의 신화와 과학'이라는 가제목으로 준비하게 되었다. 원고를 준비하고 강연을 녹화하면서 동료 학자들과 토론을 하게 되고, 또 내 생각의 오류에 대한 질정도 받으며 원고 교정을 부탁했다. 우선 학창시절부터 막역하게 지내오다, 함께 서울대학교에 봉직했던 인류학자 전경수 교수, 평론가 권영민 교수 그리고 철학과 김남두 교수에게 일독을 부탁했다.

나에게 이런 강좌를 하도록 설득해 움직이게 한 DGIST 화학과 남창훈 교수에게 특별한 감사를 드린다. 남 교수는 옥스포드대학에서 과학철학을 연수하는 중에도 내가 보낸 원고를 꼼꼼히 챙기고 고쳐주어 더욱 고맙게 생각한다. 그리고 구순이 넘으신 어머니 곁으로 가서 일할 수 있는 기회를 주어 이 원고를 매듭짓게 한 전남대학교에 감사드린다. 더불어 원고가 방대하여 부록도 생략하고 문헌도 축소했지만 이를 기꺼이 수용해 출간해준 김병준 대표와 출판사 우듬지 여러분에게 충심으로 감사의 마음을 전한다.

고희(古稀)를 맞아 관풍정(觀風亭)에서

박상철

추천의 글

노화와 불로의 장수사상

근대과학이 출범한 이후로 노화의 생물학적 문제를 제시했던 서양의 과학자로 다윈 신봉자였던 일리야 메치니코프(1845~1916)를 우선적으로 손꼽을 수 있다. 메치니코프는 <파스퇴르연구소보>에 노화생물학에 관해 중요한 두 편의 논문을 발표했다. 한 편은 '머리카락의 표백'(1901), 또 다른 한 편은 '앵무새의 노화'(1902)를 실험한 결과를 노화생물학이라는 주제로 분석한 것이다. 그는 이어서 『낙관주의 철학』(1903)이라는 책과 『낙관주의(Essais Optimistes)』(1907)를 발간한 공로로 1908년 노벨 생리의학상을 수상했다.

메치니코프의 책 『낙관주의』가 『The Prolongation of Life: Optimistic Studies』(1908)라는 영어판으로 나왔고, 이어서 교토 도시샤대학 화학교수였던 나카세코 로쿠로(中凍古六郎)가 일본어판으로 『不老長壽論』(1912, 大日本文明協會刊行)이라는 제목으로 출간되었다. 서양의 '생명연장'이라는 개념이 동양에서는 '불로장수'라는 개념으로 바뀌었음을 알 수 있다. 번역이란 이렇듯이 단어만의 번역이 아니다. 번역의 구극은 문화 번역에 있기 때문이다. 서양문화가 동양문화로 번역되면서 뿌리깊은 동양의 사상으로 자리잡은 것에 서양의 과학이 투영된 것이다. '불로'가 곧 '장수'이기 때문에 동어 반복의 성격이 강하지만, 얼마나 불로를 원했으면 중언부언한 용어가 일상어로 굳어졌겠는가!

유사한 사건을 하나 더 소개한다. 캐나다의 부인과 의사였던 스미스(Arthur Lapthorn Smith)의 유고집 『How to be useful and happy from sixty to ninety』(1922)가 일본에서는 영어교사가 본업이었던(지진학에서도 저명인사로 이름을 올렸음) 무샤 킨키치(武者金吉, 1891~1962)에 의해 『百歲不老』(1923)로 번역되었다. 즉 '60세부터 90세까지 어떻게 하면 행복하게 살 수 있는가' 하는 내용을 '백세'까지 연장해 전래의 '불로'라는 개념으로 이해한 것이다. 서양의 행복노화론이 동양의 '백세불로'론으로 전환되었음을 알 수 있다. 서양에서 추구되었던 생물학적 과정으로서의 노화는 과학적인 분석을 시도하고 그것을 기반으로 노년기의 행복론을 추구하는 인식론인 셈이다.

그런데 서양의 두 저서가 기반으로 하고 있는 노화와 노년기의 문제의식은 일본, 즉 동양에서는 곧바로 불로의 개념으로 전환된다. 서양의 노화와 동양의 불로가 극명하게 대조적이다. 좀 더 논리를 진전시키면, 노화는 과학적 개념이고 불로는 신화적 개념이라고 말할 수도 있다. 동일한 현상에 대해서 서양에서는 과학적 노화, 동양에서는 신화적 불로로 받아들이는 문화 차이의 현상에 대해서 인류학적 흥미가 솟구친다. 개인의 노화는 공동체 삶의 신화를 거치면서 불로로 치환된다. 장수인류학이 설 자리를 또 발견한 셈이다.

반세기 전 한방에서 한솥밥을 먹던 동갑내기인데, 같은 대학을 나와 그 대학에서 함께 교수생활을 하고 함께 정년을 했다면, 가히 친구라고 말할 수 있으리라. 10년 전에 박상철 교수가 『생명의 미학』(2009)이란 책을 발간했을 때, 나는 그를 '감성 생화학자'로 지칭했다. 그는 10년 만에 '생명과학 철학자'로 재탄생한 것 같다. 복제품이 아닌 순수 자연산으로 된 '진품 생명을 최대한 연장하는 장수'를 주장하고 실천시도를 하는 영원한 의학 교수 박군이 불로장수로 접근하는 과정의 과학신화의 효시로 등장했다. 이번에 출간되는 그의 서적에서 백미는 스트렐러의 4원칙(Strehler's 4 Principles)을 정면으로 반박하는 과학적 논리 전개다. 그 내용을 구체적으로 알지는 못하지만, 박 교수의 논리는 정연하다. 박 교수의 논리 틀은 과학과 신화가 따로 가지 않는다는 점에서 매력이 있다. 내가 가장 존경하는 인류학자 말리노브스키(Malinowski)의 저서 중 『Magic, Science and Religion』(1925)이라는 책이 있다. 남태평양의 트로브리안드에서 제1차 세계대전 전 기간을 유배생활로 보냈던 말리노브스키가 자신의 인류학적 업적을 한 마디로 정리한 틀이 '주술과 과학 그리고 종교'인 셈이다. 놀랍게도 지금 박상철 교수가 인류학자 말리노브스키의 길을 걷고 있는 것이 아닌가!

지금으로부터 100년 전 일본 사회는 '대정데모크라시'라는 희대의 평화와 낭만 시대를 살았다. 그 기간에 대중의 마음을 사로잡았던 주제가 '불로'와 '장수'였다. 그리고 10년 뒤 파시즘의 광풍이 전쟁의 소용돌이를 휘몰아쳤다. 역사는 반복한다고도 하고, 비가역적 시간의 개념이 지배하는 것도 사실이다. 지금 우리는 어떤 시공다층성(時空多層性) 속에서 살아가고 있는가?

생명은 시작과 끝이 있다. 이 구도를 윤회라고 설법하기도 하고, 재생산이라고도 강론한다. 생명의 끝을 바라보면서 숙고되는 불로는 정녕 생명의 시작도 함께 생각하기를 요구한다. 아름다운 마무리를 위한 인생설계를 추구하는 박 교수에게 다가선 질문이 이 책에 전개되고 있다. 그의 질문은 나의 대답이다. 40년간의 각고 끝에 나온 『인류학자 말리노브스키』(2018, 눌민)는 가장 최근에 발간된 나의 저서이기도 하다. 생화학자인 친구가 모든 인류학자들의 스승인 말리노브스키와 동일한 궤적에서 인간을 바라보는 구도를 채택했음에 대해 경이로움을 느낀다.

박 교수가 인간 최고의 가치를 '唯一無二' '不二'에 두고 있음을 명확하게 천명하는 한 발터 벤야민의 '아우라'는 안심한다. 환호(희망)와 위협(불안)을 동시에 안고 다가오는 AI 시대에, '인간이란 무엇인가?'를 다시 한 번 더 생각하게 하는 박상철 교수의 생명과학 철학서는 가히 일독의 가치를 지닌 책이다. 노화와 불로를 한꺼번에 풀어낸다는 것은 양의 동서를 아우르는 장수사상이라고 불러야 할 것이다. 인생 고희에 자신의 독자적 사상서를 출간한 과학자 박 교수에게 축하를 보내는 동시에 望白壽의 축가를 보낸다.

요코하마의 白樂齋에서

서울대학교 명예교수 전경수 배례

노화와 생명의 문제는
인간과 인간군집이 던지는
본원적이고 핵심적인 질문이다

이 책에 서술된 시간과 공간의 규모는 놀라울 정도로 넓다. 시간과 공간의 경계를 넘나들면서 노화와 죽음에 대해 인간들이 지니고 있던 생각과 그로 인해 행했던 많은 일들을 살피는 것은 노화와 죽음이라는 주제가 고금을 막론하고 전 인류에 보편적으로 존재했던 것이라는 점에서 피할 수 없는 일이다. 하지만 보통의 경륜과 시야로 이 작업을 한다는 것은 상상하기 어려운 일일 것이다. 또한 책에 담긴 내용이 역사학, 생물학, 사회학, 철학을 비롯한 여러 학문을 횡단하면서 서로 연결해 주는 융합적 요소들로 가득 차 있는 것 역시 이 책의 미덕이라 생각한다.

사실 노화와 생명의 문제는 인간과 인간군집이 던지는 본원적이고 핵심적인 질문들로 구성되어 있는지라 단지 생물학적으로 접근한다는 것이 자칫 부질없는 일이 될 위험이 클 것이다. 이 책은 이러한 위험을 넓고 깊은 식견으로 모두 극복하고 있다. '노화'와 '죽음'이라는 주제가 명징한 결론으로 정리되고 답할 수 있는 성격의 것이 아닌지라 이 책 역시 다양한 논의 끝에 우리가 곱씹을 질문들을 던지는 역할을 수행하고 있다. 그러함에도 저자가 노화에 대해 지니고 있는 견해는 앞으로 우리가 이러한 질문들을 던질 때 첫 출발점으로 삼기에 아주 훌륭한 의견이라 생각한다.

오랫동안 '노화' 분야를 연구해 온 저자는 '노화현상의 본질은 생명체의 살아남기 위한 적응의 결과'라고 이야기한다. 보통 노화는 마치 질병처럼 부정적 현상이므로 어떻게든 극복해야 할 대상으로 생각하기 쉽다. 하지만 이런 생각은 생명이 지닌 복잡성과 거대한 사회성을 모두 소거한 채 인간의 욕망이 만들어 준 단견에 머무른 것이다. 이 책은 어떻게 이러한 단견을 벗어 던지고 생로병사에 깃든 심오한 의미를 이해할지에 대해 친절히 안내하고 있다. Life 3.0 시대를 앞둔 시점에 이 책이 고마운 까닭이다.

옥스포드대학에서
대구경북과학기술원 교수 남창훈

참고문헌

가와이 마사시(2018), 미래연표: 예고된 인구 충격이 던지는 경고, 최미숙 역, 한국경제신문

김대식(2017), 인간을 읽어내는 과학: 1.4킬로그램 뇌에 새겨진 당신의 이야기, 21세기북스

박상철(2012), 당신의 백년을 설계하라, 생각속의집

박상철(2010), 노화혁명: 고령화 충격의 해법, 하서출판사

박상철(2009), 생명의 미학: 어느 생화학자의 뜻으로 본 생명, 생각의 나무

박상철(2009), 웰에이징, 생각의 나무

박상철(2002), 한국의 백세인, 서울대학교출판부

박상철(1998), 건강보다 참된 것은 없다, 산학연

박상철(1996), 생명보다 아름다운 것은 없다, 사회평론

박상철(2018), 노화학설의 통일을 추구하며: 노화 핵막 장애설(Nuclear Barrier Hypothesis of Aging), 한국분자세포생물학회지 웹진

박성원(2017), 우리는 어떤 미래를 원하는가: 2037 다가오는 4가지 미래, 이새

박영숙, Jerome Glenn, Ted Gordon(2008), 유엔미래보고서: 미리 가본 2018년, 교보문고

박홍규(1995), 희랍 철학 논고, 민음사

배철현(2017), 인간의 위대한 여정, 21세기북스

유발 하라리 외(2019), 초예측: 세계 석학 8인에게 인류의 미래를 묻다, 정현옥·오노 가즈모토 역, 웅진지식하우스

유발 하라리(2015), 사피엔스, 조현욱 역, 김영사

이경덕(2000), 그리스 신화 100 장면, 가람기획

이성호·유영진(2017), 사물지능 혁명: 명사의 시대에서 동사의 시대로, 이새

이윤기(2000), 이윤기의 그리스 로마 신화 1~4, 웅진지식하우스

임명진(2013), 주역참동계, 상생출판

장수의 비결(2005), 호남의 장수벨트, National Geographics 2005.11, pp28-31

전경수(2008), 백살의 문화인류학, 민속원

주경철(2005), 문화로 읽는 세계사, 사계절

정재서(2005), 불사의 신화와 사상, 민음사

최태웅(2010), 풍자와 신화의 세계사, 새벽이슬

클라우스 슈밥 외 26인(2016), 4차 산업혁명의 충격: 과학기술 혁명이 몰고 올 기회와 위협, 김진희·손용수·최지영 역, 흐름출판

폴 임(2012), 역사 속 세계사, 시간과 공간사

한국포스트휴먼학회(2016), 포스트휴먼 시대의 휴먼, 아카넷

Alexander Demandt(2015), Zeit: Eine Kulturgeschichte. Ulstein Buchverlage Gmbh, Berlin, 이덕임 역, 시간의 탄생: 순간에서 영원으로 이어지는 시간과 문명의 역사, 북라이프

Anthony Aveni(1990), Empires of Time: Calendars, Clocks and Cultures, 최광열 역, 시간의 문화사, 북로드

Carl E. Finch(2007), The Biology of Human Longevity, Acad Press

Charles Darwin(1979), The Origin of Species, Cramercy

Colin Wilson, Damon Wilson(1992), The Unsolved Mysteries: Past and Present, 황종호 역, 풀리지 않은 세계의 불가사의, 하서출판사

Ervin Laszlo(1997), 3rd Millenium, 홍성민 역, 인간의 미래는 행복한가, 울력

Freeman Dyson(2015), The scientist as rebel, 김학영 역, 과학은 반역이다, 반니

Herald Haarmann(2013), Weltgeschichte der Zahlen, 전대호 역, 숫자의 문화사, 알마

Howard S. Friedman, Leslie R. Martin(2011), The Longevity Project, 최수진 역, 나는 몇 살까지 살까?, 쌤앤파커스

James E. McClellan III, Harold Dorn(1999), Science and Technology in World History, Johns Hopkins University Press, 전대호 역, 과학과 기술로 본 세계사 강의, 모티브북

Jared Diamond(2013), The world until yesterday, 강주헌 역, 어제까지의 세계, 김영사

Jean Carper(1995), Stop Aging Now! Harper Perennial

Jerry Kaplan: Humans Need not Apply(2016), 신동숙 역, 인간은 필요 없다, 한스미디어

Jane Poynter(2006), The Human Project: Two Years and Twenty Minutes inside Biosphere 2. 박범수 역, 인간 실험: 바이오스피어 2 - 2년 20분, 알마

Jonathan Sivertown(2013), The Long and Short of It, 노승영 역, 늙는다는 건 우주의 일, 서해문집

Kenneth C. Davis(2005), Don't know much about mythology, 이충호 역, 세계의 모든 신화, 푸른숲

Kim SY, Kang HT, Han JA, Park SC(2012), The transcription factor Sp1 is a master regulator for the senescence-associated functional nuclear barrier
Aging Cell. 11(6) 1102-1109

Kim SY, Ryu SJ, Kang HT, Choi HR, Park SC(2011), Defective nuclear translocation of stress-activated signaling in senescent diploid human fibroblasts: a possible explanation for aging-associated apoptosis resistance. Apoptosis.16(8):795-807

LG경제연구원(2016), 2030 빅뱅퓨처, 한국경제신문

Marios Kyriazis(1999), Stay Young, Longer-Naturally, Vega

Marvin Harris(1992), The sacred cow and the abominable pig, 서진영 역, 음식문화의 수수께끼, 한길사

Max Tegmark(2015), Life 3.0, 백우진 역, 맥스 테그마크의 라이프 3.0, 동아시아

Michael Pollan(2006), Omnivore's dilemma, 조윤정 역, 잡식동물의 딜레마, 다른 세상

Norman Wright(2012), What's Next?, 홍승원, 김영 역, 다음은 뭘까: 내 인생의 다음 챕터, 큰태양

Park SC(ed)(2001), Healthy aging for functional longevity: molecular and cellular interactions in senescence, Ann New York Acad Sci, 2001 volume 928.

Park SC(2017), Survive or Thrive: Tradeoff strategy of cellular senescence. Exp Mol Med, 2017 Jun 2;49(6):e342. doi: 10.1038/emm.2017.94.

Park SC(2011), Nuclear Barrier Hypothesis of Aging as Mechanism for Tradeoff Growth to Survival. Advances in Experimental Medicine and Biology 720:3-13

Peter Coveney, Roger Highfield: Arrow of Time(1994), 이남철 역, 시간의 화살, 범양사

Ray Kurzweil(2005), The Singularity is Near, 김명남·장시형 역, 특이점이 온다: 기술이 인간을 초월하는 순간, 김영사

Ray Kurzweil, Terry Grossman(2004), Fantastic Voyage: Live long enough to live forever. A Plume Book

Robert Root Bernstein, Michele Root Bernstein(1999), Sparks of Genius, 박종성 역, 생각의 탄생, 에코의 서재

Rutger van Santen, Djan Khoe, Bram Vermeer(2010), 2030: Technology that will change the world, 전대호 역, 2030 세상을 바꾸는 과학기술, 까치

Samuel Arbesman: The Half Life of Facts(2014), 이창희 역, 지식의 반감기, 책읽는 수요일

Secrets of Asian longevity(2003), Time, pp36-43. 2003, July 21.

Sheldon Solomon, Jeff Greenberg, Tom Pyszczynski(2016), The Worm at the Core, 이은경 역, 슬픈 불멸주의자, 흐름출판

Stephen Hawking(1996), The Illustrated a brief History of Time, 김동광 역, 그림으로 보는 시간의 역사, 까치

Steven Johnson(2014), How we got to now, 강주헌 역, 우리는 어떻게 여기까지 왔을까, 프런티어

Stuart Alan Kaufman(2008), Reinventing the Sacred: a new view of science, reason and religion, 김명남 역, 다시 만들어진 신, 사이언스북스

Stuart J. Olshansky(2002), The Quest for Immortality, 전영택 역, 인간은 얼마나 오래 살 수 있는가, 궁리

Thomas T. Perls, Margery Hutter Silver, John F. Lauerman(1999), Living to 100, 우종민, 신동근 역, 하버드 의대가 밝혀낸 100세 장수법, 사이언스북스

Tim Wallace Murphy(2005), Cracking the Symbol Code, 김기협 역, 심벌코드의 비밀, 바다출판사

Yuval Noah Harari: Homo Deus, a brief history of tomorrow, Penguin Random House, 2015

| 지은이 **박상철** |

서울대학교 의과대학을 졸업하고 생화학 전공으로 의학박사 학위를 받았다. 서울대학교 의과대학 생화학과 교수로 봉직하면서 과학기술부 우수연구센터인 노화세포사멸연구센터와 서울대학교 노화고령사회연구소장을 맡았다. 정년퇴직 후 가천대학교 교수 및 이길여암당뇨연구원장, 삼성전자 부사장 및 삼성종합기술원(SAIT) 웰에이징연구센터장, 대구경북과학기술원(DGIST) 석좌교수 겸 웰에이징연구센터장을 역임하고 현재 전남대학교 연구석좌 교수로 재직하면서 국제백신연구소 한국후원회장을 맡고 있다.

주 연구 분야는 노화이며 국내외적으로 대한생화학분자생물학회, 한국분자세포생물학회, 한국노화학회, 한국노인과학학술단체연합회, 국제노화학회, 국제단백질교차결합학회 국제백세인연구단 등의 회장을 역임하였으며, 노화와 암 분야 국제학술지인 《Mechanisms of Ageing and Development》와 《Journal of Cancer Research and Clinical Oncology》의 책임편집인을 담당하였다. 한국과학기술한림원의 정회원이면서 의약학부장을 역임하였으며, 국가로부터는 국민훈장모란장을 수훈하였고, 올해의 과학자상, 유한의학대상, 동헌생화학대상, 노화연구대상 및 IAGG상 등을 수상했다.

주요 저서로는 『생명보다 아름다운 것은 없다』 『노화혁명』 『백세인 이야기』 『웰에이징』 『당신의 백년을 설계하라』 『당신의 100세 존엄과 독립을 생각하다』 등이 있다.

마그눔 오푸스 2.0

가상의 신화에서 가능의 과학으로

펴낸날 2019년 9월 20일 초판 1쇄 발행
2020년 1월 6일 초판 2쇄 발행

지은이 박상철
펴낸이 김혜원
펴낸곳 (주) 우듬지
주 소 서울특별시 강남구 논현로 71길 12
전 화 02)501-1441(대표) | 02)557-6352(팩스)
등 록 제16-3089호(2003. 8. 1)

편집책임 한은선 디자인 이수연
ISBN 978-89-6754-099-9 03470

* 잘못 만들어진 책은 구입하신 곳에서 바꾸어 드립니다.
* 책값은 뒤표지에 있습니다.